概率论与数理统计

马军英　编著

山东大学出版社

前　言

概率论与数理统计是随机数学的两个分支，随机现象的非常广泛性自然就决定了它们在现代科学与应用中的重要性与广泛性。概率统计课已被列为高等学校理工科及管理、经济类等绝大多数专业的必修或选修课。从1997年以来，它被列入工学、管理学、经济学门类中的若干学科及专业硕士研究生入学统一考试的必考科目，尤其是从2003年开始，入学初试科目调整，数学科目作为专业基础课(一)进行考试，其权重在原来的基础上增加了50%，总分为150分，而概率统计内容占总分的20%～25%，这进一步说明了该课程作为专业基础课的重要地位，同时也极大地促进了该课程的教学。本书是在多年的教学实践、教学经验的基础上编写的，可作为高等学校理工科(非数学专业)及部分应用文科专业概率论与数理统计课程的教材，也可以作为自修本课程读者的读物。

本书在选材上力求贯彻“少而精，广而易懂”的原则，内容紧扣硕士研究生入学考试大纲，并以此规范文中的述语与记号。在内容安排上分概率与数理统计两大部分。概率论(1～5章)内容包括：随机事件及概率，随机变量及其分布，多维随机变量及其分布，随机变量的数字特征，极限定理。数理统计(6～9章)内容包括：数理统计的基本概念，参数估计，假设检验，方差分析与回归分析初步，其中第9章可根据专业的需要选用。本书在讲述上，对基本概念的引入尽可能通过人们所熟悉的事实直观描述，叙述力求简洁、清楚，对推理论证在高等数学内容范围内尽可能严密，而对繁难的证明适当弱化，但对于相关知识解决什么问题都作了较为明确的解释。本书例题丰富，注意安排概率统计在工程、经济、教育及管理、生物等各专业的应用实例。本书各章后都配有相当数量的习题，其中一部分有一定的综合性与难度，可作为硕士研究生入学应试的练习题，题型包含填空、选择、计算、证明等，书末附有各章的习题答案，以供读者参考。

本书在编写过程中得到了张立琴、王爱云教授的大力支持和热情帮助。王秀丽、张玉芬、张燕老师也提出了许多宝贵意见，在此一并表示衷心的谢意。

由于编者水平所限，本书难免存在一些不足或不当之处，恳请读者批评指正。

编　者

2004 年 5 月

目 录

第1章　随机事件及其概率

概率论与数理统计是研究随机现象统计规律性的科学.本章将主要介绍随机事件,随机事件的概率,概率的基本性质,条件概率和三个重要的概率公式——乘法公式、全概率公式和贝叶斯公式以及随机事件的独立性.

1.1　随机事件

在自然界与人类社会中,人们所能观察到的现象是各种各样的,但归纳起来,大体可以分为两类:一类是**确定性现象**,另一类是**随机现象**.所谓确定性现象,即在一定条件下必然发生的现象.例如,一枚硬币向上抛起后必然会落地;没有水分,种子不会发芽;直角三角形,斜边边长的平方是另两直角边边长的平方之和.所谓随机现象,即在一定条件实现后,可能发生也可能不发生的现象.例如,上抛一枚硬币,落地时是币值面(称为正面)向上还是徽花面(反面)向上,这在上抛前是不可确定的;一穴播两粒种子,可能两粒都出苗,也可能只有一粒出苗,还可能两粒都不出苗;一批新产品投入市场,可能畅销,也可能滞销;从事某项科学研究工作,其结果可能成功,也可能失败;炮手用同一门火炮向同一目标射击,无论怎样控制射击条件不变,各次弹着点总不尽相同.尽管随机现象在一次或少数几次观察中其结果呈现出不确定性,但在作出大量重复观察或试验时,又会呈现出一定的规律性.如,人们从长期实践中知道，多次重复上抛同一枚均匀硬币，出现正面向上的次数占一半左右；同一门炮射击同一目标的弹着点按一定规律分布. 我们把这种在相同条件下进行大量重复试验，随机现象所呈现的规律性称为随机现象的**统计规律性**. 正是由于这种统计规律性，才诱发了人们叩开概率论与数理统计这扇科学大门的欲望和激情，使概率论与数理统计成为研究和揭示随机现象统计规律性的一个数学分支.

1.1.1 随机试验

试验，通常是指对现象的观察.

如果试验满足：

(1) 可在相同条件下重复进行；

(2) 每次试验可出现多种可能结果；

(3) 每次试验前能明确试验的所有可能结果，但不能确定试验后会出现哪一个结果.

则称该试验为**随机试验**，简称**试验**，用 E 表示.

下面给出一些随机试验的例子.

例 1.1 掷一枚均匀对称的骰子，观察着地时的点数.

例 1.2 记录一段时间内，某城市 110 报警次数.

例 1.3 从含有三件正品 a_1, a_2, a_3 和二件次品 b_1, b_2 的五件产品中任取二件，观察出现正品、次品的情况.

例 1.4 从一批电脑中，任取一台观察无故障运行的时间.

1.1.2 随机事件

随机试验的每一个可能的结果称为一个**随机事件**，简称**事件**. 随机事件通常用大写字母 $A, B, C, \cdots$ 表示. 例如，例 1.1 中随机试验可能的结果{出现 1 点}，{出现 2 点}，…，{出现 6 点}，这些都是随机事件. 再如例 1.2 中随机试验的结果{出现 0 次报警}，{出现 1 次报警}，…，{出现多于 10 次报警}，…等也是随机事件. 事件是概率论中最基本的概念，正确地表示随机试验的各事件是学好概率论的基础.

事件又分基本事件和复合事件. **基本事件**是指不能再分解的事件. 如例 1.1 中{出现 1 点}，…，{出现 6 点}，例 1.2 中{出现 0 次报警}，…，{出现 n 次报警}等都是基本事件. **复合事件**是指由若干基本事件组成的事件. 如例 1.1 中{出现奇数点}，{出现偶数点}，例 1.2 中{出现多于 10 次报警}等都是复合事件.

事件中有两个极端情况值得注意：一个是每次试验都发生的事件，称为**必然事件**，记为 Ω；另一个是每次试验中都不发生的事件，称为**不可能事件**，记为$>$. 显然，必然事件、不可能事件都是确定性事件，为了今后讨论问题的方便，也可将它们看作是两个特殊的随机事件.

1.1.3　样本空间

为了用数学方法描述随机现象，需要引入样本空间的概念.

随机试验 E 产生的所有基本事件构成的集合称为**样本空间**，记为 Ω. 称其中的每个元素（基本事件）为一个**样本点**，记为 ω. 即 $\Omega=\{\omega\}$.

例 1.1(续)　在例 1.1 中，样本空间 Ω_1 有 6 个基本事件，即出现 1 点，2 点，…，6 点. 故

$$\Omega_1=\{1,2,3,4,5,6\}.$$

例 1.2(续)　在例1.2中，样本空间为

$$\Omega_2=\{0,1,2,\cdots\}.$$

例 1.3(续)　在例1.3中样本空间为

$$\Omega_3=\{(a_1,a_2),(a_1,a_3),(a_1,b_1),(a_1,b_2),(a_2,a_3),(a_2,b_1),(a_2,b_2),(a_3,b_1),(a_3,b_2),(b_1,b_2)\}.$$

例 1.4(续)　在例1.4中样本空间为

$$\Omega_4=\{t\,|\,t\geqslant 0,t\text{ 为无故障运行的时间，单位：小时}\}.$$

从以上例子中我们看到，样本空间可以是数集，也可以不是数集；可以是有限集，也可以是无限集.

有了随机事件和样本空间的概念后，对于随机试验 E 中的任何一个事件 A，都可以理解为该试验的样本空间 Ω 的子集. 现在，从集合论的观点再对上述的一些事件作如下说明：在随机试验 E 中，随机事件是以 E 中样本点为元素的集合；基本事件是只包含一个样本点的单元素集合；必然事件是由 E 中全体样本点组成集合，即 E 的样本空间 Ω；不可能事件是不包含 E 中任何一个样本点的集合，即空集>. 而且，所谓**事件 A 发生**，是指当且仅当 A 中所包含的某个样本点在试验 E 中出现.

1.1.4　事件间的关系及运算

由于一个随机试验可产生许多随机事件，这些事件中有的简单，有的复杂. 概率论的重要任务之一就是研究随机事件的规律性，特别需要通过对简单事件的研究去把握复杂事件的规律性，这就导致了对事件间的关系及运算的研究.

1.1.4.1　事件的包含与相等

若事件 A 发生必然导致事件 B 发生，则称事件 B **包含**事件 A，记作 $A\subset B$ 或 $B\supset A$. 事件 B 包含事件 A，即 A 中的每个样本点必然在 B 中.

若事件 A,B 满足：$A\subset B$ 且 $B\subset A$，则称事件 A 与事件 B **相等（或称等价）**. 记作 $A=B$.

例 1.5　在某条公路上随机抽查 8 辆汽车，考察违章车辆数. 其样本空间 $\Omega=\{0,1,2,\cdots,8\}$. 设 A 表示事件{违章车不超过 3 辆}，即 $A=\{0,1,2,3\}$；B 表示事件{有 2 辆或 3 辆违章}，即 $B=\{2,3\}$；C 表示事件{有 2 至 5 辆违章}，即 $C=\{2,3,4,5\}$；D 表示事件{有 4 至 8 辆违章}，即 $D=\{4,5,6,7,8\}$；E 表示事件{违章车辆数不少于 2 辆且不多于 5 辆}，即 $E=\{2,3,4,5\}$；F 表示事件{违章车辆数多于 4 辆}，即 $F=\{5,6,7,8\}$.

由定义易知，$B\subset A, B\subset C, F\subset D, C=E$.

1.1.4.2　事件的和(并)

事件 A 与事件 B 至少有一个发生所构成的事件，称为事件 A 与 B 的**和**(**或并**)，记作 $A\cup B$.

如例 1.5 中，$A\cup C$ 表示事件{违章车不超过 5 辆}，即 $A\cup C=\{0,1,2,3,4,5\}$. 由此可知，和事件 $A\cup B$ 的样本点由 A 和 B 的样本点组成，但公共的样本点只能取一次.

一般地，n 个事件 $A_1, A_2, \cdots, A_n$ 中至少有一个发生的事件称为 $A_1, A_2, \cdots, A_n$ 的和(并)，记作 $A_1\cup A_2\cup\cdots\cup A_n$，或 $\bigcup\limits_{i=1}^{n} A_i$. 同样，无限可列个事件 $A_1, A_2, \cdots, A_n, \cdots$ 至少有一个发生的事件称为这可列个事件的和(并)，并记作 $A_1\cup A_2\cup\cdots\cup A_n\cup\cdots$，或 $\bigcup\limits_{i=1}^{\infty} A_i$.

1.1.4.3　事件的积(交)

事件 A 与 B 同时发生所构成的事件，称为事件 A 与 B 的**积**(**交**)，记作 $A\cap B$，简记为 AB. 积事件 $A\cap B$ 的样本点由既属于 A 又属于 B 的公共样本点组成.

如例 1.5 中，A 和 C 的积事件 $A\cap C=\{2,3\}$.

类似地，事件 $A_1, A_2, \cdots, A_n$ 同时发生所构成的事件称为 $A_1, A_2, \cdots, A_n$ 的积(交)，记作 $A_1\cap A_2\cap\cdots\cap A_n$ 或 $A_1A_2\cdots A_n$. 对无限可列的情形，用 $\bigcap\limits_{i=1}^{\infty} A_i$ 表示事件 $A_1, A_2, \cdots$ 同时发生所构成的事件.

1.1.4.4　事件的差

事件 A 发生且事件 B 不发生所构成的事件，称为事件 A 和 B 的**差**，记作 $A-B$. 差事件 $A-B$ 的样本点由属于 A 而不属于 B 的样本点组成.

如例 1.5 中，A 和 C 的差事件为 $A-C=\{0,1\}$.

1.1.4.5　互不相容事件(互斥事件)

事件 A 与事件 B 不能同时发生,即 $AB=>$,则称 A 和 B 是**互不相容(或互斥)事件**.两事件互斥时,它们就没有公共的样本点.

如例 1.5 中,A 和 F,A 和 D 都是互不相容事件.

若 n 个事件 $A_1,A_2,\cdots,A_n$ 中的任意两个事件都互不相容,即 $A_iA_j=>(i\neq j,i,j=1,2,\cdots,n)$,则称这 n 个事件**两两互不相容**.在一次试验中,所有基本事件是两两互不相容的.

1.1.4.6　互逆事件(对立事件)

若事件 A 与事件 B 必发生其一,但又不能同时发生,即 $A\cup B=\Omega$. $AB=>$,则称事件 A 与 B **互为逆事件(对立事件)**,也可称作 A 是 B 的**逆事件**,或 B 是 A 的逆事件. A 的逆事件记作 $\overline{A}$.显然 $A\cup\overline{A}=\Omega,A\overline{A}=>,\overline{\overline{A}}=A,\overline{A}=\Omega-A$.

如例 1.5 中,事件 A 和 D 互为逆事件.

请读者注意,互逆事件必为互不相容事件,而互不相容事件却未必是互逆事件.

事件间的关系与运算可以用图形直观表示.如图 1.1 所示,平面上的矩形域表示样本空间 Ω,矩形域内不同图形表示事件 A,B,阴影部分表示事件 A 和 B 的各种关系和运算结果.

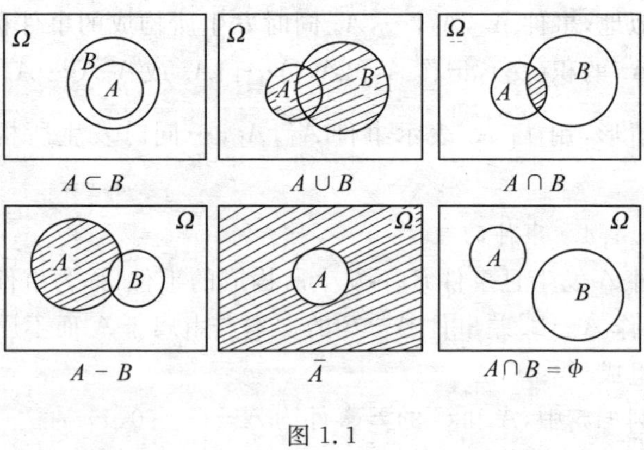

图 1.1

1.1.4.7　事件的运算性质

事件运算具有下列性质.

(1) 交换律:$AB=BA, A\cup B=B\cup A$;

(2) 结合律:$A(BC)=(AB)C, A\cup(B\cup C)=(A\cup B)\cup C$;

(3) 分配律:$A(B\cup C)=AB\cup AC$,

$$A\cup(BC)=(A\cup B)(A\cup C);$$

(4) 德·摩根(De Morgan)对偶法则:

$$\overline{A\cup B}=\overline{A}\cap\overline{B}, \overline{A\cap B}=\overline{A}\cup\overline{B}.$$

此外,容易证明下列等式的正确性:

$A\cup A=A, A\cup\Omega=\Omega, A\cup > =A$,

$AA=A, A\Omega=A, A> = >$,

$A-B=A-AB=A\overline{B}, A\cup B=A\cup B\overline{A}$.

例 1.6　设 A,B,C 表示三个事件,用 A,B,C 表示下列事件:

(1) A 发生且 B 与 C 至少有一个发生;

(2) A 与 B 发生而 C 不发生;

(3) A,B,C 中恰有一个发生;

(4) A,B,C 中至少有两个发生;

(5) A,B,C 中至多有两个发生;

(6) A,B,C 中不多于一个发生.

解　(1) $B\cup C$ 表示 B 与 C 至少有一个发生,故所求事件可表示为 $A\cap(B\cup C)$.

(2) A 与 B 发生即 A 和 B 同时发生,就是 AB 发生,C 不发生即 $\overline{C}$ 发生,故所求事件可表示为 $AB\overline{C}$.

(3) A,B,C 中恰有一个发生没有指明究竟哪一个发生,因此这个事件可表示为 $A\overline{B}\,\overline{C}\cup\overline{A}B\overline{C}\cup\overline{A}\,\overline{B}C$.

(4) 所求事件可表示为 $AB\cup BC\cup AC$.

(5) A,B,C 中至多有两个发生的逆事件为 ABC 发生,故这个事件为$\overline{ABC}$.

(6) A,B,C,至多有一个发生意味着没有两个或两个以上的事件同时发生,因此这个事件可表示为$\overline{AB\cup BC\cup AC}$.

1.2 频率与概率

对于随机现象,我们不但要讨论它可能出现什么结果,更希望获得各种结果(随机事件)发生可能性大小的度量,这种度量应能反映随机现象所呈现出的统计规律性.本节,先引入频率,它描述了事件发生的频繁程度,进而引出刻画随机事件发生可能性大小的度量——概率.

1.2.1 频率与频率的稳定性

定义 1.1 如果在 n 次重复试验中,事件 A 发生了 μ_n 次,则称 μ_n 为事件 A 发生的**频数**,比值$\frac{\mu_n}{n}$称为事件 A 在 n 次试验中发生的**频率**,记为 $f_n(A)$,即

$$f_n(A)=\frac{\mu_n}{n}. \tag{1.1}$$

由于事件 A 发生的频率是它发生的次数与试验次数之比,所以,其大小表示 A 发生的频繁程度,频率大,事件 A 在一次试验中发生的可能性大;频率小,事件 A 在一次试验中发生的可能性小.

从频率的定义可知频率有下列性质:

(1) $0\leqslant f_n(A)\leqslant 1$;

(2) $f_n(\Omega)=1$;

(3) 设 $A_1,A_2,\cdots,A_k$ 是两两互不相容的事件,则

$f_n(A_1\cup A_2\cup\cdots\cup A_k)=f_n(A_1)+f_n(A_2)+\cdots+f_n(A_k)$.

尽管随机事件 A 在一次试验中发生与否是偶然的,但在大量

的试验中，事件 A 发生的频率却随着试验次数的增大总在某一确定的数值（称为频率的稳定值）附近摆动，这种规律性称为**频率的稳定性**.

例如，在抛掷一枚均匀硬币时，可能出现正面，也可能出现反面，预先作出确定的判断是不可能的. 但是，由于硬币是均匀的，直观上看来出现正面与出现反面的机会应该相等，亦即在大量的试验中，出现正面的频率应在 0.5 左右，历史上曾有不少人做过试验，其结果见表 1.1.

表 1.1

试验者	试验次数 n	发生正面的次数 μ_n	频率 $\frac{\mu_n}{n}$
德·摩根	2048	1039	0.5073
布丰	4040	2048	0.5069
皮尔逊	12000	6019	0.5016
皮尔逊	24000	12012	0.5005

又如，曾有人统计过某个国家每年因没有写清地址或其他原因无法投递的信件数，这从常识上看，似乎没有什么规律性，但是经过统计之后惊人地发现，一年中这类信件数在全体信件中所占比例许多年几乎保持不变. 见表 1.2.

表 1.2

年　份	信件总数 n	无法投递的信件数 μ_n	频率 $\frac{\mu_n}{n}$
1906	$983 \cdot 10^6$	54861	$56 \cdot 10^{-6}$
1907	$1076 \cdot 10^6$	53500	$50 \cdot 10^{-6}$
1908	$1214 \cdot 10^6$	59627	$49 \cdot 10^{-6}$
1909	$1357 \cdot 10^6$	62088	$46 \cdot 10^{-6}$
1910	$1507 \cdot 10^6$	76614	$51 \cdot 10^{-6}$

再如，观察英语中特定字母出现的频率，当观察字母个数较多时，频率呈现稳定性，E,T,O 之类的字母出现的频率较高，而 J，Q,Z 之类的字母出现的频率较低.

这类例子不胜枚举，这一切表明，在大量试验中事件 A 具有频率的稳定性，也就是统计规律性，从而，我们可想到用这个频率稳定值作为事件 A 出现可能性大小的度量. 但是，在实际问题中，我们不可能对每一个事件都做大量的试验，从中得到频率的稳定值. 为了理论研究的需要，我们从频率的稳定性和频率的性质得到启发，给出如下刻画事件发生可能性大小的度量——概率的定义.

1.2.2 概　率

定义 1.2 设 Ω 是随机试验 E 的样本空间，对于 E 的任一事件 A，赋予一个实数，记作 $P(A)$. 如果集合函数 $P(\cdot)$满足下列三条公理，那么就称 $P(A)$为事件 A 的概率.

(1) $0\leqslant P(A)\leqslant 1$；(非负性)

(2) $P(\Omega)=1$；(规范性)

(3) 对于试验 E 的两两互不相容事件 $A_1,A_2,\cdots,A_n,\cdots$，有

$$P(A_1\cup A_2\cup\cdots\cup A_n\cup\cdots)=P(A_1)+P(A_2)+\cdots+P(A_n)+\cdots$$
$$=\sum_{i=1}^{\infty}P(A_i).\text{（可列可加性）}\tag{1.2}$$

在第 5 章中将证明，当 $n\to\infty$ 时，频率 $f_n(A)$在一定意义下接近于概率 $P(A)$. 基于这一事实，我们就有理由将概率 $P(A)$用来度量事件 A 在一次试验中发生的可能性的大小.

由定义 1.2 可推导出概率的一些重要性质：

性质 1 $P(>)=0$.

证 因为 $\Omega=\Omega\cup>\cup>\cup\cdots$，由可列可加性知

$$P(\Omega)=P(\Omega)+P(>)+\cdots+P(>)+\cdots,$$

再由概率的非负性及规范性，即得 $P(>)=0$.

性质 2 若事件 $A_1,A_2,\cdots,A_n$ 两两互不相容，则

$$P(A_1 \cup A_2 \cup \cdots \cup A_n) = P(A_1) + P(A_2) + \cdots + P(A_n). \quad (1.3)$$

证　取 $A_{n+1} = A_{n+2} = \cdots = >$，则 $A_1, A_2, \cdots, A_n, \cdots$ 两两互不相容，由(1.2)式得

$$\begin{aligned} P(A_1 \cup A_2 \cup \cdots \cup A_n) &= P(A_1 \cup A_2 \cup \cdots \cup A_n \cup A_{n+1} \cup \cdots) \\ &= P(\bigcup_{i=1}^{\infty} A_i) = \sum_{i=1}^{\infty} P(A_i) \\ &= \sum_{i=1}^{n} P(A_i) + 0 \\ &= P(A_1) + P(A_2) + \cdots + P(A_n). \end{aligned}$$

性质 3　$P(\overline{A}) = 1 - P(A)$.

证　因为 $A \cup \overline{A} = \Omega, A\overline{A} = >$，所以由性质 2 及概率的规范性得

$$P(\Omega) = P(A \cup \overline{A}) = P(A) + P(\overline{A}) = 1,$$

故 $P(\overline{A}) = 1 - P(A)$.

性质 4　若 $B \subset A$，则

(1) $P(A - B) = P(A) - P(B)$.　　(1.4)

(2) $P(B) \leqslant P(A)$.　　(1.5)

证　因为 $B \subset A$，所以 $A = (A - B) \cup B$（如图 1.2 阴影部分表示 $A - B$），且 $(A - B)B = >$，由性质 2 得

$$P(A) = P(A - B) + P(B),$$

即　$$P(A - B) = P(A) - P(B).$$

由概率的非负性知 $P(A - B) \geqslant 0$，从而

$$P(A) \geqslant P(B).$$

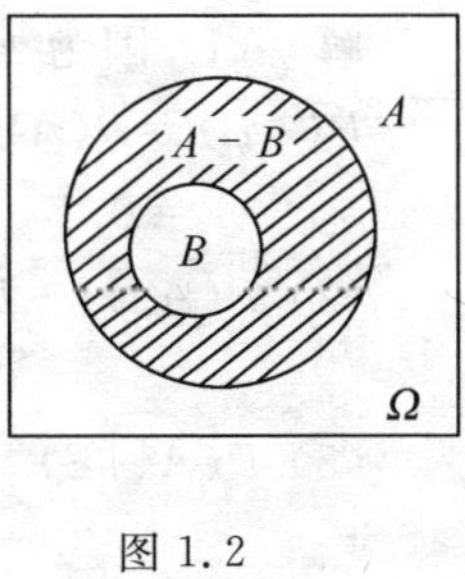

图 1.2

性质 5　对于任意两事件 A, B 有

$$P(A \cup B) = P(A) + P(B) - P(AB). \quad (1.6)$$

证　如图 1.3，由于 $A \cup B = A \cup (B - AB)$ 且 $A(B - AB) = \varnothing$，

$AB\subset B$,所以,由性质 2 及性质 4(1)得

$$P(A\cup B)=P[A\cup(B-AB)]=P(A)+P(B-AB)$$
$$=P(A)+P(B)-P(AB).$$

(1.6)式也称为概率的**加法公式**,它也可推广到 n 个事件和的情形:

$$P\left(\bigcup_{i=1}^{n}A_i\right)=\sum_{i=1}^{n}P(A_i)-\sum_{1\leqslant i<j\leqslant n}P(A_iA_j)+\sum_{1\leqslant i<j<k\leqslant n}P(A_iA_jA_k)-\cdots+(-1)^{n-1}P(A_1A_2\cdots A_n).$$

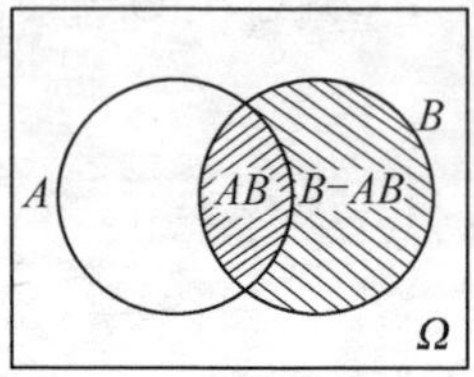

图 1.3

若 A,B,C 是任意三个事件,则

$$P(A\cup B\cup C)=P(A)+P(B)+P(C)-P(AB)-P(AC)-P(BC)+P(ABC). \quad (1.7)$$

用这些性质计算随机事件的概率,往往能起到化难为易的作用.

例 1.7 设 $P(A)=0.4,P(B)=0.3,P(A\cup B)=0.6$,求 $P(AB),P(A\overline{B}),P(A\cup\overline{B})$.

解 (1) 因为 $P(A\cup B)=P(A)+P(B)-P(AB)$,故

$$P(AB)=P(A)+P(B)-P(A\cup B)=0.4+0.3-0.6=0.1.$$

(2) $P(A\overline{B})=P(A-B)=P(A-AB)=P(A)-P(AB)=0.4-0.1=0.3.$

(3)
$$P(A\cup\overline{B})=P(A)+P(\overline{B})-P(A\overline{B})=P(A)+[1-P(B)]-P(A\overline{B})=0.4+(1-0.3)-0.3=0.8.$$

例 1.8 设 $P(A)=P(B)=P(C)=\dfrac{1}{4},P(AC)=P(BC)=$

$\frac{1}{6}$，$P(AB)=0$，求事件 A,B,C 全不发生的概率.

解　因为 $ABC\subset AB$，所以 $P(ABC)\leqslant P(AB)$. 又由 $P(AB)=0$ 及概率的非负性得 $P(ABC)=0$. 故事件 A,B,C 全不发生的概率为

$$\begin{aligned}P(\overline{A}\,\overline{B}\,\overline{C})&=P(\overline{A\cup B\cup C})\\&=1-P(A\cup B\cup C)\\&=1-[P(A)+P(B)+P(C)-P(AB)\\&\quad-P(AC)-P(BC)+P(ABC)]\\&=1-\left(\frac{1}{4}+\frac{1}{4}+\frac{1}{4}-0-\frac{1}{6}-\frac{1}{6}+0\right)\\&=\frac{7}{12}.\end{aligned}$$

1.3　等可能概型

定义 1.2 给出的概率定义虽刻画了概率的本质，但没有告诉人们如何去确定概率. 本节将介绍，在概率论发展初期人们研究的一类特殊试验——等可能概型中随机事件概率的确定方法.

1.3.1　古典概型

若随机试验 E 具有如下特征：

(1) 试验的样本空间只有有限个样本点，即 $\Omega=\{w_1,w_2,\cdots,w_n\}$；

(2) 试验中每个样本点出现的可能性相同.

则称这样的试验为**古典概型**(概型是概率模型的简称).

设随机试验 E 为古典概型，它的样本空间 Ω 包含 n 个样本点，随机事件 A 包含 k 个样本点，则

$$P(A)=\frac{k}{n}=\frac{\text{事件 } A \text{ 包含样本点数}}{\text{样本空间 } \Omega \text{ 包含样本点总数}}.\tag{1.8}$$

事实上，因为

$$1=P(\Omega)=P(w_1)+P(w_2)+\cdots+P(w_n),$$

且根据各样本点出现的可能性相同，有

$$P(w_1)=P(w_2)=\cdots=P(w_n)=\frac{1}{n},$$

而

$$A=\{w_{i_1},w_{i_2},\cdots,w_{i_k}\},$$

则

$$P(A)=P(\bigcup_{j=1}^{k}w_{i_j})=\sum_{j=1}^{k}P(w_{i_j})=\sum_{j=1}^{k}\frac{1}{n}=\frac{k}{n}.$$

例 1.9 一次掷两枚均匀硬币，分别求事件 $A=\{$两枚都出现正面$\}$，$B=\{$一枚出现反面$\}$，$C=\{$两枚都出现反面$\}$的概率.

解 试验的样本空间为：$\Omega=\{$(正，正)，(正，反)，(反，正)，(反，反)$\}$. 由于 Ω 中包含 4 个样本点，且这 4 个样本点出现的可能性相同，故试验属于古典概型. 因为事件 A 包含 1 个样本点，B 包含 2 个样本点，C 包含 1 个样本点，所以由(1.8)式，得

$$P(A)=\frac{1}{4},P(B)=\frac{2}{4}=\frac{1}{2},P(C)=\frac{1}{4}.$$

此题的求解方法为列举法，在简单场合可取，但当研究对象复杂时，列举法就很难奏效，往往需要用到排列组合的有关知识.

例 1.10 一个盒子中装有 10 只晶体管，其中 3 只是不合格品. 现按下列两种方法抽取晶体管：(1) 每次任取一只，作测试后放回盒中，再任取下一只，这种抽取方法叫做有放回抽样. (2) 每次任取一只，作测试后不放回，在剩下的晶体管中再任取一只. 这种抽取方法叫做无放回抽样. 试分别对这两种抽样方法，求从这 10 只晶体管中任取 2 只，其中恰有 1 只不合格的概率.

解 该试验为古典概型. 设 $A=\{$抽取的 2 只晶体管中恰有 1 只是不合格品$\}$.

(1) 有放回抽样. 由于每次都是从 10 只晶体管中抽取，所以从 10 支中有放回地抽取 2 只，共有 10×10 种方法. 即样本空间含

样本点数 $n=10^2$.

对于事件 A,第一次取到合格品且第二次取到不合格品的取法共有 7×3 种;第一次取到不合格品且第二次取到合格品的取法共有 3×7 种,于是事件 A 包含样本点数为 $k=7\times3+3\times7=42$,由(1.8)式,得

$$P(A)=\frac{7\times3+3\times7}{10\times10}=0.42.$$

(2) 无放回抽样.由于无放回抽样,所以第一次取时有 10 只可供抽取,第二次只有 9 只可供抽取,共有 10×9 种抽法,即样本空间含样本点数 $n=10\times9$.类似地可讨论事件 A 包含样本点数 $k=7\times3+3\times7$.由(1.8)式得

$$P(A)=\frac{7\times3+3\times7}{10\times9}\approx0.47.$$

例 1.11　一批同类产品共有 N 件,其中次品 $M(M<N)$ 件,现从中随机抽取 n 件(取后不放回),问这 n 件中恰有 k 件次品的概率是多少?

解　设 $A=\{$任取的 n 件中恰有 k 件次品$\}$,易知样本空间样本点数为 C_N^n.对于事件 A,这 n 件中的 k 件次品只能取自 M 件次品,有 C_M^k 中取法,剩下的 $n-k$ 件正品只能在 $N-M$ 件正品中抽取,有 C_{N-M}^{n-k}种取法,故事件 A 包含样本点数为 $C_M^k\cdot C_{N-M}^{n-k}$,于是

$$P(A)=\frac{C_M^k\cdot C_{N-M}^{n-k}}{C_N^n},\quad k=0,1,2,\cdots,\min\{M,n\}.\qquad(1.9)$$

(1.9)式称为**超几何分布**的概率公式.

例 1.12　在电话号码簿中任取一个电话号码,求后面四个数字全不相同的概率(设后面 4 个数中的每一个数都是等可能地取自 0,1,2,…,9).

解　本题与电话号码的位数无关.由于电话号码的数字是允许重复的,因此由 0,1,…,9 所构成的电话号码后四个数字的个数

为 10^4. 设 $A=\{$后四个数字全不相同$\}$,则事件 A 包含样本点数为从 10 个不同元素中任取 4 个的排列种数,共 A_{10}^4 个. 故

$$P(A)=\frac{A_{10}^4}{10^4}=0.504.$$

例 1.13　从 5 双不同的鞋子中任取 4 只,求此 4 只鞋子中至少有 2 只鞋子配成一双的概率.

解　设 $A=\{$取出的 4 只鞋子中至少有 2 只配成一双$\}$. 容易求得样本空间样本点数为 C_{10}^4,但事件 A 包含样本点数的计算相对较难,下面给出两种不同解法.

方法 1　事件 A 意味着"4 只鞋中恰有 2 只配成一双"或"4 只鞋恰好配成两双". 而"4 只鞋中恰有两只配成一双"可以这样取:先从 5 双中任取一双,再从余下的 4 双中任取 2 双,然后从这两双中各取一只,取法总数为 $C_5^1C_4^2C_2^1C_2^1$. 而"4 只中恰好配成两双"的取法就是从 5 双中任取 2 双,共有 C_5^2 种取法. 于是事件 A 包含样本点数为 $C_5^1\cdot C_4^2\cdot C_2^1\cdot C_2^1+C_5^2$,故

$$P(A)=\frac{C_5^1\cdot C_4^2\cdot C_2^1\cdot C_2^1+C_5^2}{C_{10}^4}=\frac{13}{21}.$$

方法 2　由于 $\overline{A}=\{$取出的 4 只鞋子中没有成双的$\}$. 而 $\overline{A}$ 包含样本点数可以这样得到:先从 5 双中任取 4 双,再从这 4 双中各取一只,取法总数为 $C_5^4\cdot C_2^1\cdot C_2^1\cdot C_2^1\cdot C_2^1$,故

$$P(\overline{A})=\frac{C_5^4\cdot C_2^1\cdot C_2^1\cdot C_2^1\cdot C_2^1}{C_{10}^4}=\frac{8}{21},$$

于是
$$P(A)=1-P(\overline{A})=1-\frac{8}{21}=\frac{13}{21}.$$

从此例可看出,方法 2 比方法 1 简便,通常求"至少……"或"至多……"事件的概率时,可先考虑计算其逆事件的概率,再用求逆公式($P(A)=1-P(\overline{A})$)得到所求事件的概率.

1.3.2　几何概型

古典概型的样本空间中的样本点总数是有限的，在实际中，经常遇到样本空间的样本点总数无穷多，且可用一个有度量（长度、面积、体积）的几何区域表示的情形. 例如，向圆 $x^2+y^2=1$ 内均匀地投点，其样本空间为 $\Omega=\{(x,y)\mid x^2+y^2<1\}$，虽然 Ω 所包含样本点无穷多，全体样本点可用几何区域——圆域来表示. 对于这类试验中事件的概率如何确定？现在来讨论这个问题.

若随机试验 E 具有如下特征：

(1) 试验的样本空间有无穷个样本点，且可用一个有度量的几何区域来表示；

(2) 试验中每个样本点出现的可能性相同（即样本点落入某区域内的可能性大小仅与该区域的度量成正比，而与该区域的位置与形状无关）.

则称这样的试验为**几何概型**.

设随机试验 E 为几何概型，它的样本空间可表示成有度量的区域，仍记为 Ω，事件 A 所对应的区域仍以 A 表示，则

$$P(A)=\frac{A\text{ 的度量}}{\Omega\text{ 的度量}}. \tag{1.10}$$

对于一个具体问题能否用(1.10)式计算事件的概率，关键在于将问题几何化. 在此基础上，将试验的每个样本点一一对应于该坐标系中的一点，使得全体样本点构成一个区域，且是可度量的.

例 1.14　公共汽车站每隔 5 分钟有一辆汽车通过，乘客到达汽车站的任一时刻是等可能的，求乘客候车时间不超过 3 分钟的概率.

解　以 x 表示乘客来到车站的时刻，那么每一个试验结果可表示为 x. 假定乘客到车站后的第一辆公共汽车的时刻为 t，由题意，乘客必然在 $(t-5,t]$ 内来到车站，故样本空间 $\Omega=\{t-5<x\leqslant t\}$，且 Ω 的度量 $=t-(t-5)=5$，即这是一个几何概型问题. 设

$A=\{$乘客候车时间不超过 3 分钟$\}$，则可等价表示为 $A=\{x \mid t-3\leqslant x\leqslant t\}$，且 A 的度量$=3$. 由(1.10)式，得

$$P(A)=\frac{A\text{ 的度量}}{\Omega\text{ 的度量}}=\frac{3}{5}=0.6.$$

例 1.15 设某吸毒人员强制戒毒期满后在家接受监控. 监控期为 L 单位时间，该期间内随时可提取尿样化验. 设该人员随时可能复吸且复吸后 S 单位时间内尿样呈阳性反应，问该人员复吸并被检验出的概率是多少？

解 这也是一个几何概型问题.

用 x,y 分别表示复吸时刻和提取尿样时刻，那么 (x,y) 表示一个样本点，样本空间为 $\Omega=\{(x,y)\mid 0\leqslant x\leqslant L, 0\leqslant y\leqslant L\}$，$\Omega$ 的度量$=L^2$.

设 $A=\{$该人员复吸并能被检出$\}$，则事件 A 也可等价表示为

$$A=\{(x,y)\mid 0\leqslant y-x\leqslant S\},$$

且 A 的度量$=L^2-\left[\frac{1}{2}L^2+\frac{1}{2}(L-S)^2\right]$(见图 1.4).

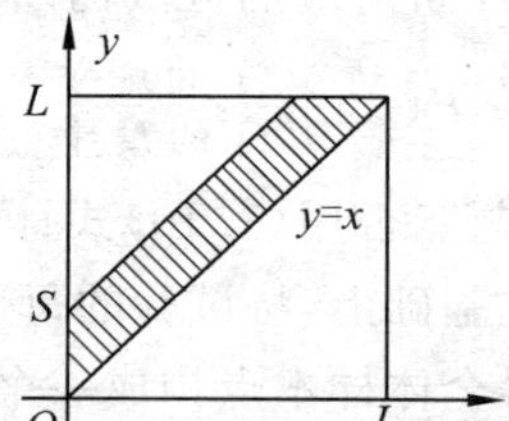

图 1.4

由(1.10)式，得

$$P(A)=\frac{L^2-\left[\frac{1}{2}L^2+\frac{1}{2}(L-S)^2\right]}{L^2}=\frac{LS-\frac{S^2}{2}}{L^2}.$$

1.4 条件概率

1.4.1 条件概率

为了引入条件概率的概念,先请看下例.

例 1.16 两台车床加工同一零件,见表 1.3.

表 1.3

	正品数	次品数	总计
第一台车床加工的零件	35	5	40
第二台车床加工的零件	50	10	60
总　计	85	15	100

从这 100 个零件中任取 1 个.(1) 求取到的零件是正品的概率;(2) 若取到的零件是第一台车床加工的,求它是正品的概率.

解 设 $A=\{$取到的零件是正品$\}$,$B=\{$取到的零件是第一台车床加工的$\}$,则

(1) $P(A)=\dfrac{85}{100}=0.85$.

(2) 由于已知取到的零件是第一台车床加工的,再考虑取到的零件是正品,故只能从第一台车床加工的 40 个零件的 35 个正品中取得,因此取到零件是正品的概率为$\dfrac{35}{40}$. 这里求得的概率$\dfrac{35}{40}$表示在事件 B 已经发生的条件下事件 A 发生的概率,我们把这种有附加条件的概率称为条件概率. 记作 $P(A|B)$,即

$$P(A|B)=\frac{35}{40}=0.875.$$

此例中(1),(2)的计算结果表明:同是求取到的零件是正品的概率,而有无附加条件,所得结果是不同的. 这是因为(1)中的样本

空间包含 100 个样本点,事件 A 包含 85 个样本点,所以 $P(A)=\frac{85}{100}$. 而在(2)中,由于事件 B 的发生,样本空间的样本点数由原来的 100 个缩减到 Ω_B 的样本点数 40 个,此时 A 包含 35 个样本点,所以 $P(A|B)=\frac{35}{40}$.

一般地,对于古典概型问题有

$$P(A|B)=\frac{\text{在 } B \text{ 发生条件下 } A \text{ 包含样本点数}}{\text{缩减的样本空间 } \Omega_B \text{ 包含样本点数}}.$$

另外,易知在例 1.16 中,

$$P(B)=\frac{40}{100},P(AB)=\frac{35}{100},P(A|B)=\frac{35}{40}=\frac{35/100}{40/100},$$

于是可得

$$P(A|B)=\frac{P(AB)}{P(B)}.$$

上述等式不仅反映了例 1.16 中的概率 $P(A|B)$,$P(AB)$,$P(B)$三者之间的关系,而且具有普遍意义,由此,我们可建立条件概率的一般定义.

定义 1.3 设 A,B 是随机试验 E 的两个随机事件,且 $P(B)>0$,则称

$$P(A|B)=\frac{P(AB)}{P(B)} \tag{1.11}$$

为在事件 B 发生的条件下事件 A 发生的**条件概率**.

条件概率仍然是事件的概率,容易验证条件概率满足概率定义中的三个条件:

(1) $0\leqslant P(A|B)\leqslant 1$;

(2) $P(\Omega|B)=1$;

(3) $P(\bigcup\limits_{i=1}^{\infty} A_i \mid B)=\sum\limits_{i=1}^{\infty}P(A_i \mid B)$,其中 $A_1,A_2,\cdots,A_n,\cdots$为可列个两两互斥的事件.

因此，概率的性质 1～5 对条件概率仍然适用. 如性质 3 $P(\overline{A}|B)=1-P(A|B)$等，望读者在学习中注意应用.

计算条件概率 $P(A|B)$一般有两种方法：

(1) 在原样本空间 Ω 中，先计算 $P(B)$，$P(AB)$，再由公式(1.11)计算 $P(A|B)$.

(2) 在缩减的样本空间 Ω_B，中，直接计算事件 A 发生的概率 $P(A|B)$.

例 1.17　有 20 套试题，其中 7 套在考试中已经用过. 现从这 20 套试题中不放回地连取两次，每次取一套，共取两套试题. 问在第一次抽取的是不曾用过的试题的情况下，第二次抽取的也是未曾用过的概率为多少？

解　设 $A_i=\{$第 i 次抽取的是未曾用过的试题$\}$，$i=1,2$.

方法 1　在原样本空间中求. 由于

$$P(A_1)=\frac{13}{20},P(A_1A_2)=\frac{C_{13}^2}{C_{20}^2}=\frac{39}{95},$$

故所求概率为 $P(A_2|A_1)=\dfrac{P(A_1A_2)}{P(A_1)}=\dfrac{12}{19}$.

方法 2　在缩减样本空间中求.

由题意知，A_1 发生后原样本空间样本点数由原来的 20 减少为 19，而 A_2 中的样本点数是 12，故 $P(A_2|A_1)=\dfrac{12}{19}$.

例 1.18　某建筑物按设计要求使用寿命超过 50 年的概率为 0.8，超过 60 年的概率为 0.6，问该建筑物经历了 50 年之后，它将在 10 年内倒塌的概率有多大？

解　设 $A=\{$该建筑物使用寿命超过 60 年$\}$，$B=\{$该建筑物使用寿命超过 50 年$\}$. 由题意知，$P(A)=0.6$，$P(B)=0.8$.

由于 $A\subset B$，所以 $P(AB)=P(A)=0.6$. 故所求条件概率为

$$P(\overline{A}|B)=1-P(A|B)=1-\frac{P(AB)}{P(B)}=1-\frac{0.6}{0.8}=0.25.$$

1.4.2 乘法公式

由条件概率的定义,又可得到一个有用的公式,这就是概率的乘法公式:

设 $P(B)>0$,则有

$$P(AB)=P(B)P(A|B); \tag{1.12}$$

当 $P(A)>0$ 时,

$$P(AB)=P(A)P(B|A). \tag{1.13}$$

乘法公式给出了求积事件概率的一种算法,它也可推广到多个事件的积事件中去.

设 $A_1,A_2,\cdots,A_n$ 为 $n(n\geqslant 2)$ 个事件,且 $P(A_1A_2\cdots A_{n-1})>0$,则有

$$P(A_1A_2\cdots A_n)=P(A_1)P(A_2|A_1)P(A_3|A_1A_2)\cdots P(A_n|A_1A_2\cdots A_{n-1}). \tag{1.14}$$

若 A_1,A_2,A_3 为三个事件,且 $P(A_1A_2)>0$,则有

$$P(A_1A_2A_3)=P(A_1)P(A_2|A_1)P(A_3|A_1A_2). \tag{1.15}$$

例 1.19 设有一批产品共 100 件,其中有 5 件次品,现从中连续取 3 次,每次取 1 件不放回,求第 3 次才取到正品的概率.

解 设 $A_i=\{$第 i 次取到的一件是次品$\}$,$i=1,2,3$.由题意知,$P(A_1)=\frac{5}{100}$,$P(A_2|A_1)=\frac{4}{99}$,$P(\overline{A}_3|A_1A_2)=\frac{95}{98}$,故所求概率为

$$P(A_1A_2\overline{A}_3)=P(A_1)P(A_2|A_1)P(\overline{A}_3|A_1A_2)=\frac{5}{100}\cdot\frac{4}{99}\cdot\frac{95}{98}=0.002.$$

1.5 事件的独立性

对随机试验 E 的两个事件 A,B 来说,条件概率 $P(A|B)$与

概率 $P(A)$一般不相等，这从上节例 1.16 就已经看到，这表明事件 B 的发生对事件 A 发生的概率有影响. 但是，在有些情形下，$P(A|B)=P(A)$，这意味着事件 A 发生的概率不受事件 B 发生与否的影响.

若 $P(A|B)=P(A)$，由乘法公式(1.12)可得：

$$P(AB)=P(A)P(B).$$

我们可由此给出如下定义.

定义 1.4　若事件 A,B 满足：

$$P(AB)=P(A)P(B), \tag{1.16}$$

则称事件 A 与事件 B **相互独立**，简称**独立**.

由定义 1.4 可知：不可能事件$>$与任意事件 Λ 独立(因为 $P(A>)=P(>)=0=P(A)P(>)$)；同样，必然事件 Ω 与任何事件相互独立. 由定义我们还可推得如下定理：

定理 1.1　设 $P(B)>0$，则事件 A 与 B 相互独立的充要条件是 $P(A|B)=P(A)$.

证　必要性. 因为 A 与 B 相互独立，所以

$$P(AB)=P(A)P(B),$$

由条件概率定义有，

$$P(A|B)=\frac{P(AB)}{P(B)}=\frac{P(A)P(B)}{P(B)}=P(A).$$

充分性上面已证.

定理 1.2　设事件 A 与 B 相互独立，则事件 A 与 $\overline{B}$，$\overline{A}$与 B，$\overline{A}$ 与 $\overline{B}$ 也分别相互独立.

证　因为 A 与 B 相互独立，所以

$$\begin{aligned}P(A\overline{B})&=P(A-B)=P(A)-P(AB)\\&=P(A)-P(A)P(B)=P(A)[1-P(B)]\\&=P(A)P(\overline{B})\end{aligned}$$

即 A 与 $\overline{B}$ 相互独立.

类似可证其余两组事件的独立性.

两个事件相互独立的概念可推广到 $n(n\geqslant 2)$ 个事件的情形.

定义 1.5 设 $A_1,A_2,\cdots,A_n$ 是 $n(n\geqslant 2)$ 个事件,若对其中任意一组事件 $A_{i_1},A_{i_2},\cdots,A_{i_k}$ $(2\leqslant k\leqslant n)$,有

$$P(A_{i_1}A_{i_2}\cdots A_{i_k})=P(A_{i_1})P(A_{i_2})\cdots P(A_{i_k}), \tag{1.17}$$

则称事件 $A_1,A_2,\cdots,A_n$ 相互独立.

例如,三事件 A,B,C 如果满足等式:

$$\left.\begin{aligned}P(AB)=P(A)P(B)\\P(AC)=P(A)P(C)\\P(BC)=P(B)P(C)\\P(ABC)=P(A)P(B)P(C)\end{aligned}\right\} \tag{1.18}$$

则称事件 A,B,C 相互独立. 如果 A,B,C 仅满足前三个等式,则称 A,B,C **两两独立**.

可见三事件两两独立,不一定相互独立;反之,若三事件相互独立,则一定两两独立. 从而当一组事件的个数超过了两个时,这组事件的相互独立与两两独立不是一个概念,请读者在今后的学习中要予以留意.

在实际应用中,事件的独立性往往不是根据定义来判断,而是从事件的实际角度,去分析判断其不应有关联因而是独立的.

例 1.20 设 A,B,C 是三事件,且 $P(C)=0.6,P(A)=0.3$, $P(B|A)=0.4,P(B\cup C)=0.72$,且 B,C 相互独立,求 $P(A\cup B)$.

解 由于 B,C 独立,所以

$$\begin{aligned}P(B\cup C)&=P(B)+P(C)-P(B)P(C)\\&=P(B)[1-P(C)]+P(C)\\&=0.4P(B)+0.6=0.72,\end{aligned}$$

从而 $P(B)=0.3$.

又因为 $P(A)=0.3, P(B|A)=0.4$，故

$$\begin{aligned}P(A\cup B)&=P(A)+P(B)-P(AB)\\&=P(A)+P(B)-P(A)P(B|A)\\&=0.3+0.3-0.3\times0.4=0.48.\end{aligned}$$

例 1.21　设有某操纵电子游戏机者，在一次射击中命中目标的概率为 $p=0.004$，求 n 次射击过程中击中目标的概率.

解　设 $A_i=\{$第 i 次射击时击中目标$\}$，$i=1,2,\cdots,n$. 由题意知，$P(A_i)=p=0.004$，且可认为 $A_1,A_2,\cdots,A_n$ 是相互独立的. 又设$A=\{$目标被击中$\}$，则有

$$A=\bigcup_{i=1}^{n}A_i,$$

故

$$\begin{aligned}P(A)&=P(\bigcup_{i=1}^{n}A_i)=1-P(\overline{\bigcup_{i=1}^{n}A_i})\\&=1-P(\bigcap_{i=1}^{n}\overline{A_i})=1-P(\overline{A_1})P(\overline{A_2})\cdots P(\overline{A_n})\\&=1-(1-p)^n=1-0.996^n.\end{aligned}$$

对于此例，当 $n=500$ 时，$P(A)=0.865$，这说明，虽然概率 $P(A_i)=0.004$较小，而小概率事件在一次试验中几乎不可能发生，但当试验次数尽可能地多且各次试验是独立进行时，这一事件的发生也几乎是必然的，所以我们在日常的工作与生活中，决不能轻视小概率事件.

最后，还要提醒读者注意，初学者往往误认为两个事件互不相容就必然相互独立，其实，事实正好相反. 见下例.

例 1.22　若事件 A,B 互不相容，且 $P(A)>0, P(B)>0$，则事件 A 与 B 不独立.

证　因为 $AB=>$，所以 $P(AB)=P(>)=0$.

又因为 $P(A)>0, P(B)>0$，故 $P(A)P(B)>0$.

所以 $P(AB)\neq P(A)P(B)$，即事件 A 与 B 不独立.

1.6 全概率公式与贝叶斯公式

在试验 E 中，一事件 A 往往伴随着一组事件 $B_1,B_2,\cdots,B_n$ 的发生而发生.如果已知各事件 B_i 的概率 $P(B_i)$以及 $P(A|B_i)$ $(i=1,2,\cdots,n)$，那么是否可以由此求得 $P(A)$和 $P(B_i|A)$呢？本节所介绍的全概率公式和贝叶斯公式，分别提供了计算这两类概率的方法.

1.6.1 全概率公式

定义 1.6 设 $B_1,B_2,\cdots,B_n$ 为 n 个事件，若满足：

$$\bigcup_{i=1}^{n} B_i = \Omega, \quad 且\ B_iB_j = >(i \neq j,i,j = 1,2,\cdots,n),$$

则称 $B_1,B_2,\cdots,B_n$ 为 Ω 的一个**划分**（或称为**完备事件组**）.

定理 1.3（全概率公式） 设 $B_1,B_2,\cdots,B_n$ 为样本空间 Ω 的一个划分，且 $P(B_i)>0,i=1,2,\cdots,n$，则对任一事件 $A\subset\Omega$，有

$$P(A) = \sum_{i=1}^{n} P(B_i)P(A \mid B_i). \tag{1.19}$$

证 显然 $A = A\Omega = A\left(\bigcup_{i=1}^{n} B_i\right)$ $=\bigcup_{i=1}^{n}(AB_i)$（见图 1.5 其中阴影部分表示事件 A）.

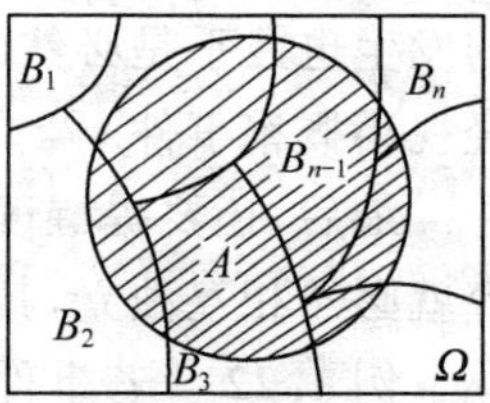

图 1.5

由于 $B_iB_j=>$，所以$(AB_i)(AB_j)$ $=A>=>,i\neq j,i,j=1,2,\cdots,n$.

从而
$$P(A) = P\left(\bigcup_{i=1}^{n} AB_i\right) = \sum_{i=1}^{n} P(AB_i).$$

又因为 $P(B_i)>0,i=1,2,\cdots,n$，故由乘法公式，得

$$P(A)=\sum_{i=1}^{n}P(B_i)P(A\mid B_i).$$

(1.19)式称为**全概率公式**.

例 1.23　有三个形状相同的罐,在第一个罐中有 2 个白球和 1 个黑球;在第二次罐中有 3 个白球和 1 个黑球;第三个罐中有 2 个白球和 2 个黑球,某人随机地取一罐,再从该罐中任取一球,问此球是白球的概率是多少?

解　设A={此球是白球},

B_i={此球来自第 i 罐},$i=1,2,3$.

由题意有 $$P(B_1)=P(B_2)=P(B_3)=\frac{1}{3},$$

$$P(A|B_1)=\frac{2}{3},P(A|B_2)=\frac{3}{4},P(A|B_3)=\frac{1}{2}.$$

由全概率公式,得

$$\begin{aligned}P(A)&=\sum_{i=1}^{3}P(B_i)P(A\mid B_i)\\&=\frac{1}{3}\times\frac{2}{3}+\frac{1}{3}\times\frac{3}{4}+\frac{1}{3}\times\frac{1}{2}\approx 0.639.\end{aligned}$$

例 1.24　设在 n 张彩票中有一张奖券,现有两人依次摸取彩票,求第二人摸到奖券的概率.

解　设 B_1={第一人摸到奖券},$B_2=\overline{B_1}$={第一人没摸到奖券},A={第二人摸到奖券}. 由题意知 $P(B_1)=\frac{1}{n}$,$P(B_2)=\frac{n-1}{n}$,$P(A|B_1)=0$,$P(A|B_2)=\frac{1}{n-1}$,由全概率公式,得

$$\begin{aligned}P(A)&=\sum_{i=1}^{2}P(B_i)P(A|B_i)\\&=\frac{1}{n}\cdot 0+\frac{n-1}{n}\cdot\frac{1}{n-1}=\frac{1}{n}.\end{aligned}$$

用类似的方法可算得第三人、第四人……摸到奖券的概率都

为$\frac{1}{n}$.这说明,摸彩不论先后,中奖的机会是均等的.类似的,在体育比赛中抽签不论先后,机会也是均等的.

1.6.2 贝叶斯(Bayes)公式

在全概率公式的基础上,立即可推得一个很著名的公式.

定理 1.4(贝叶斯公式) 设 $B_1,B_2,\cdots,B_n$ 为样本空间 Ω 的一个划分,且 $P(B_i)>0, i=1,2,\cdots,n$. 对任意事件 $A\subset\Omega$,若 $P(A)>0$,则

$$P(B_i|A)=\frac{P(B_i)P(A\mid B_i)}{\sum_{j=1}^{n}P(B_j)P(A\mid B_j)},\quad i=1,2,\cdots,n. \tag{1.20}$$

(1.20)式称为**贝叶斯(或逆概率)公式**.公式的证明,请读者完成.

如果我们把事件 A 看成"结果",把诸事件 $B_1,B_2,\cdots,B_n$ 看成导致这结果的可能的"原因",则可以形象地把全概率公式看成为"由原因推出结果";而贝叶斯公式则恰好相反,其作用在于"由结果推原因".在贝叶斯公式中,概率 $P(B_i)$ 一般是事先知道的,故称之为先验概率;而条件概率 $P(B_i|A)$表示在 A 已经发生的条件下事件 B_i 发生的概率,故称之为后验概率.贝叶斯公式正是通过计算后验概率来判断在众多可能导致"结果"A 发生的原因 $B_1,B_2,\cdots,B_n$ 中,哪一个原因可能性最大.

例 1.25 三部自动的机器生产同样的汽车零件,其中机器甲生产的占 40%,机器乙生产的占 25%,机器丙生产的占 35%.已知机器甲、乙、丙生产的零件分别有 10%,5%和 1%不合格,如果从总产品中随机地抽取一个零件,发现为不合格品,问:

(1) 它是由机器甲生产出来的概率是多少?

(2) 它是由哪一部机器生产出来的可能性大?

解 设 B_1,B_2,B_3 分别表示事件:任取的一个零件为甲、乙、

丙机器生产的. A 表示事件:任取的零件为不合格品,由题意知,

$$P(B_1)=0.40,\quad P(B_2)=0.25,\quad P(B_3)=0.35.$$

$$P(A|B_1)=0.10,\quad P(A|B_2)=0.05,\quad P(A|B_3)=0.01.$$

(1) 所求概率是 $P(B_1|A)$,由贝叶斯公式,得

$$P(B_1|A)=\frac{P(B_1)P(A\mid B_1)}{\sum_{j=1}^{3}P(B_j)P(A\mid B_j)}$$

$$=\frac{0.4\times0.1}{0.4\times0.1+0.25\times0.05+0.35\times0.01}$$

$$=\frac{0.04}{0.056}\approx0.714.$$

(2) 类似(1) 的计算,可得 $P(B_2|A)=\frac{0.25\times0.05}{0.056}\approx0.223$,

$$P(B_3|A)=\frac{0.35\times0.01}{0.056}\approx0.063.$$

可见机器甲生产的可能性大.

例 1.26　用甲胎球蛋白检验法普查肝癌:若呈阴性,表明不患肝癌;若呈阳性,表明患肝癌. 由于技术和操作不完善及种种特殊原因,是肝癌患者未必检出阳性,不是患者也可能呈阳性反应. 设 $B_1=\{$被检验者患肝癌$\}$,$B_2=\{$被检验者未患肝癌$\}$,$A=\{$甲胎球蛋白检验结果为阳性$\}$. 若已知某地居民肝癌的发病率为 0.0004,且 $P(A|B_1)=0.95$,$P(\overline{A}|B_2)=0.90$. 普查中若有一人被此检验法诊断为阳性,求此人真正患有肝癌的概率是多少?

解　这是已知"结果"(阳性反应),推断"原因"(患肝癌)的问题,由贝叶斯公式,有

$$P(B_1\mid A)=\frac{P(B_1)P(A\mid B_1)}{\sum_{j=1}^{2}P(B_j)P(A\mid B_j)}$$

$$=\frac{0.0004\times0.95}{0.0004\times0.95+(1-0.0004)\times(1-0.90)}$$

$$\approx 0.00379.$$

由此可知,后验概率 $P(B_1|A)$ 比先验概率 $P(B_1)$ 提高了近 10 倍.虽然诊断的可靠性 $P(A|B_1)$ 较高,但是确诊的可能性很小,请读者自己思考一下为什么.

习题 1

1. 写出下列随机试验的样本空间及表示下列事件的样本点的集合.

(1) 掷两枚均匀的骰子,观察出现的点数之和;$A=\{$点数之和为偶数$\}$,$B=\{$点数之和为 3 的倍数$\}$.

(2) 从包含 1 件次品 a 和 5 件正品 b_1,b_2,b_3,b_4,b_5 的 6 件产品中任取两件;$A=\{$没有取到次品$\}$,$B=\{$有一件次品$\}$.

(3) 掷一枚硬币,直到正面出现为止,记录掷币次数;$A=\{$第 5 次才出现正面$\}$,$B=\{$前 5 次都是反面$\}$.

(4) 测量在 0 和 1 之间取值的两个物理量 X 和 Y 的数值(不含 0 和 1).

2. 甲、乙两名射手同时向一目标射击,设 $A=\{$甲击中$\}$,$B=\{$乙击中$\}$,试用事件 A,B 的关系表示下列事件:

(1) 甲、乙两人至少有 1 人击中;

(2) 甲、乙两人都击中;

(3) 甲、乙两人都没击中;

(4) 甲、乙两人至多有一人击中.

3. 设 $\Omega=\{x \mid 0\leqslant x<2\}$, $A=\left\{x \mid \frac{1}{2}<x<1\right\}$, $B=\left\{x \mid \frac{1}{4}\leqslant x<\frac{3}{2}\right\}$,求 $\overline{A\cup B}$, AB, $\overline{A}\cup B$.

4. 设必然事件 $\Omega=\{w_1,w_2,w_3,w_4,w_5,w_6\}$,其中 w_i $(i=$

1,2,…,6)为基本事件,$A=\{w_1,w_2,w_3,w_5\}$,$B=\{w_2,w_4\}$,$C=\{w_1,w_2,w_3\}$,则以下选项正确的是(　　).

(A) $B\subset A$　　(B) $\overline{B}=A$

(C) $A-C$ 与 $B-C$ 互斥　　(D) $A-C$ 与 B 互逆

5. 随机事件 A 与 B 对立的充要条件是(　　).

(A) A 与 B 不能同时发生

(B) A 与 B 至少有一个发生

(C) A 与 B 至少有一个不发生

(D) A 与 B 至少有一个发生且 A 与 B 至少有一个不发生

6. 对任意事件 A,B,下列式子正确的是(　　).

(A) $A\cup B-A=B$　　(B) $A\cup B-A=A$

(C) $A\cup B-A=B-A$　　(D) $A\cup B-A=A-B$

7. 设 A,B 为随机事件且满足 $AB=\overline{A}\,\overline{B}$,则(　　).

(A) $A\cup B=>$　　(B) $A\cup B=\Omega$

(C) $A\cup B=A$　　(D) $A\cup B=B$

8. 设 A,B,C 为随机事件,且 $AB\cup C=B$,$C\,\overline{AB}=>$,则(　　).

(A)$A\subset C\subset B$　　(B)$C\subset B\subset A$

(C)$B\subset C\subset A$　　(D)$C\subset A\subset B$

9. 设 A,B 为随机事件,则 $P(A-B)=0$ 的充分必要条件是(　　).

(A) $A\subset B$　　(B)$B\subset A$

(C)$P(A)=P(AB)$　　(D)$P(B)=P(AB)$

10. 设事件 A 与 B 互不相容,则(　　).

(A) $P(\overline{A}\,\overline{B})=0$　　(B) $P(\overline{A}\,\overline{B})\neq 0$

(C) $P(A+\overline{B})=P(A)$　　(D)$P(A+\overline{B})=P(\overline{B})$

11. 设 A 为随机事件,且 $P(A)=1$,B 为任意事件.

① $P(AB)=P(B)$,　　② $P(A\cup B)=P(B)$,

③ $P(A-B)=P(B)$，　　④ $P(B-A)=P(B)$.

上述四个等式中能成立的有(　　)个.

(A) 0　　(B) 1

(C) 2　　(D) 3

12. 已知 $A\subset B$，$P(A)=0.2$，$P(B)=0.3$，则 $P(\overline{A})=$____；$P(A\cup B)=$____；$P(\overline{A}B)=$____；$P(A-B)=$____.

13. 设有10件产品，其中6件正品，4件次品，从中任取3件，求下列事件的概率：

(1) $A=\{$没有次品$\}$；　　(2) $B=\{$只有1件次品$\}$；

(3) $C=\{$最多1件次品$\}$；　　(4) $D=\{$至少1件次品$\}$.

14. 5张数学卡片上分别写着1,2,3,4,5，从中任取3张排成3位数，求下列事件的概率.

(1) 3位数小于400；(2) 3位数是偶数；(3) 3位数是5的倍数.

15. 从0,1,2,…,9这十个数字中，任取4个构成4位数，求4位数是偶数的概率.

16. 现有10人分别佩戴从1号到10号的纪念章，从中任选3人，记录其纪念章的号码，求下列事件的概率.

(1) 最小的号码为5；(2) 最大的号码为5；(3) 中间的号码为5；(4) 正好有1人号码为5；(5) 没有1人号码为5.

17. 设有3个人4种就业机会，每人可随机选取任一个就业机会.问各个就业机会最多有1人，2人，3人选择的概率各是多少？

18. 在区间$(0,a)(a>0)$中随意取出两个数，求"两数之积小于$\frac{a^2}{4}$"的概率.

19. 甲、乙两艘轮船驶向一个不能同时停泊两艘轮船的码头，它们在一昼夜内到达的时间是等可能的，如果甲船停泊的时间是一小时，乙船停泊的时间是两小时，求它们中任何一艘都不需要等候码头空出的概率.

20. 已知 $P(A)=0.3, P(B)=0.4, P(A|B)=0.5$

(1) 求 $P(AB), P(A\cup B)$. (2) 求 $P(B|A)$.

(3) 求 $P(B|A\cup B)$. (4) 求 $P(\overline{A}\cup\overline{B}|A\cup B)$.

21. 已知 $P(A)=\frac{1}{2}, P(B)=\frac{1}{3}, P(A|B)=\frac{1}{6}$，求 $P(\overline{A}|\overline{B})$.

22. 已知 $P(A)=\frac{1}{4}, P(B|A)=\frac{1}{3}, P(A|B)=\frac{1}{2}$，求 $P(\overline{A}\,\overline{B})$.

23. 为了安全生产，在矿井内设有两种报警系统，每种系统单独使用时，系统 A 有效的概率为0.92，系统 B 有效的概率为0.93，并知在 A 失灵的条件下，B 有效的概率为 0.85. 当发生意外事故时，问下列事件的概率是多少？

(1) A,B 都失灵；

(2) A,B 中至少一个失灵；

(3) A,B 都有效；

(4) A,B 中至少一个有效；

(5) A,B 中正好一个失灵，一个有效；

(6) B 失灵的条件下 A 有效.

24. 某人忘记了电话号码的最后一个数字，因而他就随意的拨号，假设拨完整个号码算一次拨号.

(1) 求他拨号不超过三次而接通所需电话的概率.

(2) 若已知最后一位数字是奇数，求上述概率.

25. 10 张考签中有 4 个难签，3 人参加抽签. 按甲、乙、丙顺序，每人抽 1 个，不放回，求各人抽到难签的概率.

26. 现有 4 个球，其中有 3 个球分别涂上红、黄、绿颜色，第 4 个球涂红、黄、绿 3 色，从中任取 1 球，若记 A,B,C 分别表示“取 1 球有红色”，“取 1 球有黄色”，“取 1 球有绿色”，问 A,B,C 是否独立？为什么？

27. 某技术部门招工需经过四项考核,各项考核是独立的,每个应招者都要经过全部四项考核,只要有一项不通过就不能录用.假设某人能通过第一、二、三、四项考核的概率分别为 0.6,0.8,0.91,0.95.

(1) 求他能被录用的概率;

(2) 通过了一、三项,但被淘汰,求被淘汰的概率;

(3) 假设考核按顺序进行,一旦某项考核不合格即被淘汰(不再参加后面的考核),求此人被淘汰的概率.

28. 设 A,B 是两个随机事件,且 $B \subset A$,则下列式子中不正确的是(　　).

(A) $P(A \cup B)=P(A)$　　(B) $P(AB)=P(B)$

(C) $P(A-B)=P(A)-P(B)$　　(D) $P(AB)=P(A)P(B)$

29. 设 A,B 是两个概率不为零的互不相容事件,则下列结论中肯定正确的是(　　).

(A) $\overline{A}$ 与 $\overline{B}$ 互不相容　　(B) $\overline{A}$ 与 $\overline{B}$ 相容

(C) $P(AB)=P(A)P(B)$　　(D) $P(A-B)=P(A)$

30. 设 A,B 为随机事件,$P(B)>0$,则(　　).

(A) $P(A \cup B) \geqslant P(A)+P(B)$

(B) $P(A-B) \geqslant P(A)-P(B)$

(C) $P(AB) \geqslant P(A)P(B)$

(D) $P(A|B) \geqslant \dfrac{P(A)}{P(B)}$

31. 设 $0<P(A)<1, 0<P(B)<1, P(A|B)+P(\overline{A}|\overline{B})=1$,则(　　).

(A) $AB=>$　　(B) $B=\overline{A}$

(C) $P(AB) \neq P(A)P(B)$　　(D) $P(AB)=P(A)P(B)$

32. 设 A,B 为随机事件,$0<P(A)<1, 0<P(B)<1$,则 A,B 相互独立的充要条件是(　　).

(A) $P(A|B)+P(\overline{A}|B)=1$

(B) $P(A|B)+P(A|\overline{B})=1$

(C) $P(A|B)+P(\overline{A}|\overline{B})=1$

(D) $P(A|\overline{B})+P(\overline{A}|\overline{B})=1$

33. 设 A,B,C 三个地区爆发了某种流行病，三个地区感染的比例分别为 $\frac{1}{6},\frac{1}{4},\frac{1}{3}$. 现从这三个地区中任取一人，问：

(1) 此人感染此病的概率是多少？

(2) 如果此人感染此病，问此人来自 B 地区的概率是多少？

34. 甲箱中有红球 6 个，白球 4 个；乙箱中有红球 4 个，白球 5 个. 现从甲箱中任取 1 球放入乙箱，再从乙箱中任取两球，求两球颜色相同的概率.

35. 一批产品，每箱装 20 件. 假设每箱不含次品的概率为 80%，含一件次品的概率为 20%. 顾客在购买时，随意选一箱，从中随意逐个选出产品进行检查. 若发现次品就退回；若检查 2 个还未发现次品就买下该箱产品. 试求：

(1) 顾客买下该箱产品的概率 α；

(2) 在顾客买下的一箱中，确实没有次品的概率 β.

36. 甲袋有 2 个黑球、3 个白球，乙袋中有 1 个黑球、4 个白球，丙袋中有 3 个黑球、2 个白球. 从甲、乙两袋各取一球放入丙袋，试求最后从丙袋中任取一球为白球的概率.

37. 当危险情况 C 发生时，电路系统上的开关就闭合并发出警报. 通常采用多个开关并联的方法提高系统的可靠性(即 C 发生时，电路系统中开关闭合的概率)，设当 C 发生时，每一个开关闭合的概率为 0.95 并相互独立，要想保证整个系统以至少为 0.9999的概率保证开关闭合并发出警报，问至少要并联多少个开关？

38. 设事件 A 与 B 同时发生时，事件 C 必发生. 证明：

$$P(C) \geqslant P(A) + P(B) - 1.$$

39. 设 $P(A) > 0$，证明：$P(B|A) \geqslant 1 - \dfrac{P(\overline{B})}{P(A)}$.

第2章 随机变量及其分布

在第1章研究随机试验时，只是孤立地考虑个别随机事件的概率，研究方法缺乏一般性且不便于分析数学工具的引入. 为了解决这些问题，本章将引入随机变量的概念. 在随机试验中，用随机变量的取值表示随机事件，从而使随机事件的概率及性质能够用高等数学的方法分析和研究. 这一章，将围绕随机变量的分布函数、离散型随机变量的概率分布、连续型随机变量的概率密度、随机变量函数的分布等内容进行讨论，其中还重点介绍了几个常见的重要分布，如：二项分布、泊松分布和正态分布等.

2.1 随机变量及其分布函数

2.1.1 随机变量

由第1章1.1节的讨论我们可看到，有些随机试验的样本空间本身就是用数值描述的. 如例1.1中的样本空间 $\Omega_1=\{1,2,3,4,5,6\}$；例1.2，1.4中的样本空间 $\Omega_2=\{0,1,2,\cdots\}$，$\Omega_4=\{t \mid t\geqslant 0\}$ 等. 另一些随机试验的样本空间不是用数值表示而是用属性刻画的. 如掷一枚硬币观察投掷结果，其样本空间为{正面，反面}；再如从一批有正品和次品的产品中任取一件，样本空间为{正品，次品}. 对于这类试验，也可将事件数量化. 如记事件{出现正品}为1、{出现次品}为0. 因此，不论试验结果是数量性的还是非数量性的，都可用一个变量的不同取值来表示它的全部可能结果. 下面给出随机变量的定义.

定义 2.1 设随机试验 E 的样本空间为 $\Omega=\{w\}$,如果对每一个样本点 $w\in\Omega$,有惟一实数 $X(w)$ 与之对应,则称 $X(w)$ 为**随机变量**,简记为 X.

引进随机变量后,事件可通过随机变量的取值来表示.对于随机变量 X,$\{X=a\}$,$\{X\leqslant b\}$,$\{a<X\leqslant b\}$,…都表示事件.因此,对随机事件的概率规律的研究,都可转化为对随机变量取值的概率规律的研究.

2.1.2 随机变量的分布函数

对于随机变量 X,我们既要明确其各种可能的取值及取值范围,又要掌握其取值的概率分布.由集合论知识知,对任意区间 $(a,b]$ 有 $(a,b]=(-\infty,b]-(-\infty,a]$,且 $(-\infty,a)\subset(-\infty,b]$.再由概率的性质知,$P(a<X\leqslant b)=P(-\infty<X\leqslant b)-P(-\infty<X\leqslant a)$.故对任意实数 x,只要知道 X 落入区间 $(-\infty,x]$ 内的概率 $P(-\infty<X\leqslant x)$(可简记为 $P(X\leqslant x)$),则 X 落入任何区间 $(a,b]$ 内的概率 $P(a<X\leqslant b)$ 就可求出.为了完整地描述随机试验中随机变量取值的概率规律,我们引入随机变量分布函数的概念.

定义 2.2 设 X 为随机变量,x 是任意实数,则称函数

$$F(x)=P(X\leqslant x)\quad(-\infty<x<+\infty)\tag{2.1}$$

为随机变量 X 的**分布函数**.

显然,分布函数是一个定义域为全体实数的函数,且概率 $P(a<X\leqslant b)$,$P(X>a)$ 都可由分布函数表示,即 $P(a<X\leqslant b)=F(b)-F(a)$,$P(X>a)=1-F(a)$.

例 2.1 掷一枚的硬币,观察出现的是正面还是反面,令

$$X=\begin{cases}1,\text{出现正面;}\\0,\text{出现反面.}\end{cases}$$

求 X 的分布函数和概率 $P(0<X\leqslant1)$,$P(X>2)$.

解 X 的所有可能取值为 0 和 1，且易知 $P(X=0)=\frac{1}{2}$，$P(X=1)=\frac{1}{2}$.

当 $x<0$ 时，$F(x)=P(X\leqslant x)=P(\varnothing)=0$；

当 $0\leqslant x<1$ 时，$F(x)=P(X\leqslant x)=P(X=0)=\frac{1}{2}$；

当 $x\geqslant 1$ 时，
$$F(x)=P(X\leqslant x)=P((X=0)\cup(X=1))=P(X=0)+P(X=1)=1.$$

故 X 的分布函数为

$$F(x)=\begin{cases}0, & x<0;\\ \frac{1}{2}, & 0\leqslant x<1;\\ 1, & x\geqslant 1.\end{cases}$$

$P(0<X\leqslant 1)=F(1)-F(0)=1-\frac{1}{2}=\frac{1}{2}$.

$P(X>2)=1-F(2)=1-1=0$.

随机变量的分布函数具有如下性质.

定理 2.1 设随机变量 X 的分布函数为 $F(x)$，则

(1) $0\leqslant F(x)\leqslant 1, -\infty<x<+\infty$；

(2) $F(x)$ 是 x 的非减函数；

(3) $F(-\infty)=\lim\limits_{x\to-\infty}F(x)=0, F(+\infty)=\lim\limits_{x\to+\infty}F(x)=1$；

(4) $F(x)$ 关于 x 右连续，即对任意实数 x_0，有
$$\lim_{x\to x_0^{+0}}F(x)=F(x_0).$$

证 (1) 因为对任意的 $x\in(-\infty,\infty)$，$F(x)$ 都是一个特定形式事件"$X\leqslant x$"的概率，而概率总是在 0 与 1 之间. 所以
$$0\leqslant F(x)\leqslant 1, -\infty<x<+\infty.$$

(2) 对任意的 $x_1<x_2$，由于 $\{X\leqslant x_1\}\subset\{X\leqslant x_2\}$，所以
$$F(x_1)=P(X\leqslant x_1)\leqslant P(X\leqslant x_2)=F(x_2).$$

(3)与(4)的证明从略.

对于一个已知函数 $F(x)$,要知道它是否可以作为某个随机变量的分布函数,只要验证它是否满足上述性质就可以了.

例 2.2 验证函数

$$F(x)=\begin{cases}1-e^{-x}, & x\geqslant 0;\\ 0, & x<0\end{cases}$$

可以作为某个随机变量的分布函数.

证 显然 $0\leqslant F(x)\leqslant 1$.

当 $x_1<x_2<0$ 时,$F(x_1)=F(x_2)=0$;

当 $x_1<0,x_2\geqslant 0$ 时,$F(x_1)=0,F(x_2)=1-e^{-x_2}\geqslant 0$,则

$$F(x_1)\leqslant F(x_2);$$

当 $0\leqslant x_1<x_2$ 时,由于

$$F(x_1)-F(x_2)=(1-e^{-x_1})-(1-e^{-x_2})=e^{-x_2}-e^{-x_1}<0,$$

则 $F(x_1)<F(x_2)$.

综上,对于任意 $x_1<x_2$,都有 $F(x_1)\leqslant F(x_2)$,故 $F(x)$是非减函数.

又 $F(-\infty)=\lim\limits_{x\to-\infty}F(x)=\lim\limits_{x\to-\infty}0=0,F(+\infty)=\lim\limits_{x\to+\infty}F(x)=\lim\limits_{x\to+\infty}(1-e^{-x})=1$.

$\lim\limits_{x\to 0^{+0}}F(x)=\lim\limits_{x\to 0}(1-e^{-x})=0=F(0)=\lim\limits_{x\to 0^{-0}}F(x)$,即 $F(x)$在 $x=0$ 连续,于是 $F(x)$在$(-\infty,\infty)$内处处连续,从而它在$(-\infty,+\infty)$内处处右连续.

由以上讨论知,$F(x)$满足分布函数的性质,因此 $F(x)$可以作为某一随机变量的分布函数.

我们已经知道,利用随机变量的分布函数可以方便的计算概率 $P(a<X\leqslant b)$,$P(X>a)$,除此而外,对于事件$\{X=a\}$,$\{a\leqslant X\leqslant b\}$等的概率,也可用分布函数来计算,如:

$$P(X=a)=F(a)-F(a-0),$$

$$
\begin{aligned}
P(a \leqslant X \leqslant b) &= P((a < X \leqslant b) \cup (X = a)) \\
&= P(a < X \leqslant b) + P(X = a) \\
&= F(b) - F(a) + F(a) - F(a-0) \\
&= F(b) - F(a-0).
\end{aligned}
$$

其中 $F(a-0)$ 表示 $F(x)$ 在点 a 的左极限.

当某一随机变量 X 的分布函数 $F(x)$ 已知时，则由 $F(x)$ 可以计算 X 任一取值及它在任意区间上取值的概率. 从这个意义上说，分布函数完整地描述了随机变量取值的概率规律.

2.2　离散型随机变量

2.2.1　离散型随机变量及其分布列

定义 2.3　若随机变量 X 的所有可能取值为有限个或无穷可列个，则称 X 为离散型随机变量.

如 2.1 节例 2.1 中的随机变量 X 是离散型随机变量. 又如掷一枚骰子出现的点数；一段时间内，某城市 110 报警次数也是离散型随机变量.

定义 2.4　设离散型随机变量 X 的所有可能取值为 $x_1, x_2, \cdots, x_k, \cdots$ 且 X 取这些值的概率为

$$P(X = x_k) = p_k, \quad k = 1, 2, \cdots, \tag{2.2}$$

则称(2.2)式为离散型随机变量 X 的**概率分布列**(简称**分布列**).

分布列也可用表格的形式来表示：

X	x_1	x_2	$\cdots$	x_k	$\cdots$
$P(X=x_k)$	p_1	p_2	$\cdots$	p_k	$\cdots$

由定义可看到，分布列全面地描述了离散型随机变量的统计规律.

请读者注意,随机变量的分布列与随机变量的分布函数不是同一个概念,但它们可以相互确定.我们通常说的随机变量的概率分布(简称分布)是指随机变量的分布列或分布函数之一.

离散型随机变量的分布列具有下列性质:

(1) $p_k \geqslant 0,\quad k=1,2,\cdots$;

(2) $\sum_{k=1}^{\infty} p_k = 1$.

这两条性质是检验一串非负数是否为某一随机变量分布列的依据.

例 2.3 若 $P(X=k)=\frac{Ck}{N}$,$(k=1,2,\cdots,N)$为随机变量 X 的分布列,试确定常数 C.

解 由分布列的性质知 $C\geqslant 0$;且

$$\sum_{k=1}^{N} P(X=k) = \sum_{k=1}^{N} \frac{Ck}{N} = \frac{C(N+1)}{2} = 1,$$

所以 $C=\frac{2}{N+1}$.

例 2.4 将 4 个球随机地投入三个盒子中,X 表示有球的盒子数目,试求:

(1) X 的分布列;(2) X 的分布函数,并作图.

解 (1) 欲求 X 的分布列,先确定 X 的可能取值,再定出取这些值的概率.易知 X 的可能取值是 1,2,3,且

$$P(X=1)=\frac{3}{3^4}=\frac{1}{27},$$

$$P(X=2)=\frac{C_3^2(2^4-2)}{3^4}=\frac{14}{27},$$

$$P(X=3)=1-P(X=1)-P(X=2)=\frac{12}{27}.$$

即

X	1	2	3
$P(X=x_k)$	$\frac{1}{27}$	$\frac{14}{27}$	$\frac{12}{27}$

(2) 当 $x<1$ 时,$F(x)=P(X\leqslant x)=P(>)=0$;

当 $1\leqslant x<2$ 时,$F(x)=P(X=1)=\frac{1}{27}$;

当 $2\leqslant x<3$ 时,$F(x)=P(X=1)+P(X=2)=\frac{15}{27}$;

当 $x\geqslant 3$ 时,$F(x)=P(X=1)+P(X=2)+P(X=3)=1$.

即 X的分布函数为

$$F(x)=\begin{cases}0, x<1;\\ \frac{1}{27}, 1\leqslant x<2;\\ \frac{15}{27}, 2\leqslant x<3;\\ 1, x\geqslant 3.\end{cases}$$

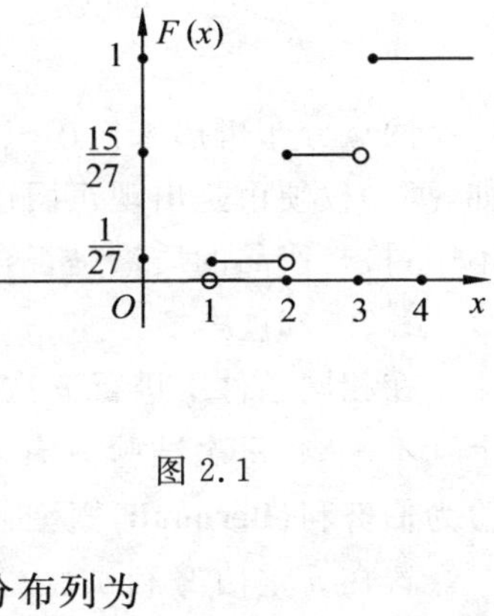

图 2.1

分布函数的图形如图 2.1 所示,它是阶梯形右连续的函数.

通过此例可看出,由离散型随机变量的分布列可求出它的分布函数.一般地,若随机变量 X 的分布列为

$$P(X=x_k)=p_k,\quad k=1,2,\cdots,$$

则 X 的分布函数为

$$F(x)=P(X\leqslant x)=\sum_{x_k\leqslant x}P(X=x_k)=\sum_{x_k\leqslant x}p_k, \quad (2.3)$$

其中 $\sum\limits_{x_k\leqslant x}p_k$ 表示对一切 $x_k\leqslant x$ 的诸事件$\{X=x_k\}$的概率求和.分布函数 $F(x)$在 $x=x_k(k=1,2,\cdots)$处有跳跃,其跳跃值为 $p_k=p(X=x_k)$.

2.2.2 几个常见的离散型随机变量的分布

2.2.2.1 两点分布((0—1)分布)

定义 2.5 设离散型随机变量 X 的分布列为

X	0	1
$P(X=x_k)$	$1-p$	p

(2.4)

其中 $0<p<1$,则称 X 服从参数为 p 的**两点分布**,记作 $X\sim(0—1)$ 或 $X\sim B(1,p)$.

两点分布的分布函数为:

$$F(x)=\begin{cases}0, & x<0;\\ 1-p, & 0\leqslant x<1;\\ 1, & x\geqslant 1.\end{cases}$$

两点分布可用来描述只有两种可能结果的一切随机试验.例如,掷一枚硬币是出现正面还是反面;篮球运动员投篮是投中还是不中;检查产品的质量是否合格等.

2.2.2.2 二项分布

在相同条件下进行 n 次重复试验,且各次试验的结果在概率上互不影响,每次试验只有两个可能的结果 $A,\overline{A}$,则称这 n 次试验为**伯努利(Bernouli)概型**或 **n 重伯努利试验**.

若在 n 重伯努利试验中,$P(A)=p,P(\overline{A})=1-p=q(0<q<1)$,用 X 表示事件 A 在这 n 次试验中发生的次数,则它是一个随机变量,它可能的取值为 $0,1,2,\cdots,n$.现在考虑 X 取值 k 的概率 $P(X=k),k=0,1,2,\cdots,n$.

用 A_i 表示第 i 次试验出现 A,则

$$\{X=k\}=A_1A_2\cdots A_k\overline{A}_{k+1}\cdots\overline{A}_n\cup A_1\cdots A_{k-1}\overline{A}_kA_{k+1}\overline{A}_{k+2}\cdots\overline{A}_n\cup\cdots\cup\overline{A}_1\cdots\overline{A}_{n-k}A_{n-k+1}\cdots A_n,$$

其中每一项都表示 A 出现 k 次，$\overline{A}$ 出现 $n-k$ 次，但不同的项中，A 出现所在的试验次数至少有一个不同，因此它们互不相容. 所以 $P(X=k)$ 就是上述每项概率之和，一共有 C_n^k 项. 由于各次试验都是相互独立，在指定的 k 次出现 A，其余的 $n—k$ 次出现 $\overline{A}$ 的概率都为 $p^k(1-p)^{n-k}=p^kq^{n-k}$. 故

$$P(X=k)=C_n^kp^kq^{n-k},(k=0,1,\cdots,n).$$

显然，$P(X=k)\geqslant 0$，$\sum\limits_{k=0}^{\infty}C_n^kp^kq^{n-k}=(p+q)^n=1$. 由于 X 取各值的概率 $C_n^kp^kq^{n-k}$ 恰好是二项式 $(p+q)^n$ 展开式的一般项，所以我们有如下定义.

定义 2.6 若离散型随机变量 X 的分布列为

$$P(X=k)=C_n^kp^kq^{n-k},\quad k=0,1,\cdots,n. \tag{2.5}$$

其中 $0<p<1$，$q=1-p$，则称 X 服从参数为 n,p 的二项分布，记作 $X\sim B(n,p)$.

特别地，当 $n=1$ 时，二项分布就化为(0—1)分布：

$$P(X=k)=p^kq^{1-k},\quad k=0,1.$$

二项分布是离散型随机变量概率分布中重要的分布之一. 它以 n 重伯努利试验为背景，具有广泛的应用.

例 2.5 某车间里有 12 台车床，每台车床由于工艺上的原因，时常需要停车. 设各台车床的停车(或开车)是相互独立的，每台车床在任一时刻处于停车状态的概率为 $\frac{1}{3}$，求在任一指定时刻

(1) 车间里恰有 2 台车床处于停车状态的概率；

(2) 处于停车状态的车床不少于 2 台的概率.

解 把在任一指定时刻对一台车床的观察看作一次试验，由于各台车床的停车或开车是相互独立的，所以对 12 台车床的观察可视为 12 重伯努利试验.

设 X 表示在任一时刻车床停车的台数，则 $X\sim B\left(12,\frac{1}{3}\right)$.

(1) 所求概率为

$$P(X=2)=C_{12}^{2}\cdot\left(\frac{1}{3}\right)^{2}\cdot\left(1-\frac{1}{3}\right)^{12-2}=0.1272.$$

(2) 所求概率为

$$\begin{aligned}P(X\geqslant 2)&=1-P(X<2)=1-P(X=0)-P(X=1)\\&=1-C_{12}^{0}\cdot\left(\frac{1}{3}\right)^{0}\cdot\left(\frac{2}{3}\right)^{12}-C_{12}^{1}\cdot\frac{1}{3}\cdot\left(\frac{2}{3}\right)^{11}\\&=0.9461.\end{aligned}$$

例 2.6 设鸡群中感染某种无传染性疾病的概率为 20%，新发现了一种血清，可能对预防这种疾病有效，为此对 25 只健康的鸡注射了这种血清，若注射后发现只有一只鸡受感染，试问这种血清是否有作用？

解 25 只鸡中感染某种疾病的鸡数 X 是一个服从二项分布的随机变量，即 $X\sim B(25,0.20)$.

假设这种血清无作用，这表示每只鸡的感染率还是 20%，25 只鸡中至多只有一只受感染的概率为

$$P(X\leqslant 1)=P(X=0)+P(X=1)=0.0038+0.0236<5\%.$$

这是一个小概率. 人们在长期的实践中总结得到"概率很小的事件在一次试验中实际上几乎是不发生的"(称为实际推断原理). 现在概率很小的事件在一次试验中竟然发生了，因此有理由怀疑假设的正确性，即认为这种血清有作用.

例 2.7 一批玉米种子的发芽率为 0.95，问每穴至少播几粒种子，才能以 99% 以上的把握使每穴不空苗？

解 设每穴播 n 粒种子能以 99% 以上的把握不空苗，则 n 粒种子中出苗的粒数 X 是一个服从二项分布的随机变量，即 $X\sim B(n,0.95)$. 按题意有 $P(X\geqslant 1)\geqslant 0.99$，即 $P(X=0)<0.01$. 由于 $P(X=0)=(0.05)^n<0.01$，解之得

$$n>\frac{\lg 0.01}{\lg 0.05}=1.54.$$

故每穴至少播 2 粒种子，就能以 99% 以上的把握使之不空苗.

在二项分布中，对于给定的 n,p,X 取各值 k 的概率是变化的，那么 k 为何值时，其概率最大呢？下面我们给出：

定理 2.2　设离散型随机变量 $X\sim B(n,p)$，则

$$\max_{0\leqslant k\leqslant n}\{P(X=k)\}=\begin{cases}P(X=(n+1)p)=P(X=(n+1)p-1),\\ \text{当}(n+1)p\text{ 是正整数时；}\\ P(X=[(n+1)p]),\\ \text{当}(n+1)p\text{ 不是正整数时.}\end{cases}$$

其中$[(n+1)p]$为$(n+1)p$ 的整数部分.

证　对于固定的 n,p，有

$$\frac{P(X=k)}{P(X=k-1)}=\frac{C_n^k p^k q^{n-k}}{C_n^{k-1}p^{k-1}q^{n-k+1}}=\frac{(n-k+1)p}{kq}$$

$$=1+\frac{(n+1)p-k}{kq}.$$

因此，当 $k<(n+1)p$ 时，$P(X=k)>P(X=k-1)$，概率值随着 k 值增加而上升；当 $k>(n+1)p$ 时，$P(X=k)<P(X=k-1)$，概率值随着 k 值增加而下降.

若$(n+1)$中不是正整数，则 $P(X=k)$当 k 从 0 到$[(n+1)p]$时单调增加；当 k 从$[(n+1)p]$到 n 时单调减少. 故 $P(X=[(n+1)p])$为最大值.

若$(n+1)p$ 为正整数，则 $P(X=(n+1)P)=P(X=(n+1)p-1)$，且 $P(X=k)$当 k 从 0 到$(n+1)p-1$ 时单调增加；当 k 从$(n+1)p$ 到 n 时单调减少. 故 $P(X=(n+1)p)=P(X=(n+1)p-1)$为最大值.

称$[(n+1)p]$是二项分布 $B(n,p)$中最可能出现次数，称 $P(X=[(n+1)p])$为二项分布的**中心项**. 现举例说明它的应用.

例 2.8　有 9 位工人，间歇地使用电力，假设在任一时刻每位工人都以同样的概率 0.2 需要一个单位的电力，并且各位工人工

作(需要电力)相互独立,求最大可能有多少位工人同时需要供应一个单位的电力?

解 设 X 表示任一时刻同时需要供应电力的工人数,则 $X\sim B(n,p)$,其中 $n=9,p=0.2$. 由于 $(n+1)p=(9+1)\times 0.2=2$ 为正整数,由定理 2.2 知,$P(X=1)=P(X=2)$ 最大,即最大可能是 2 个工人或 1 个工人同时需要供应一个单位的电力,且最大可能是 $C_9^2\cdot(0.2)^2\cdot(0.8)^7=0.3020$.

利用二项分布计算事件的概率时,若 n 较大,计算是相当麻烦的,为了简化计算,人们得到了下面的二项分布的泊松逼近和泊松分布.

2.2.2.3 泊松(Poisson)分布

定理 2.3(泊松定理) 在 n 重伯努利试验中,设事件 A 出现的概率为 p_n(与试验总数 n 有关),如果 $\lim\limits_{n\to\infty}np_n=\lambda(\lambda>0)$,则对任意确定非负整数 k,

$$\lim_{n\to\infty}C_n^k p_n^k(1-p_n)^{n-k}=\frac{\lambda^k e^{-\lambda}}{k!},\quad k=0,1,2,\cdots.$$

证明略.

在实际应用中,当二项分布 $B(n,p)$ 中的 n 较大(一般 $n\geqslant 20$),p 较小(一般 $p\leqslant 0.05$)时,可取 $\lambda=np$,则有如下的二项分布的泊松逼近近似计算公式:

$$C_n^k p^k(1-p)^{n-k}\approx\frac{\lambda^k e^{-\lambda}}{k!},\quad k=0,1,2,\cdots,n. \tag{2.6}$$

其中 $\frac{\lambda^k}{k!}e^{-\lambda}$ 的计算可通过泊松分布表查到(见本书附表 3).

例 2.9 现有同类型设备 300 台,各台工作状态相互独立. 已知每台设备发生故障的概率为 0.01.

(1) 若一台设备发生故障需要一人去处理,问至少需要配备多少维修工人,才能保证设备发生故障但不能及时维修的概率小于 0.01?

(2) 若改为一人负责维修 20 台或 3 人负责维修 80 台，求这两种情况下，设备发生故障而不能及时维修的概率.

解 (1) 设 X 表示同一时刻发生故障的设备台数，则 X 也是同一时刻需去维修设备的工人数，且 $X \sim B(300, 0.01)$. 又设配备 N 位维修工人时设备发生故障不能及时维修，则必有 $N < X$，由题意，要确定 N，使得

$$P(X > N) < 0.01.$$

由二项分布的泊松逼近公式，取 $\lambda = np = 300 \times 0.01 = 3$，得

$$P(X > N) = \sum_{k=N+1}^{\infty} C_n^k \cdot p^k (1-p)^{n-k} \approx \sum_{k=N+1}^{\infty} \frac{3^k e^{-3}}{k!} < 0.01.$$

查附表中的泊松分布表得，$N+1=9$，即 $N=8$. 故为达到要求，至少需配备 8 位维修工人.

(2) 在第一种情况下，$n=20$，$p=0.01$，$\lambda = np = 0.2$，所求概率为

$$P(X \geqslant 2) \approx \sum_{k=2}^{\infty} \frac{(0.2)^k e^{-0.2}}{k!} = 0.0175 .$$

在第二种情况下，$n=80$，$p=0.01$，$\lambda = np = 0.80$，所求概率为

$$P(X \geqslant 4) \approx \sum_{k=4}^{\infty} \frac{(0.8)^k e^{-0.8}}{k!} = 0.0091.$$

在(2.6)式中，对每个 $k = 0, 1, 2, \cdots, n$，有 $\frac{\lambda^k e^{-\lambda}}{k!} \geqslant 0$，若令 $n \to \infty$，则有 $\sum_{k=0}^{\infty} \frac{\lambda^k e^{-\lambda}}{k!} = e^{-\lambda} \sum_{k=0}^{\infty} \frac{\lambda^k}{k!} = 1$. 即 $\frac{\lambda^k e^{-\lambda}}{k!}$，$k = 0, 1, \cdots$ 为某一随机变量的分布列. 由此我们得到了在理论及应用上非常有价值的泊松分布.

定义 2.7 设离散型随机变量 X 所有可能的取值为 $0, 1, 2, \cdots$ 且取各个值的概率为

$$P(X=k) = \frac{\lambda^k e^{-\lambda}}{k!}, \quad k = 0, 1, 2, \cdots, \tag{2.7}$$

其中 $\lambda>0$ 是常数,则称 X 服从参数为 λ 的**泊松分布**. 记为

$$X\sim P(\lambda).$$

具有泊松分布的随机变量在实际应用中是很多的. 例如,在一个时间间隔内某电话台收到的电话的呼唤次数;公共汽车站等候的乘客数;一匹布上的疵点数;某操作系统发生的故障次数;某容器内的细菌数;一年中大暴雨发生的次数都是服从或近似服从泊松分布的.

例 2.10 某商店根据以往的资料知道,某种商品的销售量可以用 $\lambda=5$ 的泊松分布来描述,为了保证该商品有 90% 以上的把握不致脱销,问商店在每月底至少应购进这种商品多少单位(假定每月底无存货)?

解 设商店每月销售这种商品 X 单位,月底购进这种商品 N 单位,当 $X\leqslant N$ 时不致脱销,则由题意知

$$P(X\leqslant N)\geqslant 90\%.$$

由于 $X\sim P(5)$,于是有

$$P(X\leqslant N)=\sum_{k=0}^{N}P(X=k)=\sum_{k=0}^{N}\frac{5^k\mathrm{e}^{-5}}{k!}\geqslant 0.9,$$

或

$$P(X>N)=\sum_{k=N+1}^{\infty}\frac{5^k\mathrm{e}^{-5}}{k!}<0.1.$$

查附表中泊松分布表得 $N+1=9$,故 $N=8$. 即月底至少购进该商品 8 单位,就有 90% 以上的把握保证这种商品在下一月不致脱销.

例 2.11 设某段时间内来百货公司的顾客数服从参数为 λ 的泊松分布,而在百货公司里每个顾客购买电视机的概率为 p,且顾客之间是否购买电视机相互独立. 试求这段时间内,百货公司售出 k 台电视机的概率.

解 设 X 表示售出电视机的台数,Y 表示来到百货公司的顾客数,则

$$P(Y=n)=\frac{\lambda^n e^{-\lambda}}{n!},\quad n=0,1,2,\cdots.$$

$$P(X=k|Y=n)=\begin{cases}0, n=0,1,\cdots,k-1;\\ C_n^k p^k(1-p)^{n-k}, n=k,k+1,\cdots.\end{cases}$$

由全概率公式有

$$\begin{aligned}P(X=k)&=\sum_{n=0}^{\infty}P(X=k\mid Y=n)P(Y=n)\\&=\sum_{n=K}^{\infty}C_n^k p^k(1-p)^{n-k}\cdot\frac{\lambda^n}{n!}e^{-\lambda}\\&=\sum_{n=k}^{\infty}\frac{n!}{k!(n-k)!}p^k(1-p)^{n-k}\frac{\lambda^n}{n!}e^{-\lambda}\\&=\frac{(\lambda p)^k}{k!}e^{-\lambda}\sum_{n=k}^{\infty}\frac{[\lambda(1-p)]^{n-k}}{(n-k)!}\\&=\frac{(\lambda p)^k}{k!}e^{-\lambda}\cdot e^{\lambda(1-p)}\\&=\frac{(\lambda p)^k}{k!}e^{-\lambda p}.\end{aligned}$$

即百货公司出售的电视机的台数是一个服从参数为 λp 的泊松分布的随机变量.

2.2.2.4　超几何分布

定义 2.8　如果离散型随机变量 X 的所有可能取值为 $0,1,\cdots,L$，且

$$P(X=k)=\frac{C_M^k\cdot C_{N-M}^{n-k}}{C_N^n},\quad k=0,1,2,\cdots,L,\tag{2.8}$$

其中整数 $N,M>0$，$n\leqslant N-M$，且 $L=\min\{M,n\}$，则称 X 服从参数为 N,M,n 的**超几何分布**. 记作 $X\sim H(N,M,n)$.

利用组合等式 $\sum\limits_{k=0}^{L}C_M^k\cdot C_{N-M}^{n-k}=C_N^n$ 可以验证超几何分布满足分布列的两条性质.

超几何分布主要用于，对一个含有两类元素的有限总体不放

回抽样,确定某一类元素个数的概率分布.如用它确定次品数或正品数的概率分布.

例 2.12 20 个产品中有 5 个不合格品,若从中任取 8 个,求其中不合格品数 X 的分布列及不合格品不多于 3 个的概率.

解 显然 $X \sim H(20,5,8)$,于是 X 的分布列为

$$P(X=k)=\frac{C_5^k \cdot C_{15}^{8-k}}{C_{20}^8}, \quad k=0,1,\cdots,5.$$

或

X	0	1	2	3	4	5
$P(X=k)$	0.0511	0.2554	0.3973	0.2384	0.0542	0.0036

所求概率为

$$P(Z \leqslant 3) = \sum_{k=0}^{3} P(X = k) = 0.9424.$$

对于超几何分布,我们还可以证明,当 $N \to \infty$ 时,$\frac{M}{N} \to p$(n,k 不变),且有

$$\lim_{N \to \infty} \frac{C_M^k \cdot C_{N-M}^{n-k}}{C_N^n} = C_n^k \cdot p^k (1-p)^{n-k}. \tag{2.9}$$

(2.9)式表明了超几何分布与二项分布之间的联系,即超几何分布的极限分布是二项分布.

2.2.2.5 几何分布

定义 2.9 设离散型随机变量 X 的所有可能取值为 $1,2,\cdots$,且

$$P(X=k)=(1-p)^{k-1} \cdot p, \quad k=1,2,\cdots, \tag{2.10}$$

其中 $0<p<1$,则称 X 服从**几何分布**.

服从几何分布的随机变量描述的是:无穷次伯努利试验序列中事件 A 首次发生的次数,其中 $p=P(A)$.

例 2.13　设某求职人员，在求职过程中每次求职成功率为 0.4. 试问该人员要求职多少次，才能有 0.9 的把握获得一个就业机会？

解　设 X 表示该人员在求职过程中首次成功的求职次数，则 X 服从几何分布

$$P(X=k)=0.6^{k-1}0.4,\quad k=1,2,\cdots.$$

由事件的互不相容性，有

$$P(X\leqslant 5)=\sum_{k=1}^{5}P(X=k)=\sum_{k=1}^{5}0.6^{k-1}0.4>0.9.$$

故该求职人员至少要求职 5 次，才能以 0.9 的把握得到一次就业的机会.

2.3　连续型随机变量

2.3.1　连续型随机变量及概率密度

在非离散型随机变量中，仅介绍在应用中经常遇到的连续型随机变量.

连续型随机变量的特点是取值充满一个区间或若干个区间. 例如，某种型号的电子元件的寿命 T 就是在区间 $[0,+\infty)$ 上取值的连续型随机变量；某公共汽车站每隔 10 分钟有一辆汽车通过，任一旅客候车的时间是在 $[0,10]$ 上取值的连续型随机变量. 又如河水的流量及水位、地区的气温、测量误差等都分别是在某区间上取值的连续型随机变量.

对于连续型随机变量，如何求它所表示事件的概率，如何利用分布函数来描述它取值的概率规律，先看下例.

例 2.14　设有一质点等可能地落入区间 $[0,2]$ 内的任一点，且一定落入这个区间. 令 X 为这个质点到原点 O 的距离，求 X 的分布函数.

解 显然 X 为随机变量，且可能取值充满了$[0,2]$区间.

当 $x<0$ 时，$F(x)=P(X\leqslant x)=P(\varnothing)=0$；

当 $0\leqslant x<2$ 时，由几何概型知 $F(x)=P(X\leqslant x)=\frac{x}{2}$；

当 $x\geqslant 2$ 时，$\{X\leqslant x\}=\{X<0\}\cup\{0\leqslant X\leqslant 2\}\cup\{2<X\leqslant x\}$，由于质点一定落入$[0,2]$区间内，从而

$$F(x)=P(X\leqslant x)=P(0\leqslant X\leqslant 2)=\frac{2}{2}=1.$$

所以，X 的分布函数为

$$F(x)=\begin{cases}0, x<0;\\ \frac{x}{2}, 0\leqslant x<2;\\ 1, x\geqslant 2.\end{cases}$$

分布函数的图形为一条连续曲线(见图 2.2).

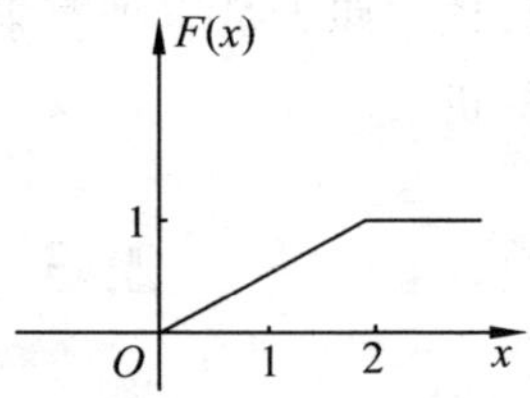

图 2.2

值得注意的是，若令

$$f(x)=\begin{cases}\frac{1}{2}, 0\leqslant x<2;\\ 0, \text{其他}.\end{cases}$$

则例 2.14 中 X 的分布函数可以表示成如下的形式：

$$F(x)=\int_{-\infty}^{x}f(t)\mathrm{d}t.$$

即 X 的分布函数 $F(x)$ 恰是某非负函数 $f(t)$ 在$(-\infty,x]$上的积分. 这一结果对连续型随机变量具有普遍性. 下面我们给出连续型随机变量的定义.

定义 2.10 对于随机变量 X 的分布函数 $F(x)$，若存在非负函数 $f(x)$，使得对任意实数 x，有

$$F(x)=\int_{-\infty}^{x}f(t)\mathrm{d}t, \tag{2.11}$$

则称 X 为**连续型随机变量**，称 $f(x)$ 为 X 的**概率密度函数**，简称

概率密度.

由(2.11)式可知,连续型随机变量的分布函数是连续函数.给定随机变量的概率密度 $f(x)$,由(2.11)式可求出分布函数$F(x)$,这说明连续随机变量的概率密度函数完全刻画了随机变量的概率分布.

随机变量 X 的概率密度 $f(x)$具有如下性质:

(1) $f(x)\geqslant 0, x\in(-\infty,+\infty)$;

(2) $\int_{-\infty}^{+\infty} f(x)\mathrm{d}x = 1$;

(3) $P(x_1 < X \leqslant X_2) = F(x_2) - F(x_1) = \int_{x_1}^{x_2} f(x)\mathrm{d}x$;

(4) 若 $f(x)$在点 x 处连续,则 $F'(x)=f(x)$;

(5) 连续型随机变量 X 取值为任一实数 x_0 的概率等于零,即 $P(X=x_0)=0$.

证　(2) $\int_{-\infty}^{+\infty} f(t)\mathrm{d}t = \lim\limits_{x\to+\infty}\int_{-\infty}^{x} f(t)\mathrm{d}t = \lim\limits_{x\to+\infty} F(x) = 1.$

(3)
$$\begin{aligned}P(x_1 < X \leqslant x_2) &= F(x_2) - F(x_1)\\ &= \int_{-\infty}^{x_2} f(t)\mathrm{d}t - \int_{-\infty}^{x_1} f(t)\mathrm{d}t\\ &= \int_{-\infty}^{x_1} f(t)\mathrm{d}t + \int_{x_1}^{x_2} f(t)\mathrm{d}t - \int_{-\infty}^{x_1} f(t)\mathrm{d}t\\ &= \int_{x_1}^{x_2} f(t)\mathrm{d}t.\end{aligned}$$

(4) 由于 $F(x) = \int_{-\infty}^{x} f(t)\mathrm{d}t$,对 $F(x)$ 关于 x 求导数得

$$F'(x) = \frac{\mathrm{d}}{\mathrm{d}x}\left[\int_{-\infty}^{x} f(t)\mathrm{d}t\right] = f(x).$$

(5) 对任一实数 x_0,因为$\{X=x_0\}\subset\{x_0<X\leqslant x_0+\Delta x\}$,所以

$$\begin{aligned}0\leqslant P(X=x_0)&\leqslant P(x_0<X\leqslant x_0+\Delta x)\\ &=F(x_0+\Delta x)-F(x_0).\end{aligned}$$

由于 $F(x)$ 在 x_0 点连续，所以 $\lim\limits_{\Delta x\to 0}[F(x_0+\Delta x)-F(x_0)]=0$，从而 $P(X=x_0)=0$.

性质(3)表明，连续型随机变量 X 落在区间 $(x_1,x_2]$ 上的概率等于该区间上以概率密度曲线 $y=f(x)$ 为曲边的曲边梯形面积.(见图 2.3)

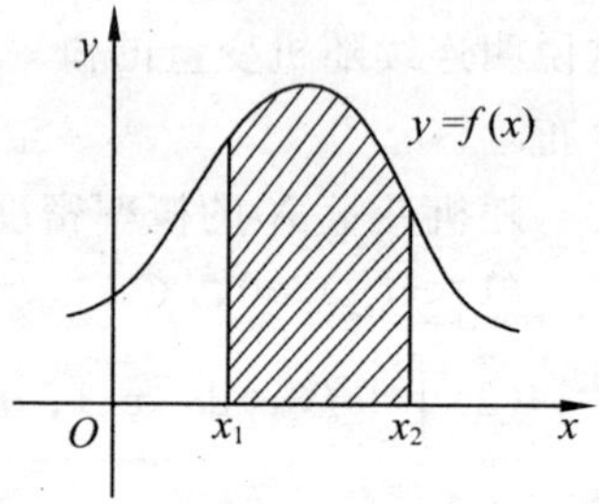

图 2.3

由性质(5)，在计算连续型随机变量落在某一区间的概率时，可以不分区间是开、闭或半开闭区间，即有

$$\begin{aligned}P(x_1<X\leqslant x_2)&=P(x_1\leqslant X\leqslant x_2)=P(x_1<X<x_2)\\&=P(x_1\leqslant X<x_2)=P(x_1\leqslant X\leqslant x_2)\\&=\int_{x_1}^{x_2}f(t)\mathrm{d}t.\end{aligned}$$

并且由此可知，概率为 0 的事件并不一定是不可能事件，同样概率为 1 的事件不一定是必然事件.

对于一个函数 $f(x)$，要知道它是否为某一随机变量的概率密度，只要验证它是否满足上述性质(1)，(2)就可以了.

例 2.15 设随机变量 X 的概率密度为

$$f(x)=\begin{cases}A(4x-2x^2),0<x<2;\\0,\text{其他}.\end{cases}$$

(1) 确定常数 A； (2) 求 X 的分布函数 $F(x)$；

(3) 求 $P(0\leqslant X<1)$，$P(X>1)$.

解 (1) 因为

$$1=\int_{-\infty}^{+\infty}f(x)\mathrm{d}x=\int_{-\infty}^{0}0\mathrm{d}x+\int_{0}^{2}A(4x-2x^2)\mathrm{d}x+\int_{2}^{+\infty}0\mathrm{d}x$$

$$= A\left(2x^2 - \frac{2}{3}x^3\right)\Big|_0^2 = \frac{8}{3}A,$$

故 $A=\frac{3}{8}$.

(2) 因为 X 的概率密度为

$$f(x)=\begin{cases}\frac{3}{2}x-\frac{3}{4}x^2, 0<x<2;\\ 0, 其他.\end{cases}$$

所以 X 的分布函数为　$F(x) = \int_{-\infty}^{x} f(t)\,\mathrm{d}t$.

当 $x < 0$ 时, $F(x) = \int_{-\infty}^{x} 0\,\mathrm{d}t = 0$;

当 $0 \leqslant x < 2$ 时, $F(x) = \int_0^x \left(\frac{3}{2}t - \frac{3}{4}t^2\right)\mathrm{d}t = \frac{3}{4}x^2 - \frac{1}{4}x^3$;

当 $x \geqslant 2$ 时, $F(x) = \int_0^2 \left(\frac{3}{2}t - \frac{3}{4}t^2\right)\mathrm{d}t = 1$. 即

$$F(x)=\begin{cases}0, x<0;\\ \frac{3}{4}x^2-\frac{1}{4}x^3, 0\leqslant x<2;\\ 1, x\geqslant 2.\end{cases}$$

(3) 方法 1　用分布函数求得

$$P(0\leqslant X<1)=F(1)-F(0)=\frac{1}{2}-0=\frac{1}{2},$$

$$P(X>1)=1-P(X\leqslant 1)=1-F(1)=1-\frac{1}{2}=\frac{1}{2}.$$

方法 2　用概率密度求得

$$P(0 \leqslant X < 1) = \int_0^1 f(x)\,\mathrm{d}x = \int_0^1 \left(\frac{3}{2}x - \frac{3}{4}x^2\right)\mathrm{d}x = \frac{1}{2},$$

$$P(X > 1) = \int_1^{+\infty} f(x)\,\mathrm{d}x = \int_1^2 \left(\frac{3}{2}x - \frac{3}{4}x^2\right)\mathrm{d}x = \frac{1}{2}.$$

例 2.16　设连续型随机变量 X 的分布函数为

$$F(x)=\begin{cases}0, x<0;\\ A\sin x, 0\leqslant x<\dfrac{\pi}{2};\\ 1, x\geqslant\dfrac{\pi}{2}.\end{cases}$$

(1) 求系数 A；

(2) 求 $P\left(|X|<\dfrac{\pi}{6}\right)$；

(3) 求 X 的概率密度函数；

(4) 作出 $F(x)$与 $f(x)$的图形.

解 (1) 因为 $F(x)$是连续函数，所以

$$\lim_{x\to\frac{\pi}{2}}F(x)=F\left(\frac{\pi}{2}\right)=1,$$

而

$$\lim_{x\to\frac{\pi}{2}-0}F(x)=\lim_{x\to\frac{\pi}{2}-0}A\cdot\sin x=A,$$

故 $A=1$.

(2) $$P\left(|X|<\frac{\pi}{6}\right)=P\left(-\frac{\pi}{6}<X<\frac{\pi}{6}\right)=F\left(\frac{\pi}{6}\right)-F\left(-\frac{\pi}{6}\right)=\sin\frac{\pi}{6}-0=\frac{1}{2}.$$

(3) $$f(x)=F'(x)=\begin{cases}0, x<0 \text{ 或 } x\geqslant\dfrac{\pi}{2};\\ \cos x, 0\leqslant x<\dfrac{\pi}{2}.\end{cases}$$

(4) $f(x)$，$F(x)$的图形如图 2.4 所示.

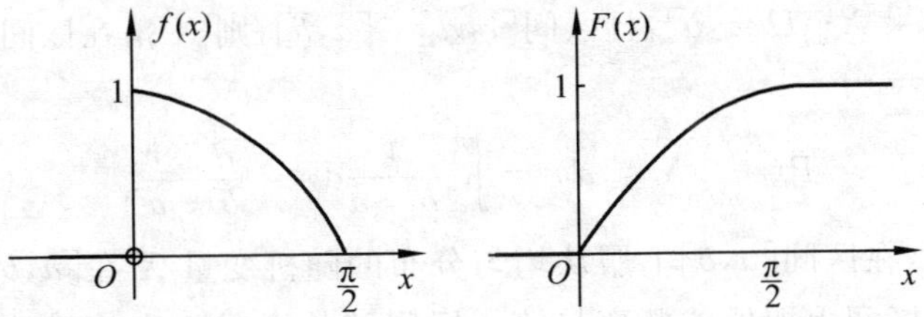

图 2.4

2.3.2　几个常见的连续型随机变量的分布

2.3.2.1　均匀分布

定义 2.11　如果连续型随机变量 X 的概率密度为

$$f(x)=\begin{cases}\dfrac{1}{b-a}, a\leqslant x\leqslant b;\\ 0,\quad 其他.\end{cases}\tag{2.12}$$

则称 X 在区间 $[a,b]$ 上服从**均匀分布**，记为 $X\sim U[a,b]$.

X 的分布函数为

$$F(x)=\begin{cases}0, x<a;\\ \dfrac{x-a}{b-a}, a\leqslant x<b;\\ 1, x\geqslant b.\end{cases}\tag{2.13}$$

X 的概率密度 $f(x)$ 与分布函数 $F(x)$ 的图形如图 2.5 所示.

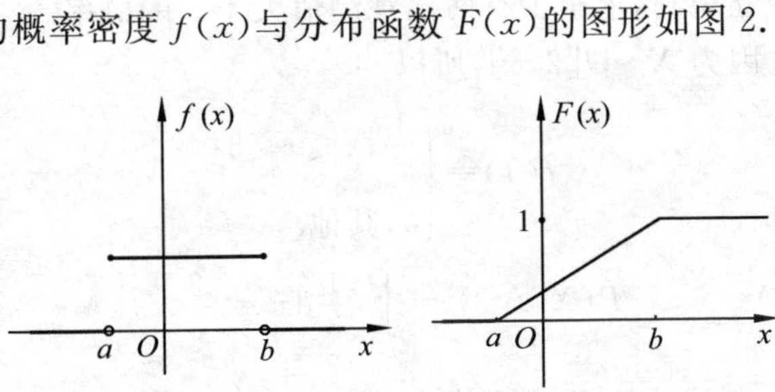

图 2.5

容易验证，$f(x)$满足概率密度函数的性质(1)，(2).

如果 $X \sim U[a,b]$，且区间$[c,d] \subset [a,b]$，则 X 落在区间$[c,d]$上的概率为

$$P(c \leqslant X \leqslant d)=\int_{c}^{d} \frac{1}{b-a} \mathrm{d}x=\frac{d-c}{b-a}. \tag{2.14}$$

这表明，在区间$[a,b]$上服从均匀分布的随机变量 X 在$[a,b]$内的任一子区间上取值的概率与该子区间的长度成正比，而与子区间的位置无关，从而均匀分布可用来描述在某个区间上具有等可能结果的随机试验的统计规律性.

例 2.17 设某公共汽车站每隔 10 分钟有一辆公共汽车通过，则在任一时刻到站乘客的候车时间 X（单位：分钟）在区间[0，10]上服从均匀分布，求乘客的候车时间超过 6 分钟的概率.

解 因为 $X \sim U[0,10]$，所以

$$f(x)=\begin{cases}\frac{1}{10}, 0 \leqslant x \leqslant 10 ; \\ 0, \text{其他}.\end{cases}$$

所求概率为

$$P(X>6)=\int_{6}^{+\infty} f(x) \mathrm{d}x=\int_{6}^{10} \frac{1}{10} \mathrm{d}x=\frac{2}{5}.$$

例 2.18 设随机变量 X 在[2，5]上服从均匀分布，现对 X 进行三次独立观测，求至少有两次观测值大于 3 的概率.

解 因为 $X \sim U[2,5]$，所以

$$f(x)=\begin{cases}\frac{1}{3}, 2 \leqslant x \leqslant 5 ; \\ 0, \text{其他}.\end{cases}$$

$$P(X>3)=\int_{3}^{5} \frac{1}{3} \mathrm{d}x=\frac{2}{3}.$$

设 Y 表示对 X 的观测值大于 3 的次数，则 $Y \sim B\left(3, \frac{2}{3}\right)$，故

所求概率为

$$P(Y \geqslant 2) = \sum_{k=2}^{3} P(Y = k) = \sum_{k=2}^{3} C_3^k \left(\frac{2}{3}\right)^k \left(\frac{1}{3}\right)^{3-k} = \frac{20}{27}.$$

2.3.2.2　指数分布

定义 2.12　若连续型随机变量 X 的概率密度为

$$f(x)=\begin{cases}\lambda \mathrm{e}^{-\lambda x}, x>0;\\ 0, x\leqslant 0.\end{cases} \tag{2.15}$$

其中 $\lambda>0$ 为常数，则称 X 服从参数为 λ 的**指数分布**，记为 $X\sim E(\lambda)$.

容易求得，X 的分布函数为

$$F(x)=\begin{cases}1-\mathrm{e}^{-\lambda x}, x>0;\\ 0, x\leqslant 0.\end{cases} \tag{2.16}$$

指数分布的概率密度 $f(x)$ 与分布函数 $F(x)$ 的图形如图 2.6 所示.

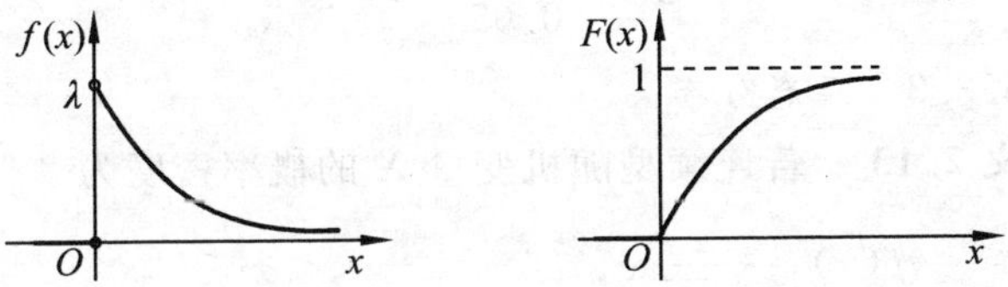

图 2.6

指数分布常用作产品寿命和动物寿命的分布或近似分布. 在排队论中也有着广泛的应用，如电话的通话时间；各种随机服务系统的服务时间、等待时间等都可以认为服从指数分布.

例 2.19　从某项寿命试验的数据分析中知，寿命 X 服从参数为 0.05 的指数分布.

(1) 求 $P(10<X\leqslant 20)$，$P(X>80\mid X>50)$.

(2) 如果要使概率 $P(X>x)<0.1$，则 x 取值应在什么范围内？

解　因为 $X\sim E(0.05)$，所以 X 的概率密度、分布函数分别为

$$f(x)=\begin{cases}0.05\mathrm{e}^{-0.05x}, x>0;\\0, x\leqslant 0.\end{cases}\qquad F(x)=\begin{cases}1-\mathrm{e}^{-0.05x}, x>0;\\0, x\leqslant 0.\end{cases}$$

(1) $P(10<X\leqslant 20)=F(20)-F(10)=\mathrm{e}^{-0.05\times 10}-\mathrm{e}^{-0.05\times 20}$

$$=0.2387.$$

因为事件$\{X>80\}\subset\{X>50\}$,所以

$$P(X>80\mid X>50)=\frac{P(X>80,X>50)}{P(X>50)}=\frac{P(X>80)}{P(X>50)}$$

$$=\frac{1-F(80)}{1-F(50)}=\frac{\mathrm{e}^{-4}}{\mathrm{e}^{-2.5}}=0.2231.$$

(2) 如果 $P(X>x)<0.1$,即

$$P(X>x)=\int_x^{+\infty}0.05\mathrm{e}^{-0.05x}\mathrm{d}x=\mathrm{e}^{-0.05x}<0.1,$$

则$-0.05x<\ln 0.1$,解得

$$x>\frac{-\ln 0.1}{0.05}\approx 46.$$

2.3.2.3 正态分布

定义 2.13 若连续型随机变量 X 的概率密度为

$$f(x)=\frac{1}{\sqrt{2\pi}\sigma}\mathrm{e}^{-\frac{(x-\mu)^2}{2\sigma^2}},\quad -\infty<x<+\infty, \tag{2.17}$$

其中$-\infty<\mu<+\infty$,$\sigma>0$ 为常数,则称 X 服从参数为μ,σ 的**正态分布**,记为 $X\sim N(\mu,\sigma^2)$.

由高等数学的知识不难得到,正态分布 $N(\mu,\sigma^2)$概率密度函数 $f(x)$具有下列性质:

(1) $f(x)$关于 $x=\mu$ 对称;

(2) $f(x)$在 $x=\mu$ 处有最大值$\frac{1}{\sqrt{2\pi}\sigma}$;

(3) 曲线 $y=f(x)$有拐点$\left(\mu-\sigma,\frac{1}{\sqrt{2\pi\mathrm{e}}\sigma}\right)$,$\left(\mu+\sigma,\frac{1}{\sqrt{2\pi\mathrm{e}}\sigma}\right)$;

(4) 当 $x\to\infty$时,曲线 $y=f(x)$以 x 轴为渐近线. 正态分布的

概率密度函数 $f(x)$的图形如图 2.7 所示.

在(2.17)式中,若固定 μ,改变 σ 值,则由最大值 $f(\mu)=\dfrac{1}{\sqrt{2\pi}\sigma}$ 可知,当 σ 越小时,$f(\mu)$越大,从而曲线 $y=f(x)$越陡峭;当 σ 越大时,$f(\mu)$越小,从而曲线越平缓(见图 2.8). 若固定 σ,改变 μ 值,则 μ 值的大小决定曲线 $y=f(x)$的位置,当 μ 增大时,曲线向右平移,当 μ 减少时曲线向左平移,但曲线形状不变.

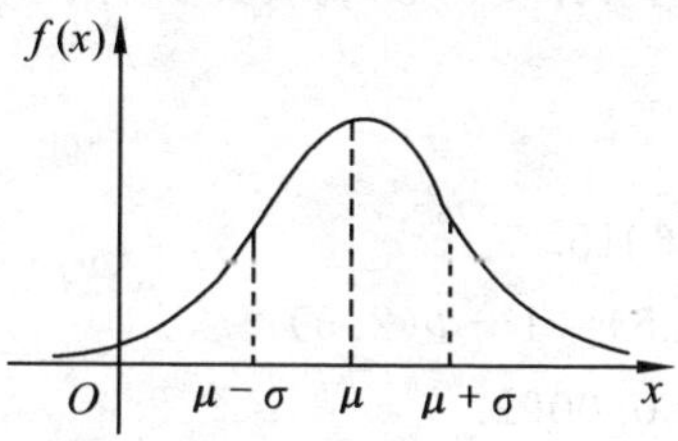

图 2.7

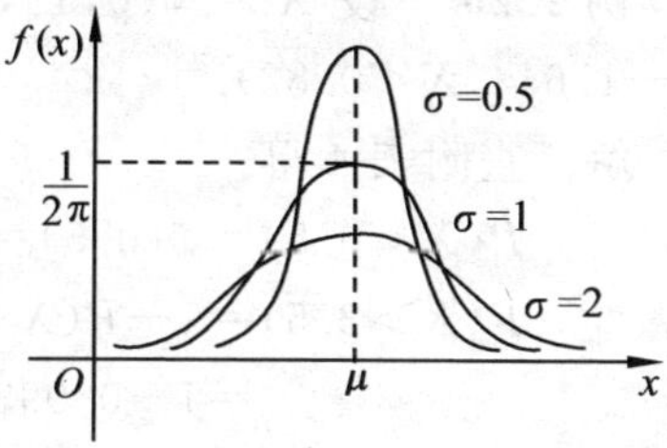

图 2.8

正态分布变量 $X\sim N(\mu,\sigma^2)$的分布函数为

$$F(x)=\frac{1}{\sqrt{2\pi}\sigma}\int_{-\infty}^{x}\mathrm{e}^{-\frac{(t-\mu)^2}{2\sigma^2}}\,\mathrm{d}t,\ -\infty<x<+\infty. \qquad (2.18)$$

当 $\mu=0,\sigma=1$ 时,即 X 的概率密度为

$$\varphi(x)=\frac{1}{\sqrt{2\pi}}\mathrm{e}^{-\frac{x^2}{2}},\quad -\infty<x<+\infty, \qquad (2.19)$$

则称 X 服从**标准正态分布**,记为 $X\sim N(0,1)$.

标准正态分布的分布函数为

$$\Phi(x)=\frac{1}{\sqrt{2\pi}}\int_{-\infty}^{x}\mathrm{e}^{-\frac{t^2}{2}}\,\mathrm{d}t,$$

$$-\infty<x<+\infty. \qquad (2.20)$$

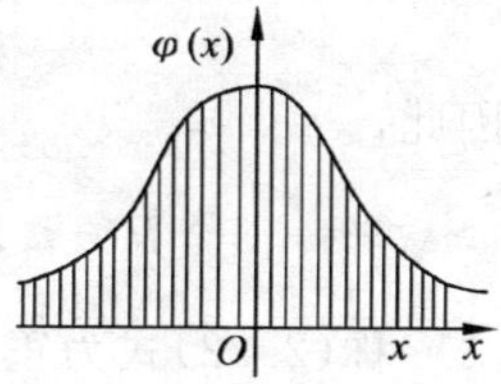

图 2.9

今后专用 $\varphi(x)$,$\Phi(x)$表示 $N(0,1)$分布的概率密度函数和分布函数. 由分布函

数的几何意义知，$\Phi(x)$表示如图 2.9 中阴影部分面积.

由于标准正态分布的分布函数值不便利用(2.20)式直接计算，所以为了实用上的方便，本书末附有标准正态分布函数 $\Phi(x)$ 的数值表(附表4)，供查用. 附表4 列出了 $x\geqslant 0$ 的 $\Phi(x)$值，对于 $x<0$ 的 $\Phi(x)$值，可利用公式

$$\Phi(-x)=1-\Phi(x) \tag{2.21}$$

来求得.

例 2.20 设 $X\sim N(0,1)$，求 $P(X<0.5)$，$P(X>2.5)$及 $P(-1.64\leqslant X<0.82)$.

解 查附表4 得

$$P(X<0.5)=\Phi(0.5)=0.6915.$$

$$\begin{aligned}P(X>2.5)&=1-P(X\leqslant 2.5)=1-\Phi(2.5)\\&=1-0.9938=0.0062.\end{aligned}$$

$$\begin{aligned}P(-1.64\leqslant X<0.82)&=\Phi(0.82)-\Phi(-1.64)\\&=\Phi(0.82)-[1-\Phi(1.64)]\\&=0.7939-1+0.9495=0.7434.\end{aligned}$$

当 $X\sim N(\mu,\sigma^2)$时，令 $v=\dfrac{t-\mu}{\sigma}$，则 X 的分布函数可化为

$$\begin{aligned}F(x)&=\int_{-\infty}^{x}\frac{1}{\sqrt{2\pi}\sigma}\mathrm{e}^{-\frac{(t-\mu)^2}{2\sigma^2}}\mathrm{d}t\\&=\frac{1}{\sqrt{2\pi}}\int_{-\infty}^{\frac{x-\mu}{\sigma}}\mathrm{e}^{-\frac{v^2}{2}}\mathrm{d}v\\&=\Phi\left(\frac{x-\mu}{\sigma}\right).\end{aligned}$$

因此，

$$P(a<X\leqslant b)=\Phi\left(\frac{b-\mu}{\sigma}\right)-\Phi\left(\frac{a-\mu}{\sigma}\right). \tag{2.22}$$

称(2.22)式为正态分布概率计算公式.

例 2.21 设 $X\sim N(\mu,\sigma^2)$，求 $P(|X-\mu|<k\sigma)$，$k=1,2,3$.

解 $k=3$ 时，有

$$\begin{aligned}P(|X-\mu|<3\sigma)&=P(\mu-3\sigma<X<\mu+3\sigma)\\&=\Phi\left(\frac{\mu+3\sigma-\mu}{\sigma}\right)-\Phi\left(\frac{\mu-3\sigma-\mu}{\sigma}\right)\\&=\Phi(3)-\Phi(-3)=0.9974.\end{aligned}$$

类似可得

$$P(|X-\mu|<2\sigma)=0.9554,P(|X-\mu|<\sigma)=0.6826.$$

由此可见在一次试验中，X 落在$(\mu-3\sigma,\mu+3\sigma)$内的概率几乎为1，或者说 X 落在$(\mu-3\sigma,\mu+3\sigma)$以外的概率可以忽略不计，此特性称为正态分布的"$3\sigma$ 原则".

正态分布是概率论中非常重要的一种分布. 一方面，在自然现象和社会现象中，大量的随机变量都服从或近似服从正态分布. 例如，测量的误差，炮弹的落点，产品的各类质量指标，生物学中同一群体的形态指标，经济学中的股票价格、商品的销量，电子元器件的热噪声电流和电压，农作物的产量等都服从正态分布. 另一方面，正态分布有许多好的性质，许多分布都可用正态分布来近似，还有些分布可由正态分布导出. 因此正态分布在概率论的理论和应用上都占据着中心的地位. 研究表明，若影响某一数量指标的随机因素很多，而每一种因素独立且所起的作用又不大，在理论上可以证明，具有这种特点的数量指标服从正态分布.

例 2.22 某地区8月份的降雨量 X 服从 $\mu=185\text{mm}$，$\sigma=28\text{mm}$ 的正态分布，写出 X 的概率密度，并求该地区明年8月份降雨量超过250mm的概率.

解 因为 $X\sim N(185,28^2)$，所以 X 的概率密度为

$$f(x)=\frac{1}{28\sqrt{2\pi}}\mathrm{e}^{-\frac{(x-185)^2}{2\times 28^2}},\quad -\infty<x<+\infty.$$

所求概率为 $P(X>250)=1-P(X\leqslant 250)$

$$=1-\Phi\left(\frac{250-185}{28}\right)=1-\Phi(2.32)$$

$$=1-0.9898=0.0102.$$

为了以后应用上的方便,我们引入标准正态分布分位数的概念.

定义 2.14　设 $X\sim N(0,1)$,对于给定的 $\alpha(0<\alpha<1)$,若数 u_α 和 $u_{\frac{\alpha}{2}}$ 分别满足

$$P(X>u_\alpha)=\alpha, \tag{2.23}$$

和

$$P(|X|>u_{\frac{\alpha}{2}})=\alpha, \tag{2.24}$$

则称 u_α 为标准正态分布的**上侧 α 分位数**,$u_{\frac{\alpha}{2}}$ 为**双侧 α 分位数.**

标准正态分布的上侧 α 分位数 u_α 和双侧 α 分位数 $u_{\frac{\alpha}{2}}$ 的几何解释见图 2.10.

图 2.10

对于给定的 α,由(2.23)式得

$$P(X>u_\alpha)=1-P(X\leqslant u_\alpha)=1-\Phi(u_\alpha)=\alpha,$$

从而 $\Phi(u_\alpha)=1-\alpha$,即 u_α 可由 $\Phi(u_\alpha)=1-\alpha$ 查附表 4 得到.

类似地,$u_{\frac{\alpha}{2}}$ 可由 $\Phi(u_{\frac{\alpha}{2}})=1-\dfrac{\alpha}{2}$ 查附表 4 得到.

例如,$\alpha=0.05$,查表可得 $u_{0.05}=1.65$,$u_{\frac{0.05}{2}}=1.96$.

对于一般正态变量 $X\sim N(\mu,\sigma^2)$,要求满足 $P(X>x_0)=\alpha$ 的 $x_0(x_0>0)$,先由 $\Phi(u_\alpha)=1-\alpha$,查附表 4 得 u_α;再由 $\dfrac{x_0-\mu}{\sigma}=u_\alpha$,求得

$$x_0=\mu+u_\alpha\sigma. \tag{2.25}$$

例 2.23　某省高考采用标准化计分方法，并认为考生成绩 X 近似服从正态分布 $N(500, 100^2)$，如果某一科的录取率为 30.9%，问录取线应划定在多少分以上？

解　设录取分数线应划定在 x_0 分以上，按题意 x_0 应由 $P(X>x_0)=0.309$ 来确定. 由于

$$\Phi(u_\alpha)=1-0.309=0.691,$$

查标准正态分布表得 $u_\alpha=0.5$，故由(2.25)式得

$$x_0=500+0.5\times100=550.$$

即录取分数线可考虑定在 550 分以上.

2.4　随机变量函数的分布

在实际应用和理论研究中，我们不仅要研究随机变量的概率分布，往往还要研究随机变量函数的分布. 例如，某剧院每场演出所售出的门票数是一个随机变量，而票房的收入就是售出门票数的函数（如果门票只有一种价格）. 本节我们将讨论如何由已知的随机变量 X 的概率分布去求得它的函数 $Y=g(X)$（$g(\cdot)$是已知的连续函数）的分布. 下面分两种情形来讨论.

2.4.1　离散型随机变量函数的分布

例 2.24　设随机变量 X 的分布列为

X	-2	-1	0	1	2
$P(X=x_k)$	$\frac{1}{10}$	$\frac{1}{5}$	$\frac{2}{5}$	$\frac{1}{5}$	$\frac{1}{10}$

求随机变量 $Y=2X+1$，及 $Y=X^2$ 两种情形下的分布列.

解　(1) 由 $X=-2,-1,0,1,2$ 依次求得 $Y=2X+1$ 的值为 $-3,-1,1,3,5$.

由于事件$\{Y=-3\}$等价于事件$\{X=-2\}$,所以

$$P(Y=-3)=P(X=-2)=\frac{1}{10}.$$

类似地可求得

$$P(Y=-1)=P(X=-1)=\frac{1}{5},P(Y=1)=P(X=0)=\frac{2}{5},$$

$$P(Y=3)=P(X=1)=\frac{1}{5},P(Y=5)=P(X=2)=\frac{1}{10}.$$

故 $Y=2X+1$ 的分布列为

Y	-3	-1	1	3	5
$P(Y=y_k)$	$\frac{1}{10}$	$\frac{1}{5}$	$\frac{2}{5}$	$\frac{1}{5}$	$\frac{1}{10}$

(2) 由 $X=-2,-1,0,1,2$ 依次可得 $Y=X^2$ 的值为$4,1,0,1,4$.其中相同的Y值只取一个,故Y的所有可能取值是$Y=0,1,4$,且

$$P(Y=0)=P(X=0)=\frac{2}{5}.$$

由于事件$\{Y=1\}$等价于$\{X=-1\}\cup\{X=1\}$,所以

$$P(Y=1)=P(X=-1)+P(X=1)=\frac{1}{5}+\frac{1}{5}=\frac{2}{5}.$$

类似地有

$$P(Y=4)=P(X=-2)+P(X=2)=\frac{1}{10}+\frac{1}{10}=\frac{1}{5}.$$

故 $Y=X^2$ 的分布列为

Y	0	1	4
$P(Y=y_k)$	$\frac{2}{5}$	$\frac{2}{5}$	$\frac{1}{5}$

由例 2.24 的求解过程我们可总结出一般方法如下：

设离散型随机变量 X 的分布列为

X	x_1	x_2	$\cdots$	x_k	$\cdots$
$P(X=x_k)$	p_1	p_2	$\cdots$	p_k	$\cdots$

则随机变量函数 $Y=g(X)$ 的分布列为

Y	$g(x_1)$	$g(x_2)$	$\cdots$	$g(x_k)$	$\cdots$
$P(Y=y_k)$ $(y_k=g(x_k))$	p_1	p_2	$\cdots$	p_k	$\cdots$

如果有若干个 $g(x_k)$ 的值相等，那么必须把相应的概率 p_k 相加后合并成一项.

2.4.2　连续型随机变量函数的分布

例 2.25　设随机变量 X 的概率密度为

$$f_X(x)=\begin{cases}\dfrac{x}{8}, 0<x<4;\\ 0, \text{其他}.\end{cases}$$

求随机变量 $Y=-2X+8$ 的概率密度.

解　先求 $Y=-2X+8$ 的分布函数 $F_Y(y)$.

$$\begin{aligned}F_Y(y) &= P(Y\leqslant y) = P(-2X+8\leqslant y)\\ &= P\left(X\geqslant\frac{8-y}{2}\right)=\int_{\frac{8-y}{2}}^{+\infty} f_X(x)\mathrm{d}x,\end{aligned}$$

于是可得 $Y=-2X+8$ 的概率密度函数

$$\begin{aligned}f_Y(y) = F'_Y(y) &= \frac{\mathrm{d}}{\mathrm{d}y}\left[\int_{\frac{8-y}{2}}^{+\infty} f_X(x)\mathrm{d}x\right]\\ &=-f_X\left(\frac{8-y}{2}\right)\left(\frac{8-y}{2}\right)',\end{aligned}$$

$$=\begin{cases}-\frac{1}{8}\cdot\left(\frac{8-y}{2}\right)\cdot\left(-\frac{1}{2}\right),0<\frac{8-y}{2}<4\\0,\text{其他}\end{cases}$$

$$=\begin{cases}\frac{8-y}{32},0<y<8;\\0,\text{其他}.\end{cases}$$

例 2.26　设 $X\sim N(0,1)$，求 $Y=X^2$ 的概率密度.

解　先求随机变量 $Y=X^2$ 的分布函数 $F_Y(y)$.

当 $y\leqslant 0$ 时，$F_Y(y)=P(Y\leqslant y)=P(X^2\leqslant y)=0$；

当 $y>0$ 时，$F_Y(y)=P(Y\leqslant y)=P(X^2\leqslant y)$

$$=P(-\sqrt{y}\leqslant X\leqslant\sqrt{y})$$

$$=\int_{-\sqrt{y}}^{\sqrt{y}}f_X(x)\mathrm{d}(x).$$

即
$$F_Y(y)=\begin{cases}0,y\leqslant 0;\\\int_{-\sqrt{y}}^{\sqrt{y}}f_X(x)\mathrm{d}(x),y>0.\end{cases}$$

再对 $F_Y(y)$ 关于 y 求导，并注意到 $f_X(x)=\frac{1}{\sqrt{2\pi}}\mathrm{e}^{-\frac{x^2}{2}}$，$-\infty<x<+\infty$，得随机变量 $Y=X^2$ 的概率密度

$$f_Y(y)=F'(y)=\begin{cases}0,y\leqslant 0\\\frac{1}{2\sqrt{y}}[f_X(\sqrt{y})+f_X(-\sqrt{y})],y>0\end{cases}$$

$$=\begin{cases}0,y\leqslant 0;\\\frac{1}{\sqrt{2\pi y}}\mathrm{e}^{-\frac{y}{2}},y>0.\end{cases}$$

一般地，求连续型随机变量函数 $Y=g(X)$ 的概率密度，都可用类似于例 2.25，2.26 的方法，即先求分布函数 $F_Y(y)$，再求概率密度 $f_Y(y)$（可称为分布函数法）. 而求分布函数 $F_Y(y)$ 关键的一步是由不等式 $Y\leqslant y$，即 $g(X)\leqslant y$ 解出 X，从而得到一个与事件

$\{g(X)\leqslant y\}$等价的事件.但是求解这个不等式的情况比较复杂,如果 $g(x)$为单增函数,则可得到与$\{g(X)\leqslant y\}$等价的事件$\{X\leqslant g^{-1}(y)\}$,其中 $g^{-1}(y)$是 $g(x)$的反函数;如果 $g(x)$为单减函数,则与$\{g(X)\leqslant y\}$等价的事件为$\{X\geqslant g^{-1}(y)\}$;如果 $g(x)$为分段单调函数,则必须逐段给出相应的不等式.下面我们就 $g(x)$为严格单调且可导的情形,给出一个定理.

定理 2.4　设随机变量 X 的概率密度为 $f_X(x)$,又设函数 $y=g(x)$处处可导且 $g'(x)>0$(或 $g'(x)<0$),则 $Y=g(X)$也是一个连续型随机变量,其概率密度为

$$f_Y(y)=\begin{cases}f_X[g^{-1}(y)]\cdot|[g^{-1}(y)]'|, & \alpha<y<\beta;\\ 0,\text{其他}.\end{cases} \tag{2.26}$$

其中,$\alpha=\min\{g(-\infty),g(+\infty)\}$,$\beta=\max\{g(-\infty),g(+\infty)\}$.

证　只证 $g'(x)>0$ 的情形,此时 $g(x)$在$(-\infty,+\infty)$内严格单增,且它的反函数 $g^{-1}(y)$存在,并在(α,β)内严格单增、可导.由于 $\alpha<Y=g(X)<\beta$,故当 $y\leqslant\alpha$ 时,$F_Y(y)=P(Y\leqslant y)=0$;当 $y\geqslant\beta$ 时,$F_Y(y)=P(Y\leqslant y)=1$;当 $\alpha<y<\beta$ 时,

$$\begin{aligned}F_Y(y)&=P(Y\leqslant y)=P(g(X)\leqslant y)=P(X\leqslant g^{-1}(y))\\&=\int_{-\infty}^{g^{-1}(y)}f_X(x)\,\mathrm{d}x.\end{aligned}$$

于是得 Y 的概率密度为

$$f_Y(y)=\begin{cases}f_X[g^{-1}(y)]\cdot[g^{-1}(y)]', \alpha<y<\beta;\\ 0,\text{其他}.\end{cases}$$

对于 $g'(x)<0$ 的情形,同理可证

$$f_Y(y)=\begin{cases}f_X[g^{-1}(y)]\cdot[-g^{-1}(y)]', \alpha<y<\beta;\\ 0,\text{其他}.\end{cases}$$

合并上述两种情形,则得(2.26)式.

若 $g(x)$在有限区间$[a,b]$外为 0,且在$[a,b]$上 $g'(x)>0$(或 $g'(x)<0$),则只需改变公式(2.26)中 $\alpha=\min\{g(a),g(b)\}$,

$\beta=\max\{g(a),g(b)\}$.

例 2.27 设随机变量 $X\sim N(\mu,\sigma^2)$,证明 X 的线性函数 $Y=aX+b(a\neq 0)$ 也服从正态分布.

证 X 的概率密度为

$$f_X(x)=\frac{1}{\sqrt{2\pi}\sigma}\mathrm{e}^{-\frac{(x-\mu)^2}{2\sigma^2}},-\infty<x<+\infty.$$

显然函数 $y=g(x)=ax+b$ 在 $(-\infty,\infty)$ 内处处可导,且 $g'(x)=a$(恒大于零或恒小于零),其反函数为

$$g^{-1}(y)=\frac{y-b}{a},\qquad [g^{-1}(y)]'=\frac{1}{a}.$$

取 $\alpha=\min\{g(-\infty),g(+\infty)\}=-\infty,\beta=\max\{g(-\infty),g(+\infty)\}$,由公式(2.26)得,$Y=aX+b$ 的概率密度为

$$\begin{aligned}f_Y(y)&=\frac{1}{|a|}f_X\left(\frac{y-b}{a}\right),\\&=\frac{1}{|a|}\frac{1}{\sqrt{2\pi}\sigma}\mathrm{e}^{-\frac{[y-(a\mu+b)]^2}{2(a\sigma)^2}},\quad -\infty<y<+\infty.\end{aligned}$$

从而 $Y=aX+b\sim N(a\mu+b,(a\sigma)^2)$.

特别地,上例中取 $a=\frac{1}{\sigma},b=-\frac{\mu}{\sigma}$,得

$$Y=\frac{X-\mu}{\sigma}\sim N(0,1).$$

例 2.28 设 X 的概率密度为 $f_X(x)=\frac{1}{\pi(1+x^2)},-\infty<x<+\infty$,求 $Y=1-\mathrm{e}^X$ 的概率密度.

解 函数 $y=g(x)=1-\mathrm{e}^x$ 在 $(-\infty,+\infty)$ 内处处可导,且 $g'(x)=-\mathrm{e}^x<0$,其反函数为

$$g^{-1}(y)=\ln(1-y),\quad 且[g^{-1}(y)]'=-\frac{1}{1-y},$$

取 $\alpha=\min\{g(-\infty),g(+\infty)\}=-\infty,\beta=\max\{g(-\infty),g(+\infty)\}=1$.

由公式(2.26)得 $Y=1-\mathrm{e}^X$ 的概率密度为

$$f_Y(y)=\begin{cases}f_X[\ln(1-y)]\left|\dfrac{-1}{1-y}\right|,-\infty<y<1;\\0,\text{其他}.\end{cases}$$

即
$$f_Y(y)=\begin{cases}\dfrac{1}{\pi[1+\ln^2(1-y)](1-y)},-\infty<y<1;\\0,\text{其他}.\end{cases}$$

例 2.29　设 X 的概率密度为

$$f_X(x)=\begin{cases}\dfrac{2x}{\pi^2},0\leqslant x\leqslant\pi;\\0,\text{其他}.\end{cases}$$

求 $Y=\sin X$ 的概率密度.

解　由于函数 $y=g(x)=\sin x$ 在$[0,\pi]$上非单调函数,所以不能用定理 2.4.下用分布函数法求概率密度.

当 x 在$[0,\pi]$上取值时,$y=\sin x$ 在$[0,1]$上取值.

当 $y\leqslant 0$ 时,$F_Y(y)=P(Y\leqslant y)=P(\sin X\leqslant y)=0$;

当 $0<y<1$ 时,

$$\begin{aligned}F_Y(y)&=P(Y\leqslant y)=P(\sin X\leqslant y)\\&=P((0<X<\arcsin y)\cup(\pi-\arcsin y<X<\pi))\\&=P(0<X<\arcsin y)+P(\pi-\arcsin y<X<\pi)\\&=\int_0^{\arcsin y}f_X(x)\mathrm{d}x+\int_{\pi-\arcsin y}^{\pi}f_X(x)\mathrm{d}x\end{aligned}$$

当 $y\geqslant 1$ 时,$F_Y(y)=P(Y\leqslant y)=P(\sin X\leqslant y)=1$.

所以,$Y=\sin X$ 的概率密度为

$$f_Y(y)=F'_Y(y)=\begin{cases}\dfrac{2}{\pi\sqrt{1-y^2}},0<y<1;\\0,\text{其他}.\end{cases}$$

习题 2

1. 已知随机变量 X 的分布函数为 $F(x)$，用 $F(x)$ 表示下列各概率：$P(X>a)=$______；$P(-1<X<10$ 且 $X\leqslant 1)=$______；$\dfrac{P(a<X\leqslant b)}{P(X\leqslant b)}=$______.

2. 设随机变量 X 的分布函数为

$$F(x)=\begin{cases}1-(1+x)e^{-x}, x\geqslant 0;\\ 0, x<0.\end{cases}$$

则 $P(X\leqslant 1)=$______.

3. 下列函数中不能作为随机变量 X 的分布函数的是(　　).

(A) $F(x)=\begin{cases}0, x<0\\ \dfrac{1}{2}, 0\leqslant x<1\\ 1, x\geqslant 1\end{cases}$

(B) $F(x)=\begin{cases}0, x<0\\ \dfrac{1}{4}x^2, 0\leqslant x<2\\ 1, \quad x\geqslant 2\end{cases}$

(C) $F(x)=\begin{cases}0, x<0\\ \sin x, 0\leqslant x<\dfrac{\pi}{2}\\ 1, x\geqslant \dfrac{\pi}{2}\end{cases}$

(D) $F(x)=\begin{cases}0, x<0\\ \dfrac{\ln(1+x)}{1+x}, x\geqslant 0\end{cases}$

4. 已知随机变量 X 的分布函数为 $F(x)$，则下述结论不正确的是(　　).

(A) 如果 $F(a)=0$,则对任意 $x\leqslant a$ 有 $F(x)=0$

(B) 如果 $F(a)=1$,则对任意 $x\geqslant a$ 有 $F(x)=1$

(C) 如果 $F(a)=\frac{1}{2}$,则 $\lim\limits_{\Delta x\to 0^{+0}} F(a+\Delta x)=\frac{1}{2}$

(D) 如果 $F(a)=\frac{1}{2}$,则 $\lim\limits_{\Delta x\to 0^{+0}} F(a-\Delta x)=\frac{1}{2}$

5. 设随机变量 X 的分布函数

$$F(x)=\begin{cases}0, x<-1;\\ \frac{1}{8}, x=-1;\\ ax+b, -1<x<1;\\ 1, x\geqslant 1.\end{cases}$$

且 $P(X=1)=\frac{1}{4}$,则 $a=$ ______ ,$b=$ ______ .

6. 设随机变量 X 的分布函数为

$$F(x)=a+b\arctan x,\quad -\infty<x<+\infty.$$

(1) 试确定常数 a,b;　(2) 求 $P(-1<X\leqslant 1)$.

7. 设 X 是离散型随机变量,$p_n=P(X=n)$(n 为自然数,$n\geqslant 2$),则下列 p_n 能成为 X 的概率分布的是(　　).

(A) $p_n=\frac{1}{n}(n\geqslant 2)$

(B) $p_n=\frac{1}{n(n-1)}(n\geqslant 2)$

(C) $p_n=\frac{1}{n^2}(n\geqslant 2)$

(D) $p_n=\frac{1}{n(n+1)}(n\geqslant 2)$

8. 设离散型随机变量 X 的概率分布为

$$P(X=k)=ab^k\quad (k=1,2,\cdots;,a,b\text{ 为常数均大于 }0)$$

则下列结论中正确的是(　　).

(A) b 是大于零的任意实数

(B) $b=a+1$

(C) $b=\dfrac{1}{1+a}$

(D) $b=\dfrac{1}{a-1}$

9. 设有 10 件产品，其中有 2 件次品，从中任取 3 件，记 X 为其中次品的件数，求 X 的分布列和分布函数.

10. 甲、乙两人分别独立地射击同一目标各 1 次，甲、乙击中目标的概率分别为 p_1,p_2，记 X 为目标被击中的次数，求 X 的分布列.

11. 从一批含有 10 件正品及 3 件次品的产品中一件一件地抽取产品，设每次抽取时各件产品被抽到的可能性相等，求下列情形下，直到取得正品为止所需次数 X 的概率分布.

(1) 有放回抽样；

(2) 不放回抽样；

(3) 每次取出一件产品后，总以一件正品放回这批产品中.

12. 已知 X 的分布函数为

$$F(x)=\begin{cases}0, x<0;\\ \dfrac{1}{10}, 0\leqslant x<\dfrac{1}{2};\\ \dfrac{1}{2}, \dfrac{1}{2}\leqslant x<1;\\ 1, x\geqslant 1.\end{cases}$$

求 X 的分布列.

13. 某建筑物内装有 5 个同类型的供水设备，设在任一时刻 t 每个设备使用的概率为 0.2，各设备是否被使用相互独立. 求在同一时刻下列事件的概率：

(1) 恰有 2 个设备被使用；

(2) 最多有 2 个设备被使用；

(3) 至少有 2 个设备被使用；

(4) 被使用的设备占多数；

(5) 最大可能被使用的设备数.

14. 对某一物理量进行测量，设仪器测量误差过大的概率为 0.05，现进行 100 次独立测量，求误差过大的次数不小于 3 的概率.

15. 一电话交换台每分钟收到呼唤的次数服从参数为 4 的泊松分布，求：

(1) 每分钟恰有 8 次呼唤的概率；

(2) 每分钟的呼唤次数大于 10 的概率.

16. 假设随机变量 X 的密度函数 $f(x)$ 是偶函数，分布函数为 $F(x)$，则( ).

(A) $F(x)$是偶函数　　(B) $F(x)$是奇函数

(C) $F(x)+F(-x)=1$　　(D) $2F(x)-F(-x)=1$

17. 下列函数为某个随机变量 X 的概率密度的是( ).

(A) $f(x)=\begin{cases}2(1-|x|), |x|\leqslant 1\\ 0, x>1\end{cases}$

(B) $f(x)=\begin{cases}\frac{1}{2}, |x|\leqslant 2\\ 0, \text{其他}\end{cases}$

(C) $f(x)=\begin{cases}\frac{1}{\sqrt{2\pi}\sigma}\mathrm{e}^{-\frac{(x-\mu)^2}{2\sigma^2}}, x\geqslant 0\\ 0, x<0\end{cases}$

(D) $f(x)=\begin{cases}\mathrm{e}^{-x}, x\geqslant 0\\ 0, x<0\end{cases}$

18. 设随机变量 X 的密度函数

$$f(x)=\begin{cases}\dfrac{1}{3},\text{若 } x\in[0,1];\\ \dfrac{2}{9},\text{若 } x\in[3,6];\\ 0,\text{其他}.\end{cases}$$

如果 K 使 $P(X\geqslant k)=\dfrac{2}{3}$，则 K 的取值范围是________.

19. 设连续型随机变量 X 的概率密度函数为

$$f(x)=A\mathrm{e}^{-|x|},\quad -\infty<x<+\infty.$$

求:(1) 系数 A； (2) $P(0<X<1)$； (3) X 的分布函数.

20. 已知随机变量 X 的分布函数为

$$F(x)=\begin{cases}0, x<-1;\\ a(x^3+1), -1\leqslant x\leqslant 1;\\ 1, x>1.\end{cases}$$

求:(1) 常数 a； (2) X 的概率密度 $f(x)$； (3) $P(|X|\leqslant\dfrac{1}{2})$.

21. 设某种元件的寿命 T(单位:小时)的概率密度函数为

$$f(t)=\begin{cases}\dfrac{a}{t^2}, t>100;\\ 0, t\leqslant 100.\end{cases}$$

(1) 确定常数 a；

(2) 求这种元件不能工作 150 小时的概率；

(3) 某台设备中有 3 个这种元件，问在开始使用的 150 小时中，这 3 个元件中至少有 1 个损坏的概率是多少?

22. 某路公共汽车从上午 7：00 起，每 15 分钟必有 1 辆经过 S 站，某人要乘该路公共汽车，如果他到达 S 站的时间 T 是 7：00 到 7：30 之间的服从均匀分布的随机变量，试求此人在 S 站:

(1) 等车时间不超过 5 分钟的概率；

(2) 等车时间超过 10 分钟的概率.

23. 已知随机变量 X 在 $[-3,3]$ 上服从均匀分布，现有方程

$$4y^2+4Xy+X+2=0,$$

求该方程有实根的概率.

24. 到某服务单位办事总要排队等待，设等待时间 T 是服从指数分布的随机变量(单位：分钟)，概率密度函数为

$$f(t)=\begin{cases}\dfrac{1}{10}\mathrm{e}^{-\frac{t}{10}}, t>0;\\ 0, t\leqslant 0.\end{cases}$$

某人到此处办事，等待时间若超过 15 分钟，他就愤然离去，设此人一个月要去该处 10 次，求正好有 2 次愤然离去的概率.

25. 设 X 服从参数为 λ 的指数分布，对 X 作三次独立重复观察，已知至少有一次观测值大于 2 的概率为 $\dfrac{7}{8}$，求 λ.

26. 设 $X\sim N(10,4)$，求：$P(X<9)$；$P(7<X<12)$；$P(X>13)$.

27. 设 $X\sim N(5,4)$，求 a，使得 $P(|X-5|>a)=0.01$.

28. 某单位招聘 155 人，共有 526 人报名，按考试成绩录用，假设报名者的考试成绩 $X\sim N(\mu,\sigma^2)$，已知 90 分以上有 12 人，60 分以下有 83 人，从高分到低分依次录取，某人的成绩为 78 分，问此人能否被录取？

29. 设随机变量 X 的分布函数为 $F(x)$，概率密度函数 $f(x)=af_1(x)+bf_2(x)$，其中 $f_1(x)$ 是正态分布 $N(0,\sigma^2)$ 的密度函数，$f_2(x)$ 是参数为 λ 的指数分布的密度函数，已知 $F(0)=\dfrac{1}{8}$，则(　　).

(A) $a=1,b=0$　　　　(B) $a=\dfrac{3}{4},b=\dfrac{1}{4}$

(C) $a=\dfrac{1}{2},b=\dfrac{1}{2}$　　　　(D) $a=\dfrac{1}{4},b=\dfrac{3}{4}$

30. 已知 X 的分布列为

X	-2	-1	0	1	3
p_k	$3a$	$\frac{1}{6}$	$3a$	a	$\frac{11}{30}$

(1) 求 a；(2) 求 $Y=X^2-1$ 的分布列.

31. 已知 X 的分布列为

X	-1	0	1	2
p_k	$\frac{1}{3}$	$\frac{1}{6}$	$\frac{1}{6}$	$\frac{1}{3}$

(1) 求 $Y=\left(\sin\frac{\pi}{6}X\right)^2$ 的分布函数；

(2) 求 $P(0\leqslant Y<0.5)$.

32. 设随机变量 X 的概率密度为 $f_X(x)$，$Y=-2X+3$，则 Y 的概率密度为(　　).

(A) $-\frac{1}{2}f_X\left(-\frac{y-3}{2}\right)$　　(B) $\frac{1}{2}f_X\left(-\frac{y-3}{2}\right)$

(C) $-\frac{1}{2}f_X\left(-\frac{y+3}{2}\right)$　　(D) $\frac{1}{2}f_X\left(-\frac{y+3}{2}\right)$

33. 设 X 为随机变量，$Y=KX(K>0)$，下列结论不成立的是(　　).

(A) 若 $X\sim N(\mu,\sigma^2)$，则 $Y\sim N(K\mu,K^2\sigma^2)$

(B) 若 $X\sim E(\lambda)$，则 $Y\sim E(K\lambda)$

(C) 若 $X\sim U[a,b]$，则 $Y\sim U[Ka,Kb]$

(D) 若 X 的分布列为

X	a	b
p_k	p	$1-p$

则 Y 的分布列为

Y	Ka	Kb
p_k	p	$1-p$

34. 设随机变量 $X\sim N(0,1)$，求随机变量 Y 的概率密度.

(1) $Y=e^X$；

(2) $Y=|X|$.

35. 设随机变量 $X\sim U[0,1]$，求：

(1) $Y=e^X$ 的概率密度；

(2) $Y=-2X$ 的概率密度.

36. 设随机变量 X 服从参数 $\lambda=2$ 的指数分布，令 $Y=1-e^{-2X}$，求随机变量 Y 的分布函数 $F_Y(y)$ 与概率密度 $f_Y(y)$.

第3章　多维随机变量及其分布

第2章讨论了一维随机变量(即一个随机变量)的分布.本章将介绍多维随机变量及分布,由于二维以上的随机变量与二维随机变量在概念的引入、讨论方法及所得结果都没有本质差别,因此,本章将重点对二维随机变量进行讨论.主要内容有二维随机变量及其分布函数、边缘分布、条件分布、随机变量的独立性、几个常见的二维分布以及二维随机变量函数的分布等,与之相关的概念和结论都可类推到二维以上的随机变量中去.

3.1　二维随机变量

3.1.1　二维随机变量及其分布

在许多实际问题的研究中,往往要同时涉及两个或两个以上的随机变量.例如,在确定某个十字路口信号灯红绿灯时间间隔长短分配时,需要考察该路口纵横两个方向的车流量,就要用一对随机变量来刻画;研究某地区学龄前儿童的发育状况时,对于每个儿童都至少要观测身高和体重等指标,即至少需要两个随机变量来描述;在经济学研究中探讨家庭支出时,就要考虑家庭的衣、食、住、行的支出,需要四个随机变量来刻画.为了研究多个随机变量之间的统计相依关系,就应当同时考察它们的联合取值规律即多维随机变量的分布.首先给出二维随机变量的定义.

定义3.1　设E为随机试验,$\Omega=\{\omega\}$为其样本空间,$X=X(\omega)$,

$Y=Y(\omega)$是定义在Ω上的随机变量，由它们构成的向量(X,Y)称为**二维随机变量**(或**二维随机向量**).

与一维随机变量分布函数的定义类似，对于二维随机变量的分布函数，有如下定义.

定义 3.2　设(X,Y)为二维随机变量. 对于任意的实数x,y，两个事件$\{X\leqslant x\}$，$\{Y\leqslant y\}$同时发生的概率

$$F(x,y)=P(X\leqslant x,Y\leqslant y) \tag{3.1}$$

称为二维随机变量(X,Y)的**分布函数**，或称为X与Y的联合分布函数.

如果将二维随机变量(X,Y)看作平面上随机点的坐标，则分布函数$F(x,y)$在点(x,y)的函数值就是随机点(X,Y)落入以(x,y)为顶点的左下方无限矩形域内的概率，如图 3.1 所示.

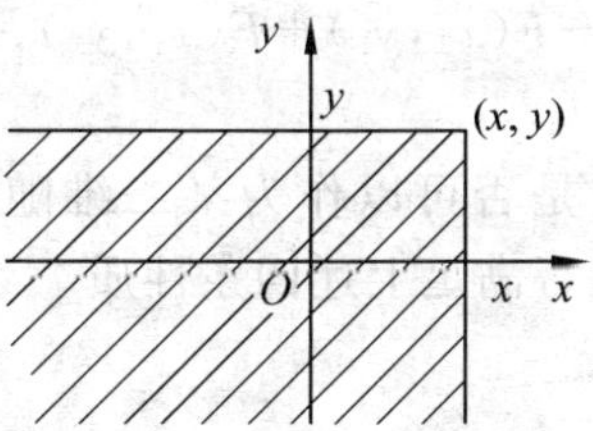

图 3.1

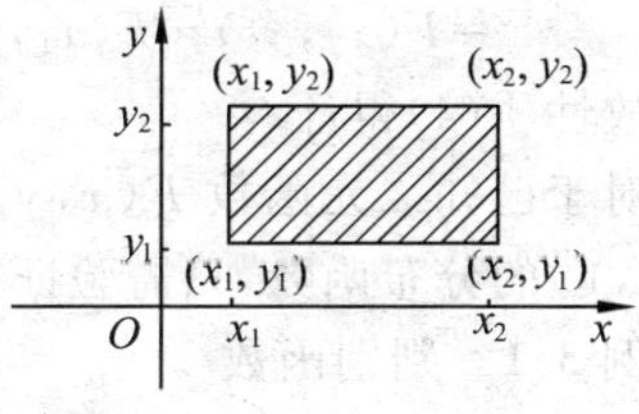

图 3.2

由分布函数$F(x,y)$的定义及几何解释有：

定理 3.1　设$F(x,y)$是二维随机变量(X,Y)的分布函数，则$F(x,y)$具有如下性质：

(1) $F(x,y)$关于x或y单调不减；

(2) 对任意x及y有$0\leqslant F(x,y)\leqslant 1$，且

$$F(-\infty,y)=\lim_{x\to-\infty}F(x,y)=0,$$

$$F(x,-\infty)=\lim_{y\to-\infty}F(x,y)=0,$$

$$F(-\infty,-\infty)=\lim_{\substack{x\to-\infty\\y\to-\infty}}F(x,y)=0,$$

$$F(+\infty,+\infty)=\lim_{\substack{x\to+\infty\\y\to+\infty}}F(x,y)=1;$$

(3) $F(x,y)$关于 x 或 y 都是右连续的,即

$$F(x+0,y)=F(x,y),F(x,y+0)=F(x,y);$$

(4) 对任意的 $x_1\leqslant x_2,y_1\leqslant y_2$,有

$$F(x_2,y_2)-F(x_1,y_2)-F(x_2,y_1)+F(x_1,y_1)\geqslant 0.$$

证 仅给出(4)的证明. 由概率的非负性以及借助于图 3.2,容易看出随机点(X,Y)落在矩形域“$x_1<X\leqslant x_2,y_1<Y\leqslant y_2$”的概率为

$$\begin{aligned}0&\leqslant P(x_1<X\leqslant x_2,y_1<Y\leqslant y_2)\\&=P(X\leqslant x_2,Y\leqslant y_2)-P(X\leqslant x_1,Y\leqslant y_2)\\&\quad-P(X\leqslant x_2,Y\leqslant y_1)+P(X\leqslant x_1,Y\leqslant y_1)\\&=F(x_2,y_2)-F(x_1,y_2)-F(x_2,y_1)+F(x_1,y_1),\end{aligned}$$

故性质(4)得证.

对于已知二元函数 $F(x,y)$,它是否可以作为某二维随机变量(X,Y)的分布函数,只需验证它是否满足上述四条性质.

例 3.1 判别函数

$$F(x,y)=\begin{cases}1,x+y>0\\0,x+y\leqslant 0\end{cases}$$

是否为某二维随机变量(X,Y)的分布函数.

解 易证 $F(x,y)$满足分布函数的性质(1)~(3)但不满足性质(4). 当取 $x_1=0,x_2=1,y_1=0,y_2=1$ 时有 $F(1,1)-F(1,0)-F(0,1)+F(0,0)=-1<0$. 故 $F(x,y)$不是某二维随机变量(X,Y)的分布函数.

例 3.2 设二维随机变量(X,Y)的分布函数为

$$F(x,y)=A\left(B+\arctan\frac{x}{2}\right)\left(C+\arctan\frac{y}{3}\right),$$

$$-\infty<x<+\infty,-\infty<y<+\infty.$$

(1) 确定常数 A,B,C;

(2) 求概率 $P(2<X<+\infty,0<Y\leqslant 3)$.

解　(1) 由二维随机变量分布函数的性质(2),得

$$F(+\infty,+\infty)=A\left(B+\frac{\pi}{2}\right)\left(C+\frac{\pi}{2}\right)=1,$$

$$F(-\infty,+\infty)=A\left(B-\frac{\pi}{2}\right)\left(C+\frac{\pi}{2}\right)=0,$$

$$F(+\infty,-\infty)=A\left(B+\frac{\pi}{2}\right)\left(C-\frac{\pi}{2}\right)=0.$$

由第一个等式知

$$A\neq 0,B+\frac{\pi}{2}\neq 0,C+\frac{\pi}{2}\neq 0.$$

从而由第二、三个等式知

$$B-\frac{\pi}{2}=0,C-\frac{\pi}{2}=0,$$

于是得

$$B=C=\frac{\pi}{2},A=\frac{1}{\pi^2}.$$

$$F(x,y)=\frac{1}{\pi^2}\left(\frac{\pi}{2}+\arctan\frac{x}{2}\right)\left(\frac{\pi}{2}+\arctan\frac{y}{3}\right),$$

$$-\infty<x<+\infty,-\infty<y<+\infty.$$

(2) 由分布函数性质(4)的证明过程知

$$\begin{aligned}&P(2<X<+\infty,0<Y\leqslant 3)\\&=F(+\infty,3)-F(+\infty,0)-F(2,3)+F(2,0)\\&=\frac{1}{\pi^2}\left(\frac{\pi}{2}+\frac{\pi}{2}\right)\left(\frac{\pi}{2}+\frac{\pi}{4}\right)-\frac{1}{\pi^2}\left(\frac{\pi}{2}+\frac{\pi}{2}\right)\left(\frac{\pi}{2}+0\right)\\&\quad-\frac{1}{\pi^2}\left(\frac{\pi}{2}+\frac{\pi}{4}\right)\left(\frac{\pi}{2}+\frac{\pi}{4}\right)+\frac{1}{\pi^2}\left(\frac{\pi}{2}+\frac{\pi}{4}\right)\left(\frac{\pi}{2}+0\right)\\&=\frac{1}{16}.\end{aligned}$$

与一维随机变量的讨论一样,对于二维随机变量,我们也分离

散和连续两种常用的类型进行讨论.

3.1.2　二维离散型随机变量

定义 3.3　如果二维随机变量(X,Y)的所有可能取值是有限对或可列无限对,则称(X,Y)为**二维离散型随机变量**.

设(X,Y)的所有可能取值为(x_i,y_j),$i,j=1,2,\cdots$,则(X,Y)取各对可能值的概率

$$P(X=x_i,Y=y_j)=p_{ij},i,j=1,2,\cdots \tag{3.2}$$

称为(X,Y)的概率分布或分布列,也可称为 **X 与 Y 的联合分布列**.

二维离散型随机变量(X,Y)的分布列也可用表格表示为

$X \backslash Y$	y_1	y_2	$\cdots$	y_j	$\cdots$
x_1	p_{11}	p_{12}	$\cdots$	p_{1j}	$\cdots$
x_2	p_{21}	p_{22}	$\cdots$	p_{2j}	$\cdots$
$\vdots$	$\vdots$	$\vdots$		$\vdots$	
x_i	p_{i1}	p_{i2}	$\cdots$	p_{ij}	$\cdots$
$\vdots$	$\vdots$	$\vdots$		$\vdots$	

二维离散型随机变量(X,Y)的分布列满足如下性质:

(1) $p_{ij}\geqslant 0,i,j=1,2,\cdots$;

(2) $\sum\limits_{i=1}^{\infty}\sum\limits_{j=1}^{\infty}p_{ij}=1$.

如果二维离散型随机变量(X,Y)的分布列如(3.2)式,则其分布函数为

$$F(x,y)=\sum_{x_i\leqslant x}\sum_{y_j\leqslant y}p_{ij}. \tag{3.3}$$

其中和式 $\sum\limits_{x_i\leqslant x}\sum\limits_{y_j\leqslant y}p_{ij}$ 是对一切满足 $x_i\leqslant x, y_j\leqslant y$ 的 i, j 求和.

例 3.3　设 X 在 1,2,3 三个整数中等可能地取值,Y 在 1 与 X 间的整数中等可能地取值,求 X 与 Y 的联合分布列及 $F(2,2)$.

解　(X,Y)的可能取值为(i,j),$i=1,2,3;j=1,2,\cdots,i$. 且

$$P(X=1,Y=1)=P(X=1)P(Y=1\mid X=1)=\frac{1}{3}\times 1=\frac{1}{3},$$

$$P(X=2,Y=1)=P(X=2)P(Y=1\mid X=2)=\frac{1}{3}\times\frac{1}{2}=\frac{1}{6},$$

$$P(X=2,Y=2)=\frac{1}{3}\times\frac{1}{2}=\frac{1}{6},$$

$$P(X=3,Y=1)=P(X=3,Y=2)=P(X=3,Y=3)$$
$$=\frac{1}{3}\times\frac{1}{3}=\frac{1}{9}.$$

写成表格的形式有

X \ Y	1	2	3
1	$\frac{1}{3}$	0	0
2	$\frac{1}{6}$	$\frac{1}{6}$	0
3	$\frac{1}{9}$	$\frac{1}{9}$	$\frac{1}{9}$

$$\begin{aligned}F(2,2)&=P(X\leqslant 2,Y\leqslant 2)\\&=P(X=1,Y=1)+P(X=1,Y=2)\\&\quad+P(X=2,Y=1)+P(X=2,Y=2)\\&=\frac{1}{3}+0+\frac{1}{6}+\frac{1}{6}=\frac{2}{3}.\end{aligned}$$

3.1.3　二维连续型随机变量

定义 3.4　对于二维随机变量(X,Y)的分布函数 $F(x,y)$,若

存在非负函数 $f(x,y)$，对于任意实数 x,y，有

$$F(x,y)=\int_{-\infty}^{x}\int_{-\infty}^{y} f(u,v)\mathrm{d}u\mathrm{d}v \tag{3.4}$$

则称 (X,Y) 是**二维连续型随机变量**，$f(x,y)$ 称为 (X,Y) 的**概率密度函数**，或称为 X 与 Y 的**联合密度函数**.

二维随机变量 (X,Y) 的概率密度具有如下性质：

(1) $f(x,y)\geqslant 0$；

(2) $\int_{-\infty}^{+\infty}\int_{-\infty}^{+\infty} f(x,y)\mathrm{d}x\mathrm{d}y=1$；

(3) 若 $f(x,y)$ 在点 (x,y) 处连续，则有

$$\frac{\partial^2 F(x,y)}{\partial x\partial y}=f(x,y);$$

(4) 设 G 为 xOy 平面上任一区域，则有

$$P((X,Y)\in G)=\iint_G f(x,y)\mathrm{d}x\mathrm{d}y.$$

以上性质中，(1)和(2)由定义 3.4 易得.(3)，(4)由高等数学的知识即得到.利用性质(4)可以计算随机点 (X,Y) 落入平面区域 G 上的概率.类似于一维随机变量的结论，对于一个二元函数 $f(x,y)$，要知道它是否为某二维连续型随机变量 (X,Y) 的概率密度，只须验证它是否满足上述性质(1)，(2)就可以了.

例 3.4 设随机变量 (X,Y) 的概率密度为

$$f(x,y)=\begin{cases} C\mathrm{e}^{-(3x+4y)}, & x>0,y>0; \\ 0, & \text{其他}. \end{cases}$$

试求：(1) 常数 C；

(2) 联合分布函数 $F(x,y)$；

(3) $P(0<X\leqslant 1,0<Y\leqslant 2)$；

(4) $P(Y\leqslant X)$.

解 (1) 由二维连续型随机变量概率密度的性质得

$$1=\int_{-\infty}^{+\infty}\int_{-\infty}^{+\infty}f(x,y)\mathrm{d}x\mathrm{d}y=C\int_{0}^{+\infty}\mathrm{e}^{-3x}\mathrm{d}x\int_{0}^{+\infty}\mathrm{e}^{-4y}\mathrm{d}y=\frac{C}{12},$$

故 $C=12$.

(2) $F(x,y)=\int_{-\infty}^{x}\int_{-\infty}^{y}f(u,v)\mathrm{d}u\mathrm{d}v.$

当 $x>0,y>0$ 时，

$$F(x,y)=\int_{0}^{x}\mathrm{d}u\int_{0}^{y}12\mathrm{e}^{-(3u+4v)}\mathrm{d}v=(1-\mathrm{e}^{-3x})(1-\mathrm{e}^{-4y});$$

当 $x\leqslant 0$ 或 $y\leqslant 0$ 时，$F(x,y)=0$. 故

$$F(x,y)=\begin{cases}(1-\mathrm{e}^{-3x})(1-\mathrm{e}^{-4y}), & x>0,y>0;\\ 0, & \text{其他}.\end{cases}$$

(3) $P(0<X\leqslant 1,0<Y\leqslant 2)$

$=F(1,2)-F(1,0)-F(0,2)+F(0,0)$

$=(1-\mathrm{e}^{-3})(1-\mathrm{e}^{-8}).$

(4) 由概率密度的性质(4)得

$$P(Y\leqslant X)=P((X,Y)\in G)=\iint_{G}f(x,y)\mathrm{d}x\mathrm{d}y,$$

其中 $G=\{(x,y)\mid y\leqslant x\}$，若把 G 简记成 $G=\{y\leqslant x\}$，则

$$P(Y\leqslant X)=\iint_{y\leqslant x}f(x,y)\mathrm{d}x\mathrm{d}y=12\iint_{D}\mathrm{e}^{-(3x+4y)}\mathrm{d}x\mathrm{d}y,$$

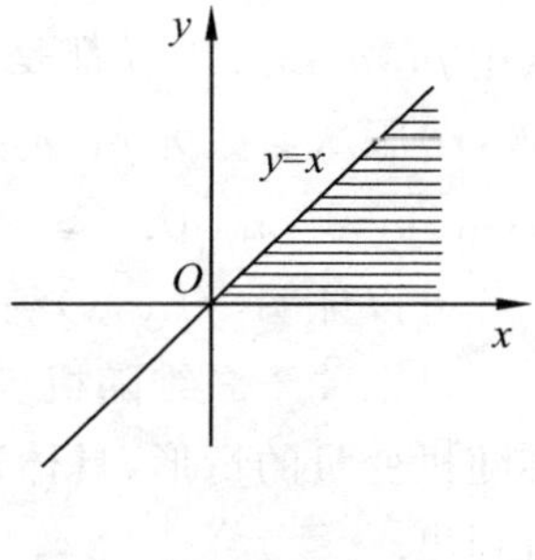

图 3.3

其中 D 表示直线 $y=x$ 与 x 轴所围成的第一象限的区域(见图 3.3)，于是

$$P(Y\leqslant X)=12\int_{0}^{+\infty}\mathrm{e}^{-4y}\mathrm{d}y\int_{y}^{+\infty}\mathrm{e}^{-3x}\mathrm{d}x=\frac{4}{7}.$$

同一维连续型随机变量一样，常见的二维连续型随机变量有：

3.1.3.1 二维均匀分布

定义 3.5 设 G 是 xOy 平面上的有界区域，其面积为 S，若二维随机变量 (X,Y) 的概率密度为

$$f(x,y)=\begin{cases}\dfrac{1}{S},(x,y)\in G;\\ 0,其他.\end{cases}\tag{3.5}$$

则称 (X,Y) 在 G 上服从均匀分布.

显然 $f(x,y)\geqslant 0$，$\int_{-\infty}^{+\infty}\int_{-\infty}^{+\infty}f(x,y)\mathrm{d}x\mathrm{d}y=\iint\limits_{G}\dfrac{1}{S}\mathrm{d}x\mathrm{d}y=1.$

即 $f(x,y)$ 满足联合概率密度函数的基本性质(1)，(2).

3.1.3.2 二维正态分布

定义 3.6 设二维随机变量 (X,Y) 的概率密度为

$$f(x,y)=\frac{1}{2\pi\sigma_1\sigma_2\sqrt{1-\rho^2}}\mathrm{e}^{-\frac{1}{2(1-\rho^2)}\left[\frac{(x-\mu_1)^2}{\sigma_1^2}-2\rho\frac{(x-\mu_1)(y-\mu_2)}{\sigma_1\sigma_2}+\frac{(y-\mu_2)^2}{\sigma_2^2}\right]},$$
$$-\infty<x<+\infty,-\infty<y<+\infty,\tag{3.6}$$

其中 $\mu_1,\mu_2,\sigma_1,\sigma_2,\rho$ 都是常数，且 $\sigma_1>0,\sigma_2>0,-1<\rho<1$，则称 (X,Y) 服从参数为 $\mu_1,\mu_2,\sigma_1,\sigma_2,\rho$ 的**二维正态分布**. 记为 $(X,Y)\sim N(\mu_1,\mu_2,\sigma_1^2,\sigma_1^2,\rho)$.

可以证明，$f(x,y)$ 满足概率密度函数的基本性质(1)，(2).

以上关于二维随机变量的讨论，可以平行地推广到 $n(n>2)$ 维随机变量的情形，具体形式，读者可仿照二维情形的有关结论自行列出.

3.2 边缘分布

对于二维随机变量 (X,Y)，它有分布函数 $F(x,y)$，但是它的每个分量 X,Y 也都是随机变量，所以各自也有分布函数，分别记为 $F_X(x)$，$F_Y(y)$，依次称为二维随机变量 (X,Y) 关于 X,Y

的**边缘分布函数**. 边缘分布函数可以由二维随机变量 (X,Y) 的联合分布函数来确定. 事实上，

$$F_X(x)=P(X\leqslant x)=P(X\leqslant x,Y<+\infty)=F(x,+\infty).$$

即
$$F_X(x)=F(x,+\infty).\tag{3.7}$$

这说明，当 (X,Y) 的分布函数 $F(x,y)$ 已知时，只要令 $y\to+\infty$，就可得到关于 X 的边缘分布函数 $F_X(x)$. 同理有，

$$F_Y(y)=F(+\infty,y).\tag{3.8}$$

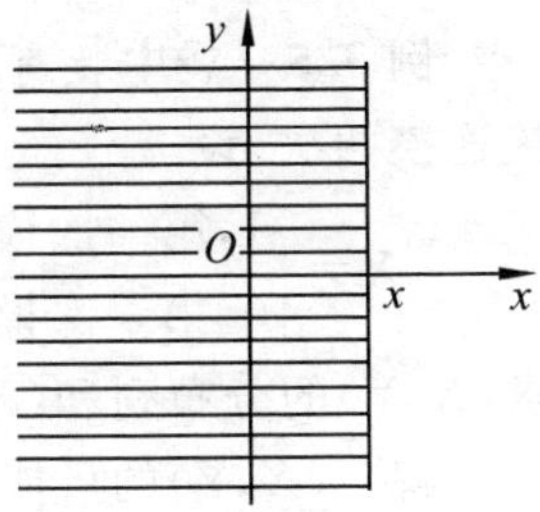

图 3.4

二维随机变量 (X,Y) 关于 X 的边缘分布函数 $F_X(x)$ 在 x 处的函数值就是随机点 (X,Y) 落在过 $(x,0)$ 点且平行于 y 轴的直线左方的无限区域（见图 3.4）内的概率. 对于 $F_Y(y)$ 也可作类似的解释.

下面分别讨论离散型与连续型二维随机变量的边缘分布.

3.2.1　离散型二维随机变量的边缘分布

设离散型二维随机变量 (X,Y) 的分布列为

$$P(X=x_i,Y=y_j)=p_{ij},i,j=1,2,\cdots.$$

由 (3.3) 式，可知

$$F_X(x)=F(x,+\infty)=\sum_{x_i\leqslant x}\sum_{j=1}^{\infty}p_{ij},$$

与第 2 章 (2.3) 式比较，可以知道 X 的分布列为

$$P(X=x_i)=\sum_{j=1}^{\infty}p_{ij},\ i=1,2,\cdots.\tag{3.9}$$

记
$$p_{i\cdot}=\sum_{j=1}^{\infty}p_{ij},\ i=1,2,\cdots,$$

并称 $p_{i\cdot}\ (i=1,2,\cdots)$ 为 (X,Y) 关于 X 的**边缘分布列**. (3.9) 式表明：边缘分布列 $p_{i\cdot}=P(X=x_i)$ 可由二维随机变量 (X,Y) 的分布

列 $p_{ij}(i,j=1,2,\cdots)$,对固定的 i 关于 j 求和得到.

同理,将 (X,Y) 的分布列 $p_{ij}(i,j=1,2,\cdots)$,对固定的 j 关于 i 求和就得到关于 Y 的边缘分布列.

$$P(Y=y_j)=\sum_{i=1}^{\infty} p_{ij}=p_{\cdot j}, \quad j=1,2,\cdots. \tag{3.10}$$

例 3.5 袋中装有 2 只白球及 3 只红球,采用有放回的摸球,接连摸两次,设

$$X=\begin{cases}1,\text{第一次摸出白球};\\0,\text{第一次摸出红球}.\end{cases}\quad Y=\begin{cases}1,\text{第二次摸出白球};\\0,\text{第二次摸出红球}.\end{cases}$$

求 (X,Y) 的分布列和 (X,Y) 关于 X,Y 的边缘分布列.

解 (X,Y) 的可能取值为 (i,j),$i,j=0,1$.

$$P(X=0,Y=0)=P(X=0)P(Y=0)=\frac{3}{5}\times\frac{3}{5}=\frac{9}{25},$$

$$P(X=0,Y=1)=P(X=1,Y=0)=\frac{6}{25},P(X=1,Y=1)=\frac{4}{25}.$$

将 (X,Y) 的分布列写成表格形式为

X \ Y	0	1
0	$\frac{9}{25}$	$\frac{6}{25}$
1	$\frac{6}{25}$	$\frac{4}{25}$

把表格中的概率按同行、同列分别相加,得到

X \ Y	0	1	$p_{i\cdot}$
0	$\frac{9}{25}$	$\frac{6}{25}$	$\frac{3}{5}$
1	$\frac{6}{25}$	$\frac{4}{25}$	$\frac{2}{5}$
$p_{\cdot j}$	$\frac{3}{5}$	$\frac{2}{5}$	1

因此,关于 X 与 Y 的边缘分布列分别是

X	0	1
$P(X=x_i)$	$\frac{3}{5}$	$\frac{2}{5}$

Y	0	1
$P(Y=y_i)$	$\frac{3}{5}$	$\frac{2}{5}$

顺便指出,X 与 Y 虽然分布列相同(称为 X 与 Y 同分布),但它们是意义不同的随机变量,不能由此误认为"$X=Y$".

3.2.2　连续型二维随机变量的边缘分布

设连续型二维随机变量(X,Y)的概率密度为 $f(x,y)$,由(3.7)式及二维连续型随机变量的定义,有

$$F_X(x)=F(x,+\infty)=\int_{-\infty}^{x}\int_{-\infty}^{+\infty}f(u,y)\mathrm{d}u\mathrm{d}y$$

$$=\int_{-\infty}^{x}\left[\int_{-\infty}^{+\infty}f(u,y)\mathrm{d}y\right]\mathrm{d}u, \tag{3.11}$$

同理,有

$$F_Y(y)=F(+\infty,y)=\int_{-\infty}^{+\infty}\int_{-\infty}^{y}f(x,v)\mathrm{d}x\mathrm{d}v$$

$$=\int_{-\infty}^{y}\left[\int_{-\infty}^{+\infty}f(x,v)\mathrm{d}x\right]\mathrm{d}v, \tag{3.12}$$

从而

$$f_X(x)=F'_X(x)=\int_{-\infty}^{+\infty}f(x,y)\mathrm{d}y, \tag{3.13}$$

$$f_Y(y)=F'_Y(y)=\int_{-\infty}^{+\infty}f(x,y)\mathrm{d}x. \tag{3.14}$$

分别称 $f_X(x)$,$f_Y(y)$为(X,Y)关于 X,Y 的**边缘概率密度函数**,简称**边缘密度**.

例 3.6　设(X,Y)在区域 G 上服从均匀分布,其中 $G=\{(x,y)\mid\frac{x^2}{a^2}+\frac{y^2}{b^2}\leqslant 1\}$,求$(X,Y)$关于 X,Y 的边缘密度 $f_X(x)$,$f_Y(y)$.

解 如图 3.5 所示,G 为平面上的椭圆域,其面积为 πab,由二维均匀分布定义得(X,Y)的概率密度为

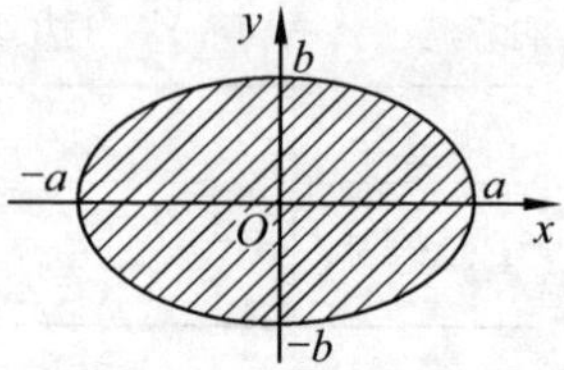

图 3.5

$$f(x,y)=\begin{cases}\dfrac{1}{\pi ab}, & \dfrac{x^2}{a^2}+\dfrac{y^2}{b^2}\leqslant 1;\\ 0, & \text{其他}.\end{cases}$$

由(3.13)式,

$$f_X(x)=\int_{-\infty}^{+\infty}f(x,y)\mathrm{d}y$$

$$=\begin{cases}\displaystyle\int_{-b\sqrt{1-\frac{x^2}{a^2}}}^{b\sqrt{1-\frac{x^2}{a^2}}}\frac{1}{\pi ab}\mathrm{d}y, & |x|\leqslant a;\\ \displaystyle\int_{-\infty}^{+\infty}0\mathrm{d}y, & |x|>a.\end{cases}$$

即

$$f_X(x)=\begin{cases}\dfrac{2}{\pi a}\sqrt{1-\dfrac{x^2}{a^2}}, & |x|\leqslant a;\\ 0, & |x|>a.\end{cases}$$

同理可得

$$f_Y(y)=\begin{cases}\dfrac{2}{\pi b}\sqrt{1-\dfrac{y^2}{b^2}}, & |y|\leqslant b;\\ 0, & |y|>b.\end{cases}$$

例 3.7 设$(X,Y)\sim N(\mu_1,\mu_2,\sigma_1^2,\sigma_2^2,\rho)$,求关于 X,Y 的边缘密度 $f_X(x)$,$f_Y(y)$.

解 $f_X(x)=\int_{-\infty}^{+\infty}f(x,y)\mathrm{d}y$

$$=\frac{1}{2\pi\sigma_1\sigma_2\sqrt{1-\rho^2}}$$

$$\cdot \int_{-\infty}^{+\infty} \mathrm{e}^{-\frac{1}{2(1-\rho^2)}\left[\frac{(x-\mu_1)^2}{\sigma_1^2}-2\rho\frac{(x-\mu_1)(y-\mu_2)}{\sigma_1\sigma_2}+\frac{(y-\mu_2)^2}{\sigma_2^2}\right]}\mathrm{d}y.$$

由于

$$\frac{(y-\mu_2)^2}{\sigma_2^2}-2\rho\frac{(x-\mu_1)(y-\mu_2)}{\sigma_1\sigma_2}$$

$$=\left[\frac{y-\mu_2}{\sigma_2}-\rho\frac{(x-\mu_1)}{\sigma_1}\right]^2-\rho^2\frac{(x-\mu_1)^2}{\sigma_1^2},$$

所以

$$f_X(x)=\frac{1}{2\pi\sigma_1\sigma_2\sqrt{1-\rho^2}}$$

$$\mathrm{e}^{-\frac{(x-\mu_1)^2}{2\sigma_1^2}}\int_{-\infty}^{+\infty}\mathrm{e}^{-\frac{1}{2(1-\rho^2)}\left[\frac{y-\mu_2}{\sigma_2}-\rho\frac{(x-\mu_1)}{\sigma_1}\right]^2}\mathrm{d}y.$$

令

$$t=\frac{1}{\sqrt{1-\rho^2}}\left[\frac{y-\mu_2}{\sigma_2}-\rho\frac{(x-\mu_1)}{\sigma_1}\right],$$

则有

$$f_X(x)=\frac{1}{2\pi\sigma_1}\mathrm{e}^{-\frac{(x-\mu_1)^2}{2\sigma_1^2}}\int_{-\infty}^{+\infty}\mathrm{e}^{-\frac{t^2}{2}}\mathrm{d}t,$$

即

$$f_X(x)=\frac{1}{\sqrt{2\pi}\sigma_1}\mathrm{e}^{-\frac{(x-\mu_1)^2}{2\sigma_1^2}},-\infty<x<+\infty.$$

同理可得

$$f_Y(y)=\frac{1}{\sqrt{2\pi}\sigma_2}\mathrm{e}^{-\frac{(y-\mu_2)^2}{2\sigma_2^2}},-\infty<y<+\infty.$$

由此可知，二维正态分布的两个边缘分布都是一维正态分布，并且都不依赖于参数 ρ. 对给定的 $\mu_1,\mu_2,\sigma_1,\sigma_2$，当 ρ 不同时，对应的二维正态分布就会不同，但它们的边缘分布却都是一样的. 这一事实说明，在一般情况下，仅由关于 X 和 Y 的边缘分布是不能确定二维随机变量 (X,Y) 的联合分布的. 还值得一提的是，两个边缘

分布都是正态分布的二维随机变量，它们的联合分布不仅是不唯一确定的，而且还可以不是一个二维正态分布. 例如，二元函数

$$f(x,y)=\frac{1}{2\pi}\mathrm{e}^{-\frac{x^2+y^2}{2}}(1+\sin x\sin y),$$

$$-\infty<x<+\infty,-\infty<y<+\infty.$$

显然，$f(x,y)\geqslant 0$，且有

$$\int_{-\infty}^{+\infty}\int_{-\infty}^{+\infty}f(x,y)\mathrm{d}x\mathrm{d}y=\frac{1}{2\pi}\int_{-\infty}^{+\infty}\int_{-\infty}^{+\infty}\mathrm{e}^{-\frac{x^2+y^2}{2}}\mathrm{d}x\mathrm{d}y=1.$$

这是因为 $\sin x\mathrm{e}^{-\frac{x^2}{2}}$ 是奇函数，所以

$$\int_{-\infty}^{+\infty}\mathrm{e}^{-\frac{x^2}{2}}\sin x\mathrm{d}x=\int_{-\infty}^{+\infty}\mathrm{e}^{-\frac{y^2}{2}}\sin y\mathrm{d}y=0.$$

即 $f(x,y)$ 是某二维随机变量 (X,Y) 的概率密度. 而关于 X 的边缘密度为

$$\begin{aligned}f_X(x)&=\int_{-\infty}^{+\infty}f(x,y)\mathrm{d}y\\&=\frac{1}{2\pi}\int_{-\infty}^{+\infty}\mathrm{e}^{-\frac{x^2+y^2}{2}}(1+\sin x\sin y)\mathrm{d}y\\&=\frac{1}{\sqrt{2\pi}}\mathrm{e}^{-\frac{x^2}{2}}\int_{-\infty}^{+\infty}\frac{1}{\sqrt{2\pi}}\mathrm{e}^{-\frac{y^2}{2}}\mathrm{d}y\\&=\frac{1}{\sqrt{2\pi}}\mathrm{e}^{-\frac{x^2}{2}},-\infty<x<+\infty.\end{aligned}$$

同理可得

$$f_Y(y)=\frac{1}{\sqrt{2\pi}}\mathrm{e}^{-\frac{y^2}{2}},-\infty<y<+\infty.$$

所以 X 与 Y 都是 $N(0,1)$ 分布的随机变量，但 (X,Y) 却不是二维正态变量.

3.3　二维随机变量的条件分布

3.3.1　离散型随机变量的条件分布

设离散型二维随机变量(X,Y)的分布列为

$$P(X=x_i,Y=y_j)=p_{ij},i,j=1,2,\cdots.$$

(X,Y)关于 X,Y 的边缘分布列为

$$P(X=x_i)=\sum_{j=1}^{\infty}p_{ij}=p_{i\cdot},i=1,2,\cdots.$$

$$P(Y=y_j)=\sum_{i=1}^{\infty}p_{ij}-p_{\cdot j},j=1,2,\cdots.$$

若对于固定的 i，$p_{i\cdot}>0$，则由第 1 章 1.4 事件的条件概率计算公式(1.11)得：

$$P(Y=y_j\,|\,X=x_i)=\frac{P(X=x_i,Y=y_j)}{P(X=x_i)}=\frac{p_{ij}}{p_{i\cdot}},j=1,2,\cdots. \quad (3.15)$$

称(3.15)式为 $X=r_i$ 条件下随机变量 Y 的**条件分布列**.

同样，对于固定的 j，若 $P(Y=y_j)=\sum\limits_{i=1}^{\infty}p_{ij}=p_{\cdot j}>0$，则称

$$P(X=x_i\,|\,Y=y_j)=\frac{P(X=x_i,Y=y_j)}{P(Y=y_j)}=\frac{p_{ij}}{p_{\cdot j}},i=1,2,\cdots \quad (3.16)$$

为在 $Y=y_j$ 条件下随机变量 X 的条件分布列.

显然，对任意的 j，

$$P(Y=y_j\,|\,X=x_i)=\frac{p_{ij}}{p_{i\cdot}}\geqslant 0,$$

$$\sum_{j=1}^{\infty}\frac{p_{ij}}{p_{i\cdot}}=\frac{1}{p_{i\cdot}}\sum_{j=1}^{\infty}p_{ij}=\frac{1}{p_{i\cdot}}p_{i\cdot}=1.$$

即(3.15)式确实为概率分布列. 同样可验证(3.16)式为概率分布列.

例 3.5(续) 在例 3.5 中求在 $X=1$ 条件下 Y 的条件分布列.

解 由例 3.5 结果知

$$P(X=1)=\frac{2}{5}.$$

由(3.15)式可得在 $X=1$ 条件下 Y 的条件分布列为

$$P(Y=y_j\mid X=1)=\frac{P(X=1,Y=y_j)}{P(X=1)}=\frac{P(X=1,Y=y_j)}{\frac{2}{5}},j=1,2.$$

将例 3.5 结果中(X,Y)取相应值的概率代入上式得

$Y\mid X=1$	0	1
$P(Y=y_j\mid X=1)$	$\frac{3}{5}$	$\frac{2}{5}$

3.3.2 连续型随机变量的条件分布

当(X,Y)为连续型随机变量时,由于对任意实数 x 和 y, $P(X=x)=P(Y=y)=0$,所以不能象离散型随机变量那样来考虑连续型随机变量的条件分布.下面我们用极限的方法来处理.

对任意 $\varepsilon>0$,若 $P(y-\varepsilon<Y\leqslant y+\varepsilon)>0$,则有

$$P(X\leqslant x\mid y-\varepsilon<Y\leqslant y+\varepsilon)=\frac{P(X\leqslant x,y-\varepsilon<Y\leqslant y+\varepsilon)}{P(y-\varepsilon<Y\leqslant y+\varepsilon)}.$$

对上式令 $\varepsilon\to 0$ 两边取极限,若极限存在,则称它为在 $Y=y$ 条件下 X 的**条件分布函数**,记为 $F_{X|Y}(x\mid y)$,即

$$\begin{aligned}F_{X|Y}(x\mid y)&=\lim_{\varepsilon\to 0^+}P(X\leqslant x\mid y-\varepsilon<Y\leqslant y+\varepsilon)\\&=\lim_{\varepsilon\to 0^+}\frac{P(X\leqslant x,y-\varepsilon<Y\leqslant y+\varepsilon)}{P(y-\varepsilon<Y\leqslant y+\varepsilon)}.\end{aligned}$$

设(X,Y)的分布函数为 $F(x,y)$,概率密度为 $f(x,y)$.若在点(x,y)处 $f(x,y)$连续,边缘概率密度 $f_Y(y)$连续且 $f_Y(y)>0$,则由上式知

$$F_{X|Y}(x|y)=\lim_{\varepsilon\to 0^+}\frac{[F(x,y+\varepsilon)-F(x,y-\varepsilon)]/2\varepsilon}{[F_Y(y+\varepsilon)-F_Y(y-\varepsilon)]/2\varepsilon}=\frac{\dfrac{\partial F(x,y)}{\partial y}}{\dfrac{\mathrm{d}F_Y(y)}{\mathrm{d}y}},$$

即
$$F_{X|Y}(x|y)=\frac{\int_{-\infty}^{x}f(u,y)\mathrm{d}u}{f_Y(y)}.\tag{3.17}$$

若记:在 $Y=y$ 条件下 X 的条件概率密度为 $f_{X|Y}(x|y)$,则有

$$f_{X|Y}(x|y)=\frac{f(x,y)}{f_Y(y)}.\tag{3.18}$$

类似地有:在 $X=x$ 条件下 Y 的条件分布函数与条件概率密度

$$F_{Y|X}(y|x)=\frac{\int_{-\infty}^{y}f(x,v)\mathrm{d}v}{f_X(x)},\tag{3.19}$$

$$f_{Y|X}(y|x)=\frac{f(x,y)}{f_X(x)}.\tag{3.20}$$

例 3.8　设(X,Y)的概率密度为

$$f(x,y)=\begin{cases}6, x^2\leqslant y\leqslant x, 0\leqslant x\leqslant 1;\\ 0,\text{其他}.\end{cases}$$

求条件概率密度 $f_{X|Y}(x|y)$和 $f_{Y|X}(y|x)$.

解　由(3.13)及(3.14)式和图 3.6 得边缘概率密度为

$$f_X(x)=\int_{-\infty}^{\infty}f(x,y)\mathrm{d}y=\begin{cases}\int_{x^2}^{x}6\mathrm{d}y, 0\leqslant x\leqslant 1;\\ 0,\text{其他}.\end{cases}$$

即 $f_X(x)=\begin{cases}6(x-x^2),0\leqslant x\leqslant 1;\\0,其他.\end{cases}$

$$f_Y(y)=\int_{-\infty}^{+\infty}f(x,y)\mathrm{d}x$$

$$=\begin{cases}\int_y^{\sqrt{y}}6\mathrm{d}x,0\leqslant y\leqslant 1;\\0,其他.\end{cases}$$

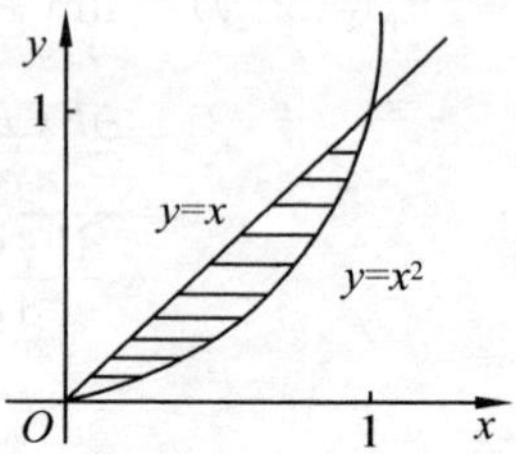

图 3.6

即 $f_Y(y)=\begin{cases}6(\sqrt{y}-y),0\leqslant y\leqslant 1;\\0,其他.\end{cases}$

由(3.18)式，$f_{X|Y}(x|y)=\dfrac{f(x,y)}{f_Y(y)}$.

当 $y\leqslant 0$ 或 $y\geqslant 1$ 时，$f_Y(y)=0$，$f_{X|Y}(x|y)$不存在.

当 $0<y<1$ 时，$f_{X|Y}(x|y)=\begin{cases}\dfrac{1}{\sqrt{y}-y},y\leqslant x\leqslant\sqrt{y};\\0,其他.\end{cases}$

类似地有

当 $x\leqslant 0$ 或 $x\geqslant 1$ 时，$f_X(x)=0$，$f_{Y|X}(y|x)$不存在.

当 $0<x<1$ 时，$f_{Y|X}(y|x)=\begin{cases}\dfrac{1}{x-x^2},x^2\leqslant y\leqslant x;\\0,其他.\end{cases}$

例 3.9 设随机变量 X 在区间$[0,1]$上服从均匀分布，在 $X=x(0<x<1)$的条件下，随机变量 Y 在区间$[0,x]$上服从均匀分布，求：

(1) 随机变量 X 与 Y 的联合概率密度；

(2) Y 的概率密度；

(3) $P(X+Y>1)$.

解 (1) X 的概率密度为

$$f_X(x)=\begin{cases}1,0<x<1;\\0,其他.\end{cases}$$

在 $X=x(0<x<1)$ 条件下，Y 的条件概率密度为

$$f_{Y|X}(y|x)=\begin{cases}\dfrac{1}{x},0<y<x;\\0,其他.\end{cases}$$

由(3.20)式可得

$$f(x,y)=f_X(x)\cdot f_{Y|X}(y|x)=\begin{cases}\dfrac{1}{x},0<y<x<1;\\0,其他.\end{cases}$$

(2) 由图 3.7 得

$$f_Y(y)=\int_{-\infty}^{+\infty}f(x,y)\mathrm{d}x=\begin{cases}\displaystyle\int_y^1\frac{1}{x}\mathrm{d}x,0<y<1;\\0,其他.\end{cases}$$

即 $$f_Y(y)=\begin{cases}-\ln y,0<y<1;\\0,其他.\end{cases}$$

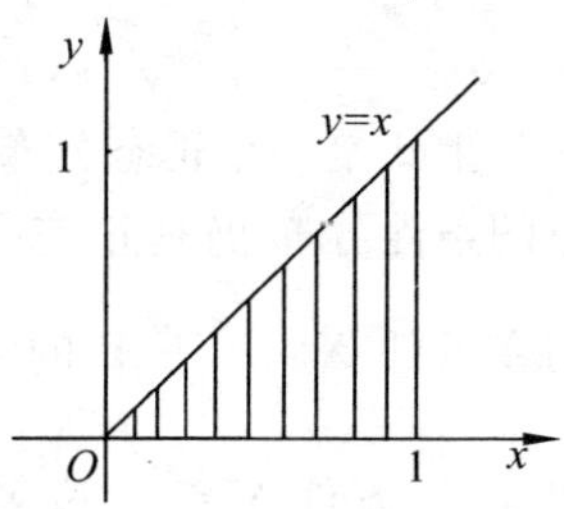

图 3.7

(3) 由图 3.8 可得：

$$P(X+Y>1)=\iint\limits_{x+y>1}f(x,y)\mathrm{d}x\mathrm{d}y=\int_{\frac{1}{2}}^1\mathrm{d}x\int_{1-x}^x\frac{1}{x}\mathrm{d}y=1-\ln 2.$$

例 3.10　已知二维随机变量 $(X,Y)\sim N(0,0,1,1,\rho)$ 求条件概率密度 $f_{Y|X}(y|x)$.

解　(X,Y) 的概率密度为

$$f(x,y)=\frac{1}{2\pi\sqrt{1-\rho^2}}\mathrm{e}^{-\frac{1}{2(1-\rho^2)}(x^2-2\rho xy+y^2)},$$

$$-\infty<x<+\infty,-\infty<y<+\infty.$$

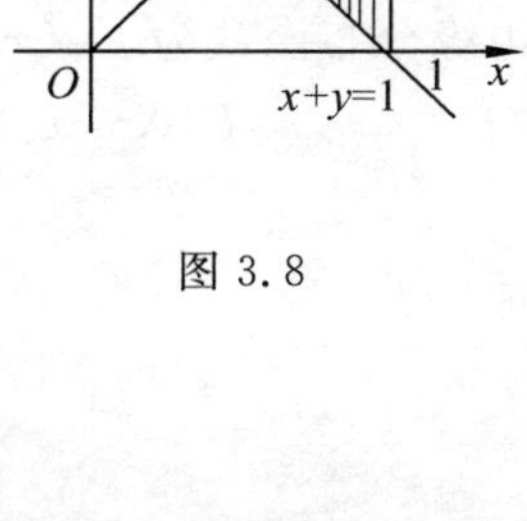

图 3.8

X 的概率密度为

$$f_X(x)=\frac{1}{\sqrt{2\pi}}e^{-\frac{x^2}{2}},-\infty<x<+\infty.$$

由(3.20)式得条件概率密度

$$\begin{aligned}f_{Y|X}(y|x)&=\frac{f(x,y)}{f_X(x)}\\&=\frac{1}{\sqrt{2\pi(1-\rho^2)}}e^{-\frac{1}{2(1-\rho^2)}(x^2-2\rho xy+y^2)+\frac{x^2}{2}}\\&=\frac{1}{\sqrt{2\pi(1-\rho^2)}}e^{-\frac{(y-\rho x)^2}{2(1-\rho^2)}}.\end{aligned}$$

上式是一个正态分布的概率密度.在一般情况下,二维正态分布的条件分布仍是正态分布.例如,$(X,Y)\sim N(\mu_1,\mu_2,\sigma_1^2,\sigma_2^2,\rho)$,则在条件 $X=x$ 下 Y 的条件分布为 $N(\mu_2+\rho\frac{\sigma_2}{\sigma_1}(x-\mu_1),\sigma_2^2(1-\rho^2))$;在条件 $Y=y$ 下 X 的条件分布为 $N(\mu_1+\rho\frac{\sigma_1}{\sigma_2}(y-\mu_2),\sigma_1^2(1-\rho^2))$.

3.4 随机变量的独立性

随机变量的独立性概念在概率论与数理统计中具有重要意义.在这一节里,我们借助于随机事件独立性概念来定义随机变量的独立性.

3.4.1 二维随机变量的独立性

定义 3.7 设二维随机变量(X,Y)的分布函数为 $F(x,y)$,边缘分布函数为 $F_X(x),F_Y(y)$.如果对于任意的实数 x,y,都有

$$P(X\leqslant x,Y\leqslant y)=P(X\leqslant x)\cdot P(Y\leqslant y),\tag{3.21}$$

即

$$F(x,y)=F_X(x)\cdot F_Y(y). \tag{3.22}$$

则称随机变量 X 与 Y **是相互独立的**.

例 3.11　讨论本章 3.1 节中例 3.2 中随机变量 X 与 Y 的独立性.

解　由例 3.2 结果知，(X,Y)的分布函数为

$$F(x,y)=\frac{1}{\pi^2}\left(\frac{\pi}{2}+\arctan\frac{x}{2}\right)\left(\frac{\pi}{2}+\arctan\frac{y}{3}\right),$$

$$-\infty<x<+\infty,-\infty<y<+\infty.$$

则边缘分布函数为

$$\begin{aligned}F_X(x)&=F(x,+\infty)\\&=\lim_{y\to+\infty}\frac{1}{\pi^2}\left(\frac{\pi}{2}+\arctan\frac{x}{2}\right)\left(\frac{\pi}{2}+\arctan\frac{y}{3}\right)\\&=\frac{1}{2}+\frac{1}{\pi}\arctan\frac{x}{2},-\infty<x<+\infty;\end{aligned}$$

$$\begin{aligned}F_Y(y)&=F(+\infty,y)\\&=\lim_{x\to+\infty}\frac{1}{\pi^2}\left(\frac{\pi}{2}+\arctan\frac{x}{2}\right)\left(\frac{\pi}{2}+\arctan\frac{y}{3}\right)\\&=\frac{1}{2}+\frac{1}{\pi}\arctan\frac{y}{3},-\infty<y<+\infty.\end{aligned}$$

对任意的实数 x,y，显然都有

$$F(x,y)=F_X(x)\cdot F_Y(y),$$

故 X 与 Y 相互独立.

定理 3.2　设(X,Y)是离散型二维随机变量，其所有可能值为(x_i,y_j)，$i,j=1,2,\cdots$，则 X 与 Y 相互独立的充分必要条件是：对于任何 $i,j=1,2,\cdots$，有

$$P(X=x_i,Y=y_j)=P(X=x_i)\cdot P(Y=y_j),$$

即

$$p_{ij}=p_{i\cdot}\,p_{\cdot j}. \tag{3.23}$$

这里 $p_{ij}, p_{i\cdot}, p_{\cdot j}$ 分别是(X,Y)及关于 X 和 Y 的分布列与边缘分布列.

本定理比较容易证明,这里省略.

定理 3.3　设(X,Y)为连续型二维随机变量,则 X 与 Y 相互独立的充要条件是:对任意的实数 x 和 y 都有

$$f(x,y)=f_X(x)\cdot f_Y(y). \tag{3.24}$$

这里 $f(x,y), f_X(x), f_Y(y)$ 分别是(X,Y)及关于 X 和 Y 的概率密度与边缘概率密度.

证　必要性. 若 X 与 Y 相互独立,则对任意实数 x,y,有

$$F(x,y)=F_X(x)\cdot F_Y(y).$$

其中 $F(x,y), F_X(x), F_Y(y)$ 分别是(X,Y)及关于 X 和 Y 的分布函数与边缘分布函数.

又

$$\begin{aligned} F_X(x)F_Y(y) &= \int_{-\infty}^{x} f_X(u)\mathrm{d}u\int_{-\infty}^{y} f_Y(v)\mathrm{d}v \\ &= \int_{-\infty}^{x}\int_{-\infty}^{y} f_X(u)f_Y(v)\mathrm{d}u\mathrm{d}v, \end{aligned}$$

所以

$$F(x,y)=\int_{-\infty}^{x}\int_{-\infty}^{y} f_X(u)f_Y(v)\mathrm{d}u\mathrm{d}v,$$

并且 $f_X(x)f_Y(y)\geqslant 0$. 由二维连续型随机变量概率密度定义知,$f_X(x)f_Y(y)$就是(X,Y)的概率密度,即

$$f(x,y)=f_X(x)f_Y(y)$$

充分性. 若对任意的实数 x,y,有

$$f(x,y)=f_X(x)f_Y(y),$$

则

$$\begin{aligned} F(x,y) &= \int_{-\infty}^{x}\int_{-\infty}^{y} f(u,v)\mathrm{d}u\mathrm{d}v \\ &= \int_{-\infty}^{x}\int_{-\infty}^{y} f_X(u)f_Y(v)\mathrm{d}u\mathrm{d}v \end{aligned}$$

$$= \left(\int_{-\infty}^{x} f_X(u)\mathrm{d}u\right)\left(\int_{-\infty}^{y} f_Y(v)\mathrm{d}v\right)$$
$$= F_X(x)F_Y(y).$$

由定义 3.7 知 X 与 Y 相互独立.

例 3.12　设随机变量 X 与 Y 的联合分布列为

X \ Y	1	2
1	$\frac{1}{3}$	$\frac{1}{6}$
2	a	$\frac{1}{9}$
3	b	$\frac{1}{18}$

试确定常数 a,b,使 X 与 Y 相互独立.

解　先求出 X,Y 的边缘分布列

X \ Y	1	2	$p_{i\cdot}$
1	$\frac{1}{3}$	$\frac{1}{6}$	$\frac{1}{2}$
2	a	$\frac{1}{9}$	$a+\frac{1}{9}$
3	b	$\frac{1}{18}$	$b+\frac{1}{18}$
$p_{\cdot j}$	$\frac{1}{3}+a+b$	$\frac{1}{3}$	

要使 X 与 Y 相互独立,由(3.23)式得

$$p_{ij} = p_{i\cdot}\, p_{\cdot j},\ i=1,2,3;\ j=1,2.$$

从而

$$P(X=2,Y=2)=P(X=2)\cdot P(Y=2),$$
$$P(X=3,Y=2)=P(X=3)P(Y=2),$$

即

$$\frac{1}{9}=\left(a+\frac{1}{9}\right)\times\frac{1}{3},$$

$$\frac{1}{18}=\left(b+\frac{1}{18}\right)\times\frac{1}{3}.$$

解得 $a=\frac{2}{9},b=\frac{1}{9}$.

经验证，此时，X 与 Y 相互独立.

例 3.13　设(X,Y)在区域 G 上服从均匀分布，G 是由直线 $x=0,y=0,x+y=1$ 围成，判断 X 与 Y 是否相互独立.

解　区域 G 如图 3.9 所示，其面积是$\frac{1}{2}$，则 X 与 Y 的联合概率密度为

$$f(x,y)=\begin{cases}2,(x,y)\in G;\\0,其他.\end{cases}$$

易求得关于 X,Y 的边缘概率密度为

$$f_X(x)=\begin{cases}2(1-x),0\leqslant x\leqslant 1;\\0,其他.\end{cases}$$

$$f_Y(y)=\begin{cases}2(1-y),0\leqslant y\leqslant 1;\\0,其他.\end{cases}$$

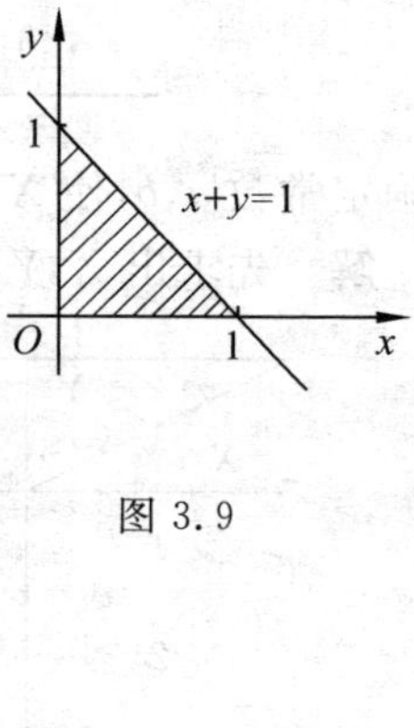

图 3.9

由于

$$f(x,y)\neq f_X(x)\cdot f_Y(y),$$

故 X 与 Y 不相互独立.

例 3.14　甲、乙两人到达同一地点的时刻分别为 X,Y，已知 $X\sim U[8,12]$，$Y\sim U[7,9]$（单位：小时）且 X 与 Y 相互独立，求两时刻相差不超过 10 分钟的概率.

解　由于 $X\sim U[8,12]$，$Y\sim U[7,9]$，所以

$$f_X(x)=\begin{cases}\dfrac{1}{4},8\leqslant x\leqslant 12;\\0,\text{其他}.\end{cases}\qquad f_Y(y)=\begin{cases}\dfrac{1}{2},7\leqslant y\leqslant 9;\\0,\text{其他}.\end{cases}$$

又因为 X 与 Y 相互独立，所以

$$f(x,y)=f_X(x)\cdot f_Y(y)=\begin{cases}\dfrac{1}{8},8\leqslant x\leqslant 12,7\leqslant y\leqslant 9;\\0,\text{其他}.\end{cases}$$

10 分钟 $=\dfrac{1}{6}$ 小时，所求概率为

$$P(|X-Y|\leqslant\frac{1}{6})=\iint\limits_{|x-y|\leqslant\frac{1}{6}}f(x,y)\mathrm{d}x\mathrm{d}y$$

$$=\iint\limits_{D}\frac{1}{8}\mathrm{d}x\mathrm{d}y=\frac{1}{8}\iint\limits_{D}\mathrm{d}x\mathrm{d}y,$$

其中区域 D 如图 3.10 所示，其面积为

$$\frac{1}{2}\times\left(\frac{7}{6}\right)^2-\frac{1}{2}\times\left(\frac{5}{6}\right)^2=\frac{1}{3},$$

于是　$P(|X-Y|\leqslant\frac{1}{6})=\frac{1}{8}\times\frac{1}{3}=\frac{1}{24}.$

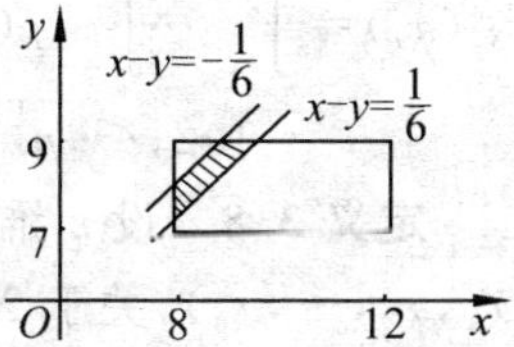

图 3.10

例 3.15　设 $(X,Y)\sim N(\mu_1,\mu_2,\sigma_1^2,\sigma_2^2,\rho)$. 证明：$X$ 与 Y 相互独立的充分必要条件是 $\rho=0$.

证　充分性. 若 $\rho=0$，则

$$f(x,y)=\frac{1}{2\pi\sigma_1\sigma_2}\mathrm{e}^{-\frac{1}{2}\left[\frac{(x-\mu_1)^2}{\sigma_1^2}+\frac{(y-\mu_2)^2}{\sigma_2^2}\right]}$$

$$=\frac{1}{\sqrt{2\pi}\sigma_1}\mathrm{e}^{-\frac{(x-\mu_1)^2}{2\sigma_1^2}}\cdot\frac{1}{\sqrt{2\pi}\sigma_2}\mathrm{e}^{-\frac{(y-\mu_2)^2}{2\sigma_2^2}}$$

$$=f_X(x)\cdot f_Y(y).$$

必要性. 若 X 与 Y 相互独立，则对任意实数 x 与 y，都有

$$f(x,y)=f_X(x)f_Y(y).$$

特别令 $x=\mu_1, y=\mu_2$，也有

$$f(\mu_1,\mu_2)=f_X(\mu_1)f_Y(\mu_2),$$

故
$$\frac{1}{2\pi\sigma_1\sigma_2\sqrt{1-\rho^2}}=\frac{1}{\sqrt{2\pi}\sigma_1}\cdot\frac{1}{\sqrt{2\pi}\sigma_2}.$$

从而 $\sqrt{1-\rho^2}=1$，即 $\rho=0$.

3.4.2 多维随机变量的独立性

设 n 维随机变量 $(X_1,X_2,\cdots,X_n)$ 的分布函数为 $F(x_1,x_2,\cdots,x_n)$，概率密度函数为 $f(x_1,x_2,\cdots,x_n)$. 与二维情形相同，可得到 $(X_1,X_2,\cdots,X_n)$ 关于 $X_i(i=1,2,\cdots,n)$ 的边缘分布函数和边缘概率密度函数分别为：

$$F_{X_i}(x_i)=P(X_i\leqslant x_i)$$
$$=F(+\infty,+\infty,\cdots,+\infty,x_i,+\infty,\cdots,+\infty),$$
$$f_{X_i}(x_i)=\int_{-\infty}^{+\infty}\cdots\int_{-\infty}^{+\infty}f(x_1,x_2,\cdots,x_n)\mathrm{d}x_1\cdots\mathrm{d}x_{i-1}\mathrm{d}x_{i+1}\cdots\mathrm{d}x_n,$$
$$i=1,2,\cdots,n.$$

定义 3.8 设 n 维随机变量 $(X_1,X_2,\cdots,X_n)$ 的分布函数为 $F(x_1,x_2,\cdots,x_n)$，关于 X_i 的边缘分布函数为 $F_{X_i}(x_i)(i=1,2,\cdots,n)$，如果对任意的一组实数 $x_1,x_2,\cdots,x_n$，都有

$$F(x_1,x_2,\cdots,x_n)=F_{X_1}(x_1)F_{X_2}(x_2)\cdots F_{X_n}(x_n) \tag{3.25}$$

则称 $X_1,X_2,\cdots,X_n$ 相互独立.

类似于定理 3.2 和定理 3.3，有下列结论：

定理 3.4 设 $(X_1,X_2,\cdots,X_n)$ 为 n 维离散型随机变量，则 $X_1,X_2,\cdots,X_n$ 相互独立的充分必要条件是对 $(X_1,X_2,\cdots,X_n)$ 的任意一组可能取值 $(x_1,x_2,\cdots,x_n)$，有

$$P(X_1=x_1,X_2=x_2,\cdots,X_n=x_n)=P(X_1=x_1)P(X_2=x_2)\cdots P(X_n=x_n) \quad (3.26)$$

定理 3.5 设$(X_1,X_2,\cdots,X_n)$为 n 维连续型随机变量，$f(x_1,x_2,\cdots,x_n)$是$(X_1,X_2,\cdots,X_n)$的概率密度，$f_{X_1}(x_1)$，$f_{X_2}(x_2)$，$\cdots$，$f_{X_n}(x_n)$分别是关于 $X_1,X_2,\cdots,X_n$ 的边缘概率密度，则 $X_1,X_2,\cdots,X_n$ 相互独立的充要条件是对任意的一组数 $x_1,x_2,\cdots,x_n$，有

$$f(x_1,x_2,\cdots,x_n)=f_{X_1}(x_1)f_{X_2}(x_2)\cdots f_{X_n}(x_n). \quad (3.27)$$

在今后研究有关随机变量独立性的问题中，下述定义和定理是重要的.

定理 3.6 常数 C 与任一随机变量相互独立.

定理 3.7 设 $X_1,X_2,\cdots,X_n$ 是 n 个相互独立的随机变量，则其中任意 $k(2\leqslant k<n)$个随机变量也相互独立；它们的连续函数 $g_1(X_1),g_2(X_2),\cdots,g_n(X_n)$也是相互独立的随机变量.

例如 X 与 Y 相互独立，则 $aX+b$ 与 e^Y 也相互独立，其中 a,b 是常数；若 $X_1,X_2,\cdots,X_n$ 相互独立，则 $X_1^2,X_2^2,\cdots,X_n^2$ 也相互独立.

定义 3.9 设$(X_1,X_2,\cdots,X_m)$和$(Y_1,Y_2,\cdots,Y_n)$分别是 m 维和 n 维随机变量，若对任意实数 $x_1,x_2,\cdots,x_m$ 和 $y_1,y_2,\cdots,y_n$ 有

$$F(x_1,x_2,\cdots,x_m,y_1,y_2,\cdots,y_n)=F_1(x_1,x_2,\cdots,x_m)F_2(y_1,y_2,\cdots,y_n),$$

则称$(X_1,X_2,\cdots,X_m)$和$(Y_1,Y_2,\cdots,Y_n)$相互独立，其中 F 是$(X_1,\cdots,X_m,Y_1,\cdots,Y_n)$的分布函数；$F_1$ 和 F_2 分别是$(X_1,X_2,\cdots,X_m)$和$(Y_1,Y_2,\cdots,Y_n)$的分布函数.

定理 3.8 设 $X_1,\cdots,X_k,X_{k+1},\cdots,X_n$ 是 n 个相互独立的随机变量，则其部分$(X_1,\cdots,X_k)$与$(X_{k+1},\cdots,X_n)$也相互独立；它们的连续函数 $f(X_1,\cdots,X_k)$与 $g(X_{k+1},\cdots,X_n)$也是相互独立的随机变量.

例如,若 $X_1,\cdots,X_k,X_{k+1},\cdots,X_n$ 相互独立,则有

$$\frac{1}{k}(X_1+\cdots+X_k)\text{与}(X_{k+1}^2+\cdots+X_n^2)^{\frac{1}{2}}\text{相互独立}.$$

3.5 二维随机变量函数的分布

在上一章 2.4 节中已经讨论过一个随机变量函数的分布. 当二维随机变量的分布已知时,如何求这个二维随机变量函数的分布是本节要讨论的问题.

3.5.1 离散型二维随机变量函数的分布

设(X,Y)为二维离散型随机变量,则函数 $Z=g(X,Y)$ 仍然是离散型随机变量,它的分布列如何求,下面通过例子说明.

例 3.16 设(X,Y)的分布列为

X \ Y	-1	1
-1	$\frac{1}{4}$	$\frac{1}{8}$
1	$\frac{1}{4}$	$\frac{3}{8}$

求二维随机变量的函数 Z 的分布:(1) $Z=X+Y$;(2) $Z=\frac{Y}{X}$.

解 (1) Z 可能取的值是$-2,0,2$,且

$$P(Z=-2)=P(X+Y=-2)=P(X=-1,Y=-1)=\frac{1}{4},$$

$$\begin{aligned}P(Z=0)&=P(X+Y=0)\\&=P(X=-1,Y=1)+P(X=1,Y=-1)=\frac{3}{8},\end{aligned}$$

$$P(Z=2)=P(X+Y=2)=P(X=1,Y=1)=\frac{3}{8},$$

即

$Z=X+Y$	-2	0	2
$P(Z=z_k)$	$\frac{1}{4}$	$\frac{3}{8}$	$\frac{3}{8}$

(2) $Z=\frac{Y}{X}$可能取的值是$-1,1$,且

$$P(Z=-1)=P\left(\frac{Y}{X}=-1\right)$$
$$=P(X=-1,Y=1)+P(X=1,Y=-1)=\frac{3}{8},$$
$$P(Z=1)=P\left(\frac{Y}{X}=1\right)$$
$$=P(X=-1,Y=-1)+P(X=1,Y=1)=\frac{5}{8},$$

即

$Z=\frac{Y}{X}$	-1	1
$P(X=_k)$	$\frac{3}{8}$	$\frac{5}{8}$

例 3.17　今有两封信欲投入编号为A,B,C的3个邮筒,设X,Y分别表示投入A号和B号邮筒的信的数目.试求:

(1) (X,Y)的分布列;(2) $V=\min(X,Y)$的分布列.

解　(1) 由题设可知,X,Y的可取值为$0,1,2$.

$P(X=0,Y=0)=P$(两封信均投入C号邮筒)$=\frac{1}{3^2}=\frac{1}{9}$;

$P(X=1,Y=0)=P$(两封信中有一封投入A号筒,另一封投入C号筒)$=\frac{C_2^1C_1^1}{3^2}=\frac{2}{9}$;

$$P(X=1,Y=1)=\frac{C_2^1C_1^1}{3^2}=\frac{2}{9};$$

$$P(X=2,Y=0)=\frac{C_2^2}{3^2}=\frac{1}{9}.$$

同理可求得 $P(X=0,Y=1)=\frac{2}{9}$，$P(X=0,Y=2)=\frac{1}{9}$，$P(X=1,Y=2)=P(X=2,Y=1)=P(X=2,Y=2)=0$.

即

Y \ X	0	1	2
0	$\frac{1}{9}$	$\frac{2}{9}$	$\frac{1}{9}$
1	$\frac{2}{9}$	$\frac{2}{9}$	0
2	$\frac{1}{9}$	0	0

(2) $V=\min(X,Y)$的可能取值为0,1.

$$\begin{aligned}P(V=0)&=P(\min(X,Y)=0)\\&=P(X=0,Y=0)+P(X=0,Y=1)\\&\quad+P(X=0,Y=2)+P(X=1,Y=0)\\&\quad+P(X=2,Y=0)=\frac{7}{9},\end{aligned}$$

$$\begin{aligned}P(V=1)&=P(X=1,Y=1)+P(X=1,Y=2)\\&\quad+P(X=2,Y=1)=\frac{2}{9}.\end{aligned}$$

即

$V=\min(X,Y)$	0	1	2
$P(V=V_k)$	$\frac{7}{9}$	$\frac{2}{9}$	0

3.5.2　连续型二维随机变量函数的分布

设(X,Y)为二维连续型随机变量，若其函数 $Z=g(X,Y)$是连续型随机变量，则其概率密度函数 $f_Z(z)$，可按下列步骤去求.

第一步：求出 $Z=g(X,Y)$的分布函数，有

$$F_Z(z)=P(Z\leqslant z)=P(g(X,Y)\leqslant z)$$
$$=P((X,Y)\in G)=\iint_G f(x,y)\mathrm{d}x\mathrm{d}y,$$

其中 $f(x,y)$是 X 与 Y 的联合概率密度，$G=\{(x,y)\mid g(x,y)\leqslant z\}$. 简记 $G=\{g(x,y)\leqslant z\}$，则上式可写为

$$F_Z(z)=P(g(x,y)\leqslant z)=\iint_{g(x,y)\leqslant z} f(x,y)\mathrm{d}x\mathrm{d}y.$$

第二步：对分布函数 $F_Z(z)$关于 z 求导数，就可得到 $f_Z(z)$.

3.5.2.1 和的分布

设(X,Y)的概率密度函数为 $f(x,y)$，由图 3.11，$Z=X+Y$ 的分布函数为

$$F_Z(z)=P(Z\leqslant z)$$
$$=P(X+Y\leqslant z)$$
$$=\iint_{x+y\leqslant z} f(x,y)\mathrm{d}x\mathrm{d}y$$
$$=\int_{-\infty}^{+\infty}\left[\int_{-\infty}^{z-y} f(x,y)\mathrm{d}x\right]\mathrm{d}y.$$

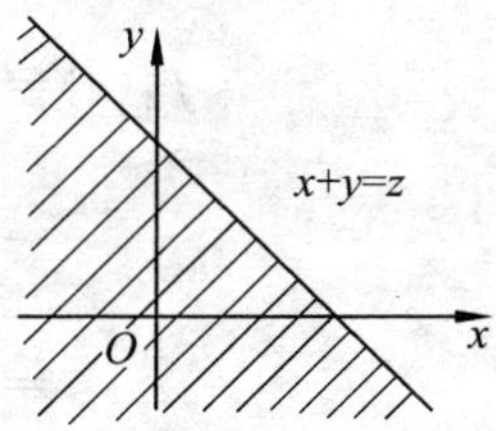

图 3.11

令 $x=u-y$，则

$$\int_{-\infty}^{z-y} f(x,y)\mathrm{d}x = \int_{-\infty}^{z} f(u-y,y)\mathrm{d}u,$$

于是

$$\begin{aligned} F_Z(z) &= \int_{-\infty}^{+\infty}\left[\int_{-\infty}^{z} f(u-y,y),\mathrm{d}u\right]\mathrm{d}y \\ &= \int_{-\infty}^{z}\left[\int_{-\infty}^{+\infty} f(u-y,y)\mathrm{d}y\right]\mathrm{d}u. \end{aligned}$$

Z 的概率密度为

$$f_Z(z) = \int_{-\infty}^{+\infty} f(z-y,y)\mathrm{d}y. \tag{3.28}$$

由 X,Y 的对称性知,$f_Z(z)$也可表示为

$$f_Z(z) = \int_{-\infty}^{+\infty} f(x,z-x)\mathrm{d}x. \tag{3.29}$$

若 X 与 Y 相互独立,则有

$$f_Z(z) = \int_{-\infty}^{+\infty} f_X(z-y)f_Y(y)\mathrm{d}y, \tag{3.30}$$

$$f_Z(z) = \int_{-\infty}^{+\infty} f_X(x)f_Y(z-x)\mathrm{d}x. \tag{3.31}$$

其中 $f_X(x)$, $f_Y(y)$为(X,Y)关于 X 和 Y 的边缘概率密度. (3.30)和(3.31)式称为独立和分布的**卷积公式**.

例 3.18 设 X 和 Y 是相互独立的随机变量,它们都服从 $N(0,1)$分布,求 $Z=X+Y$ 的概率密度.

解 由于 X 和 Y 相互独立,根据卷积公式(3.31)得

$$\begin{aligned} f_Z(z) &= \int_{-\infty}^{+\infty} f_X(x)f_Y(z-x)\mathrm{d}x \\ &= \frac{1}{2\pi}\int_{-\infty}^{+\infty} \mathrm{e}^{-\frac{x^2}{2}}\mathrm{e}^{-\frac{(z-x)^2}{2}}\mathrm{d}x \\ &= \frac{1}{2\pi}\mathrm{e}^{-\frac{z^2}{4}}\int_{-\infty}^{+\infty} \mathrm{e}^{-\left(x-\frac{z}{2}\right)^2}\mathrm{d}x. \end{aligned}$$

令 $t=x-\frac{z}{2}$得

$$f_Z(z)=\frac{1}{2\pi}e^{-\frac{z^2}{4}}\int_{-\infty}^{+\infty}e^{-t^2}\,dt=\frac{1}{2\sqrt{\pi}}e^{-\frac{z^2}{4}},-\infty<z<+\infty.$$

可见，$Z=X+Y$ 服从 $N(0,2)$分布.

一般地，可以证明：

若 X,Y 相互独立，$X\sim N(\mu_1,\sigma_1^2)$，$Y\sim N(\mu_2,\sigma_2^2)$，则

$$X+Y\sim N(\mu_1+\mu_2,\sigma_1^2+\sigma_2^2).\tag{3.32}$$

用数学归纳法可进一步证明：

若 $X_1,X_2,\cdots,X_n$ 相互独立，$X_i\sim N(\mu_i,\sigma_i^2)$，$i=1,2,\cdots,n$，则

$$X_1+X_2+\cdots+X_n\sim N(\mu_1+\mu_2+\cdots+\mu_n,\sigma_1^2+\sigma_2^2+\cdots+\sigma_n^2).\tag{3.33}$$

我们还有更一般的结论：

设 $X_1,X_2,\cdots,X_n$ 相互独立，$X_i\sim N(\mu_i,\sigma_i^2)$，$i=1,2,\cdots,n$，任意常数 $a_1,a_2,\cdots,a_n$ 不全为零，则有

$$\sum_{i=1}^{n}a_iX_i\sim N\left(\sum_{i=1}^{n}a_i\mu_i,\sum_{i=1}^{n}a_i^2\sigma_i^2\right).\tag{3.34}$$

即有限个相互独立的正态随机变量的线性函数仍是正态随机变量. 这些结论非常重要，在今后的学习中将要用到.

例 3.19　设随机变量 X,Y 相互独立，它们都在$[0,1]$上服从均匀分布，求 $Z=X+Y$ 的概率密度.

解　因为 X,Y 相互独立，且都在$[0,1]$上服从均匀分布，所以由卷积公式有

$$f_Z(z)=\int_{-\infty}^{+\infty}f_X(x)f_Y(z-x)\,dx.$$

这里，$f_X(x)$和 $f_Y(z-x)$中的 x 和 $z-x$ 满足关系

$$0\leqslant x\leqslant 1\text{ 且 }0\leqslant z-x\leqslant 1\text{ 时},f_X(x)f_Y(z-x)=1;$$

否则

$$f_X(x)f_Y(z-x)=0.$$

而上述两个不等式确定的 xOz 平面上的区域如图 3.12 所示，因此

当 $z\leqslant 0$ 时，$f_Z(z)=\int_{-\infty}^{+\infty}0\mathrm{d}x=0$；

当 $0\leqslant z<1$ 时，$f_Z(z)=\int_{0}^{z}\mathrm{d}x=z$；

当 $1\leqslant z<2$ 时，$f_Z(z)=\int_{z-1}^{1}\mathrm{d}x=2-z$；

当 $z\geqslant 2$ 时，$f_Z(z)=\int_{-\infty}^{+\infty}0\mathrm{d}x=0$.

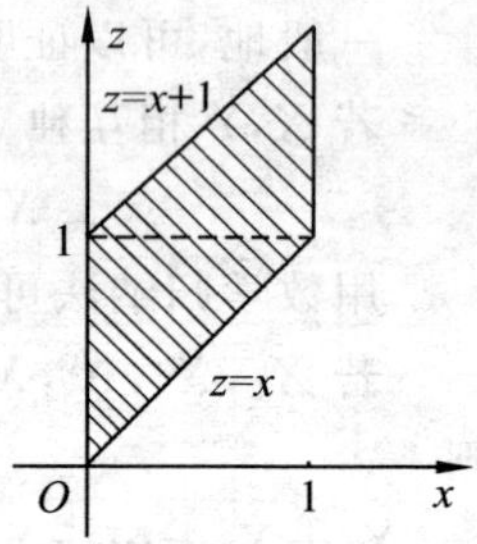

图 3.12

即

$$f_Z(z)=\begin{cases}0, z<0;\\ z, 0\leqslant z<1;\\ 2-z, 1\leqslant z<2;\\ 0, z\geqslant 2.\end{cases}$$

容易看出，服从均匀分布的独立随机变量的和分布此时就不是均匀分布了.

3.5.2.2 商的分布

设(X,Y)的概率密度为 $f(x,y)$，由图 3.13，$Z=\dfrac{X}{Y}$的分布函数为

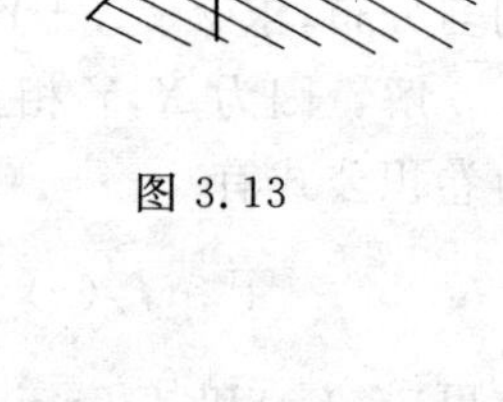

图 3.13

$$\begin{aligned}F_Z(z)&=P(Z\leqslant z)\\&=P\left(\frac{X}{Y}\leqslant z\right)\\&=\iint\limits_{\frac{x}{y}\leqslant z}f(x,y)\mathrm{d}x\mathrm{d}y\\&=\iint\limits_{\substack{x\leqslant yz\\ y>0}}f(x,y)\mathrm{d}x\mathrm{d}y+\iint\limits_{\substack{x\geqslant zy\\ y<0}}f(x,y)\mathrm{d}x\mathrm{d}y\\&=\int_0^{+\infty}\left[\int_{-\infty}^{zy}f(x,y)\mathrm{d}x\right]\mathrm{d}y+\int_{-\infty}^{0}\left[\int_{zy}^{+\infty}f(x,y)\mathrm{d}x\right]\mathrm{d}y.\end{aligned}$$

令 $u=\dfrac{x}{y}$,则

$$F_Z(z)=\int_0^{+\infty}\left[\int_{-\infty}^{z} yf(yu,y)\mathrm{d}u\right]\mathrm{d}y-\int_{-\infty}^{0}\left[\int_{-\infty}^{z} yf(yu,y)\mathrm{d}u\right]\mathrm{d}y$$
$$=\int_{-\infty}^{z}\left[\int_0^{+\infty} yf(yu,y)\mathrm{d}y\right]\mathrm{d}u-\int_{-\infty}^{z}\left[\int_{-\infty}^{0} yf(yu,y)\mathrm{d}y\right]\mathrm{d}u$$
$$=\int_{-\infty}^{z}\left[\int_0^{+\infty} yf(yu,y)\mathrm{d}y-\int_{-\infty}^{0} yf(yu,y)\mathrm{d}y\right]\mathrm{d}u.$$

Z 的概率密度为

$$f_Z(z)=\int_0^{+\infty} yf(yz,y)\mathrm{d}y-\int_{-\infty}^{0} yf(yz,y)\mathrm{d}y,$$

即

$$f_Z(z)=\int_{-\infty}^{+\infty}|y|f(yz,y)\mathrm{d}y. \tag{3.35}$$

若 X 与 Y 相互独立,则有

$$f_Z(z)=\int_{-\infty}^{+\infty}|y|f_X(yz)f_Y(y)\mathrm{d}y. \tag{3.36}$$

例 3.20 设 X,Y 分别表示两只不同型号的灯泡寿命,且 X 与 Y 相互独立,它们的概率密度依次为

$$f_X(x)=\begin{cases}\mathrm{e}^{-x}, x>0;\\ 0,\text{其他}.\end{cases}\qquad f_Y(y)=\begin{cases}2\mathrm{e}^{-2y}, y>0;\\ 0,\text{其他}.\end{cases}$$

求 $Z=\dfrac{X}{Y}$的概率密度 $f_Z(z)$.

解 由(3.36)式,得

当 $z>0$ 时,

$$f_Z(z)=\int_0^{+\infty} y\mathrm{e}^{-yz}\cdot 2\mathrm{e}^{-2y}\mathrm{d}y=\int_0^{+\infty}2y\mathrm{e}^{-y(2+z)}\mathrm{d}y=\frac{2}{(2+z)^2};$$

当 $z\leqslant 0$ 时,$f_Z(z)=0$. 即

$$f_Z(z)=\begin{cases}\dfrac{2}{(2+z)^2}, z>0;\\ 0, z\leqslant 0.\end{cases}$$

3.5.2.3 最大值、最小值的分布

设 X,Y 是两个相互独立的随机变量，它们的分布函数为$F_X(x)$，$F_Y(y)$，现求 $\max(X,Y)$及 $\min(X,Y)$的分布函数.

$$F_{\max}(z)=P(\max(X,Y)\leqslant z)=P(X\leqslant z,y\leqslant z)$$
$$=P(X\leqslant z)P(Y\leqslant z).$$

即
$$F_{\max}(z)=F_X(z)\cdot F_Y(z). \tag{3.37}$$

类似地有

$$F_{\min}(z)=P(\min(X,Y)\leqslant z)=1-P(\min(X,Y)>z)$$
$$=1-P(X>z,Y>z)=1-P(X>z)P(Y>z),$$

即
$$F_{\min}(z)=1-[1-F_X(z)][1-F_Y(z)]. \tag{3.38}$$

以上结论容易推广到 n 个相互独立的随机变量的情形.

设 $X_1,X_2,\cdots,X_n$ 是 n 个相互独立的随机变量，它们的分布函数分别为 $F_{X_1}(x_1),F_{X_2}(x_2),\cdots,F_{X_n}(x_n)$，则 $\max(X_1,X_2,\cdots,X_n)$ 及 $\min(X_1,X_2,\cdots,X_n)$的分布函数分别为

$$F_{\max}(z)=F_{X_1}(z)F_{X_2}(z)\cdots F_{X_n}(z), \tag{3.39}$$

$$F_{\min}(z)=1-[1-F_{X_1}(z)][1-F_{X_2(z)}]\cdots[1-F_{X_n}(z)]. \tag{3.40}$$

特别地，当 $X_1,X_2,\cdots,X_n$ 相互独立且有相同分布函数 $F(x)$ 时，有

$$F_{\max}(z)=[F(z)]^n, \tag{3.41}$$

$$F_{\min}(z)=1-[1-F(z)]^n. \tag{3.42}$$

例 3.21 设系统 L 由 n 个相互独立的子系统 $L_1,L_2,\cdots,L_n$（见图 3.14）串联而成，已知 n 个子系统的寿命分别为 $X_1,X_2,\cdots,X_n$，具有相同的密度函数

$$f(x)=\begin{cases}\lambda e^{-\lambda x},x>0;\\0,x\leqslant 0.\end{cases}$$

参数 $\lambda>0$，求系统 L 的寿命的分布函数与概率密度.

—$\boxed{L_1}$—$\boxed{L_2}$—…—$\boxed{L_n}$—

图 3.14

解　在串联情况下，$L_1, L_2, \cdots, L_n$ 中有一个损坏时，系统 L 就失效，所以 L 的寿命为

$$Z=\min(X_1, X_2, \cdots, X_n).$$

由于 $X_i(i=1,2,\cdots,n)$ 的分布函数为

$$F(x)=\begin{cases}1-\mathrm{e}^{-\lambda x}, x>0;\\0, x\leqslant 0.\end{cases}$$

由(3.42)式知 L 的寿命的分布函数与概率密度函数分别为

$$F_{\min}(z)=\begin{cases}1-(\mathrm{e}^{-\lambda z})^n, z>0\\0, z\leqslant 0\end{cases}=\begin{cases}1-\mathrm{e}^{-\lambda nz}, z>0;\\0, z\leqslant 0.\end{cases}$$

$$f_{\min(z)}=\begin{cases}\lambda n\mathrm{e}^{-\lambda nz}, z>0;\\0, z\leqslant 0.\end{cases}$$

以上我们利用“分布函数法”导出了两个随机变量和、商、最大值、最小值的概率密度函数，下面再举两个用“分布函数法”求概率密度的例子.

例 3.22　设(X,Y)的概率密度函数为

$$f(x,y)=\begin{cases}3x, 0<x<1, 0<y<x;\\0, \text{其他}.\end{cases}$$

求 $Z=X-Y$ 的概率密度函数.

解　由图 3.15，$Z=X-Y$ 的分布函数为

$$F_Z(z)=P(Z\leqslant z)=P(X-Y\leqslant z)$$

$$=\iint\limits_{x-y\leqslant z} f(x,y)\mathrm{d}x\mathrm{d}y.$$

当 $0<z<1$ 时，

$$F_Z(z)=\iint\limits_{x-y\leqslant z} f(x,y)\mathrm{d}x\mathrm{d}y$$

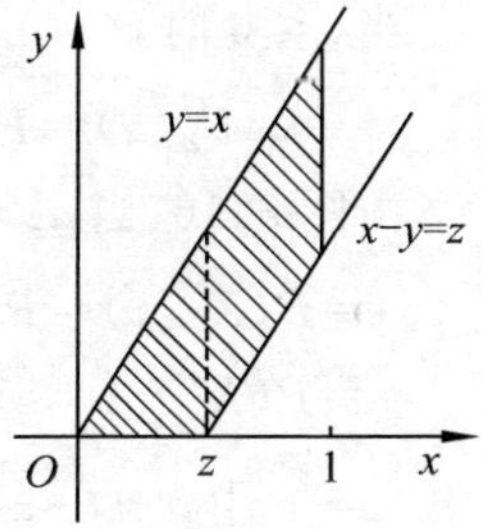

图 3.15

$$=\int_0^z \mathrm{d}x\int_0^x 3x\mathrm{d}y+\int_z^1 \mathrm{d}x\int_{x-z}^x 3x\mathrm{d}y$$

$$=\frac{3}{2}z-\frac{1}{2}z^3;$$

当 $z\leqslant 0$ 时，$F_Z(z)=0$；

当 $z\geqslant 1$ 时，

$$F_Z(z)=\int_0^1 \mathrm{d}x\int_0^x 3x\mathrm{d}y=1.$$

于是，$Z=X-Y$ 的概率密度为

$$f_Z(z)=F'_Z(z)=\begin{cases}\frac{3}{2}(1-z^2), 0\leqslant z<1;\\ 0, \text{其他}.\end{cases}$$

例 3.23 设随机变量 X 与 Y 相互独立，且概率密度分别为

$$f_X(x)=\begin{cases}\frac{2}{\sqrt{\pi}}\mathrm{e}^{-x^2}, 0<x<+\infty;\\ 0, \text{其他}.\end{cases}\qquad f_Y(y)=\begin{cases}\frac{2}{\sqrt{\pi}}\mathrm{e}^{-y^2}, 0<y<+\infty;\\ 0, \text{其他}.\end{cases}$$

求 $Z=\sqrt{X^2+Y^2}$ 的概率密度.

解 由于 X 与 Y 相互独立，所以 X 与 Y 的联合概率密度为

$$f(x,y)=f_X(x)\cdot f_Y(y)=\begin{cases}\frac{4}{\pi}\mathrm{e}^{-(x^2+y^2)}, 0<x<+\infty, 0<y<+\infty;\\ 0, \text{其他}.\end{cases}$$

当 $z\leqslant 0$ 时，

$$F_Z(z)=P(Z\leqslant z)=P(\sqrt{X^2+Y^2}\leqslant z)=0;$$

由图 3.16，当 $z>0$ 时，

$$\begin{aligned}F_Z(z)&=P(Z\leqslant z)=P(\sqrt{X^2+Y^2}\leqslant z)\\&=P(X^2+Y^2\leqslant z^2)\\&=\iint\limits_{x^2+y^2\leqslant z^2} f(x,y)\mathrm{d}x\mathrm{d}y\end{aligned}$$

$$=\iint\limits_{\substack{x^2+y^2\leqslant z^2\\x>0,y>0}}\frac{4}{\pi}e^{-(x^2+y^2)}dxdy$$

$$=\frac{4}{\pi}\int_0^{\frac{\pi}{2}}d\theta\int_0^z e^{-\rho^2}\rho d\rho$$

$$=1-e^{-z^2}.$$

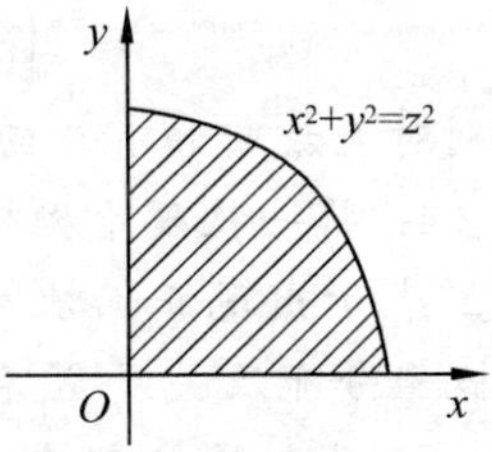

图 3.16

故 $Z=\sqrt{X^2+Y^2}$ 的概率密度为

$$f_Z(z)=F'_Z(z)=\begin{cases}2ze^{-z^2}, z>0;\\0, z\leqslant 0.\end{cases}$$

习题 3

1. 下述概率可用二维随机变量 (X,Y) 的分布函数 $F(x,y)$ 表示为

(1) $P(a<X\leqslant b, Y\leqslant b)=$________;

(2) $P(X>a, Y>b)=$____________.

2. 下列二元函数中，不能作为二维随机变量 (X,Y) 的分布函数的是(　　).

(A) $F(x,y)=\begin{cases}(1-e^{-x})(1-e^{-y}), & 0<x<+\infty, 0<y<+\infty\\0, & 其他\end{cases}$

(B) $F(x,y)=\frac{1}{\pi^2}\left(\frac{\pi}{2}+\arctan\frac{x}{2}\right)\left(\frac{\pi}{2}+\arctan\frac{y}{3}\right)$

(C) $F(x,y)=\begin{cases}1, x+2y\geqslant 1\\0, x+2y<1\end{cases}$

(D) $F(x,y)=\begin{cases}1-2^{-x}-2^{-y}+2^{-x-y}, x>0, y>0\\0, 其他\end{cases}$

3. 袋中有 10 个大小相同的球，其中 6 个红球，4 个白球，现随机地抽取 2 次，每次取 1 个. 记

$$X_i=\begin{cases}1,\text{第 } i \text{ 次取到红球},\\0,\text{第 } i \text{ 次取到白球},\end{cases}\quad i=1,2.$$

分别对无放回和有放回两种情况,求(X_1,X_2)的概率分布.

4. 将一枚硬币抛掷3次,以X表示3次中正面出现的次数,以Y表示出现正面次数与反面次数之差的绝对值,试求(X,Y)的概率分布及关于X和Y的边缘分布列.

5. 已知随机变量X和Y的分布列分别为

X	-1	0	1
p_k	0.25	0.5	0.25

Y	0	1
p_k	0.5	0.5

而且$P(XY=0)=1$,求:

(1) (X,Y)的概率分布;(2) $P(X\geqslant 0,Y\leqslant 1)$.

6. 设事件A,B满足$P(A)=\dfrac{1}{4},P(B|A)=P(A|B)=\dfrac{1}{2}$,令

$$X=\begin{cases}1,\text{若 } A \text{ 发生};\\0,\text{若 } A \text{ 不发生}.\end{cases}\quad Y=\begin{cases}1,\text{若 } B \text{ 发生};\\0,\text{若 } B \text{ 不发生}.\end{cases}$$

试求X与Y的联合分布列.

7. 已知$f_1(x),f_2(x)$分别为某个随机变量的密度函数,则$f(x,y)=f_1(x)f_2(y)+h(x,y)$为某个二维随机变量的联合概率密度的充要条件是(　　).

(A) $h(x,y)\geqslant 0$ 且 $\int_{-\infty}^{+\infty}\int_{-\infty}^{+\infty}h(x,y)\mathrm{d}x\mathrm{d}y=1$

(B) $h(x,y)\geqslant 0$ 且 $\int_{-\infty}^{+\infty}\int_{-\infty}^{+\infty}h(x,y)\mathrm{d}x\mathrm{d}y=0$

(C) $h(x,y)\geqslant -f_1(x)f_2(y)$ 且 $\int_{-\infty}^{+\infty}\int_{-\infty}^{+\infty}h(x,y)\mathrm{d}x\mathrm{d}y=1$

(D) $h(x,y)\geqslant -f_1(x)f_2(y)$ 且 $\int_{-\infty}^{+\infty}\int_{-\infty}^{+\infty}h(x,y)\mathrm{d}x\mathrm{d}y=0$

8. 设二维随机变量(X,Y)的概率密度为

$$f(x,y)=\begin{cases}Axy^2, 0\leqslant x\leqslant 2, 0\leqslant y\leqslant 1;\\ 0,\text{其他}.\end{cases}$$

(1) 求常数A；

(2) 求(X,Y)的分布函数$F(x,y)$；

(3) 求边缘密度$f_X(x)$及$f_Y(y)$；

(4) 求$P(|X|\leqslant 1,|Y|\leqslant 1)$.

9. 设随机变量(X,Y)的联合概率密度为

$$f(x,y)=\begin{cases}\frac{3}{\pi}(1-\sqrt{x^2+y^2}), x^2+y^2\leqslant 1;\\ 0, x^2+y^2>1.\end{cases}$$

求$P(X^2+Y^2\leqslant \frac{1}{4})$.

10. 设随机变量X与Y相互独立，$X\sim N(\mu,\sigma^2)$，$Y\sim U[-b,b]$，求(X,Y)的概率密度和条件概率密度.

11. 设X与Y相互独立，$X\sim U[0,1]$，Y服从参数为$\lambda=\frac{1}{2}$的指数分布.

(1) 求(X,Y)的概率密度；

(2) 求关于t的一元二次方程$t^2+2Xt+Y=0$有实根的概率.

12. 设(X,Y)在区域G上服从均匀分布，其中G由直线$y=-x$，$y=x$与$x=2$围成.

(1) 求X与Y的联合概率密度；

(2) 求关于X,Y的边缘概率密度；

(3) 问X与Y相互独立吗？

(4) 求条件概率密度$f_{X|Y}(x|1)$与$f_{X|Y}(x|y)$，其中$|y|<2$.

13. 设(X,Y)的概率密度为

$$f(x,y)=\begin{cases}6(1+x+y)^{-4},x>0,y>0;\\0,其他.\end{cases}$$

(1) 判断 X 与 Y 是否相互独立;

(2) 设 $Z=X+Y$,求 Z 的分布函数与概率密度;

(3) 求 $P(Z>1)$.

14. 设随机变量 $X\sim E(1)$,已知 $X=x$ 时,$Y\sim U[0,x]$,其中 $x>0$,求 X 与 Y 的联合概率密度.

15. 雷达的圆形屏幕半径为 r,假设目标出现点(X,Y)在屏幕上服从均匀分布,即联合概率密度为

$$f(x,y)=\begin{cases}\dfrac{1}{\pi r^2},x^2+y^2\leqslant r^2;\\0,其他.\end{cases}$$

(1) 求关于 X,Y 的边缘概率密度;

(2) 求条件概率密度;

(3) 问 X 与 Y 是否独立?

16. 假设(X,Y)为二维随机变量,则下列结论正确的是(　　).

(A) 如果(X,Y)服从二维正态分布,则 X 与 Y 一定独立

(B) 如果(X,Y)服从二维正态分布,则 X 与 Y 一定不独立

(C) 如果(X,Y)不服从二维正态分布,则 X 与 Y 一定都不服从正态分布

(D) 如果(X,Y)不服从二维正态分布,则 X 与 Y 不一定都不服从正态分布

17. 对一群体的吸烟与健康状况进行调查,引入随机变量 X,Y 如下:

$$X=\begin{cases}0,健康;\\1,一般;\\2,不健康.\end{cases}\quad Y=\begin{cases}0,不吸烟;\\10,每天吸烟\ 10\ 支左右;\\20,每天吸烟\ 20\ 支左右.\end{cases}$$

根据调查结果,得(X,Y)的概率分布为

X \ Y	0	10	20
0	0.25	0.05	0.05
1	0.05	0.15	0.05
2	0.05	0.10	0.25

(1) 写出关于 X,Y 的边缘分布列；

(2) 求 $P(X=2|Y=20)$.

18. 已知(X,Y)的概率分布为

Y \ X	1	2	3
2	0.10	0.20	0.10
4	0.15	0.30	0.15

(1) 求关于 X,Y 的边缘分布列；

(2) 求条件分布列；

(3) 问 X 与 Y 是否相互独立？

19. 从某厂生产的产品中随机取两件进行检查，设 X 为其中的合格品数，Y 为其中的优质品数，由资料表明(X,Y)的分布列为

Y \ X	0	1	2
0	0.01	0.036	0.0324
1	0	0.144	0.2592
2	0	0	0.5184

(1) 求合格品数小于1的概率；

(2) 求优质品数不大于1的概率；

(3) 求 $P(Y=1|X\geqslant 1)$.

20. 设某班车起点站上客人数 X 服从参数为 $\lambda(\lambda>0)$ 的泊松分布，每位乘客在中途下车的概率为 $p(0<p<1)$，且中途下车与否相互独立. 以 Y 表示在中途下车的人数，求：

(1) 在发车时有 n 个乘客的条件下，中途有 m 人下车的概率；

(2) 二维随机变量 (X,Y) 的概率分布.

21. 已知随机变量 X 与 Y 相互独立，下表给出了二维随机变量 (X,Y) 的分布列中的部分数值，试计算出表中空白处的 8 个数值并填入表中.

$X \backslash Y$	y_1	y_2	y_3	$P(X=x_i)$
x_1	$\frac{1}{8}$	$\frac{3}{8}$	$\frac{1}{4}$	
x_2			$\frac{1}{12}$	
$P(Y=y_j)$				

22. 设 X,Y 是相互独立的随机变量，它们分别服从参数为 λ_1,λ_2 的泊松分布，证明：$X+Y$ 服从参数为 $\lambda_1+\lambda_2$ 的泊松分布.

23. 设 X,Y 是相互独立的随机变量，它们都服从参数为 n,p 的二项分布，证明：$X+Y$ 服从参数为 $2n,p$ 的二项分布.

24. 设 (X,Y) 的分布列为

$X \backslash Y$	-1	1	2
-1	$\frac{5}{20}$	$\frac{2}{20}$	$\frac{6}{20}$
2	$\frac{3}{20}$	$\frac{3}{20}$	$\frac{1}{20}$

求:(1) $X+Y$ 的分布列;(2) $X-Y$ 的分布列.

25. 已知(X,Y)的分布列为

Y \ X	0	1	2	3
0	0.08	0.12	0.12	0.08
1	0.04	0.06	0.06	0.04
2	0.08	0.12	0.12	0.08

(1) 求关于 X,Y 的边缘分布列,并判断 X,Y 是否相互独立;

(2) 求 $Z=\max(X,Y)$的分布列;

(3) 求 $W=\min(X,Y)$的分布列.

26. 设 X_1,X_2,X_3,X_4 相互独立且同分布,$P(X_i=0)=0.6$, $P(X_i=1)=0.4,(i=1,2,3,4)$. 求行列式 $X=\begin{vmatrix} X_1 & X_2 \\ X_3 & X_4 \end{vmatrix}$ 的分布列.

27. 设 $X\sim U[0,1]$,$Y\sim E(1)$,且 X 与 Y 相互独立,$Z=X+Y$,求 Z的概率密度.

28. 设 $X\sim E(\lambda_1)$,$Y\sim E(\lambda_2)$,且 X 与 Y 相互独立,$Z=X+Y$,求 Z 的概率密度.

29. 设 X,Y 相互独立,都服从$[0,2]$上的均匀分布,$Z=|X-Y|$,求 Z 的分布函数和概率密度.

30. 设(X,Y)的概率密度为:

$$f(x,y)=\begin{cases} e^{-y}, 0<x<1, y>0; \\ 0, 其他. \end{cases}$$

(1) 求 $Z=2X+Y$ 的分布函数和概率密度;

(2) 求 $P(Z>3)$.

31. 设 X,Y 相互独立,且有相同的分布,其中

$$f_X(x)=\begin{cases}\dfrac{1000}{x^2}, x>1000;\\0, x\leqslant 1000.\end{cases}$$

$Z=\dfrac{Y}{X}$,求 Z 的分布函数和概率密度.

32. 设 X,Y 相互独立,都服从正态分布 $N(0,\sigma^2)$,$Z=\sqrt{X^2+Y^2}$,求 Z 的概率密度.

33. 设随机变量 X 与 Y 相互独立且都服从标准正态分布,则(　).

(A) $P(X+Y\geqslant 0)=\dfrac{1}{4}$

(B) $P(X-Y\geqslant 0)=\dfrac{1}{4}$

(C) $P(\max(X,Y)\geqslant 0)=\dfrac{1}{4}$

(D) $P(\min(X,Y)\geqslant 0)=\dfrac{1}{4}$

34. 设 X,Y 相互独立,且 $X\sim N(0,1)$,$Y\sim N(0,1)$,记

$$U=\begin{cases}0, X^2+Y^2\leqslant 1;\\1, X^2+Y^2>1.\end{cases}\quad V=\begin{cases}0, X^2+Y^2\leqslant 2;\\1, X^2+Y^2>2.\end{cases}$$

求二维随机变量 (U,V) 的分布列.

35. 已知 X 与 Y 相互独立,且 X 服从参数为 $p=\dfrac{3}{4}$ 的两点分布,$Y\sim U[0,1]$,求 $Z=X+Y$ 的分布函数.

第 4 章 随机变量的数字特征

随机变量的分布函数可完全地描述随机变量的统计规律,但在许多实际问题的研究中,人们更关注的是随机变量的数字特征.所谓随机变量的数字特征是指能刻画随机变量某些方面特征的数值.例如:衡量某一作物的新品种在某个地区的产量水平,关心的是该品种作物的平均亩产量;分析某班某门课程的考试成绩,既要知道该班学生的平均成绩,又要知道每位学生的考试成绩与平均成绩的偏离大小;在证券投资方面,既要关心股票的平均回收率,又要关心股票的回收率与平均回收率的偏离程度(这种偏离程度称为风险).随机变量的数字特征在概率论与数理统计的理论研究和实际应用中占有重要地位.本章将介绍常用的随机变量的数字特征:数学期望、方差、相关系数、矩以及常见分布的数字特征.

4.1 随机变量的数学期望

4.1.1 离散型随机变量的数学期望

为了说明什么是数学期望,先看下面的例子.

例 4.1 经长期观察积累,某射手在每次射击中命中的环数服从分布

X	0	1	2	…	10
$P(X=x_k)$	p_0	p_1	p_2	…	p_{10}

试问该射手在一次射击中平均命中的环数是多少?

解 容易想到:假定该射手进行了 N 次射击,那么约有 Np_0 次命中 0 环,Np_1 次命中 1 环,…,Np_{10} 次命中 10 环,因此 N 次射击命中的总环数为

$$0\cdot N\cdot p_0+1\cdot N\cdot p_1+2\cdot N\cdot p_2+\cdots+10\cdot N\cdot p_{10},$$

从而在一次射击中,平均命中的环数为

$$0p_0+1\cdot p_1+2\cdot p_2+\cdots+10\cdot p_{10},$$

它是 X 的可能取值与对应概率的乘积之和. 由此引进如下定义.

定义 4.1 设离散型随机变量 X 的分布列为

X	x_1	x_2	…	x_n	…
$P(X=x_k)$	p_1	p_2	…	p_n	…

若级数 $\sum\limits_{k=1}^{\infty}|x_k|p_k$ 收敛,则称 $\sum\limits_{k=1}^{\infty}x_kp_k$ 为 X 的**数学期望**,记为 $E(X)$. 简称为**期望**或**均值**. 即

$$E(X)=\sum_{k=1}^{\infty}x_kp_k. \tag{4.1}$$

数学期望是随机变量取值的以概率为权的加权平均.

例 4.2 从学校乘汽车到火车站的途中有 3 个交通岗,设在各交通岗遇到的红灯的事件是相互独立的,其概率为 $\frac{2}{5}$,试求途中遇到红灯次数的数学期望.

解 设 X 表示途中遇到的红灯数,于是 $X\sim B\left(3,\frac{2}{5}\right)$. X 的

分布列为

$$P(X=k)=C_3^k\left(\frac{2}{5}\right)^k\left(\frac{3}{5}\right)^{3-k},k=0,1,2,3,$$

即

X	0	1	2	3
$P(X=k)$	$\frac{7}{125}$	$\frac{54}{125}$	$\frac{36}{125}$	$\frac{8}{125}$

从而

$$E(X)=0\times\frac{7}{125}+1\times\frac{54}{125}+2\times\frac{36}{125}+3\times\frac{8}{125}=\frac{6}{5}.$$

4.1.2　连续型随机变量的数学期望

连续型随机变量的数学期望定义，可类比离散型随机变量的数学期望给出. 设 X 为连续型随机变量，概率密度为 $f(x)$. 在数轴上取定一个区间 $(a,b]$，再在 $(a,b]$ 上任插 $n-1$ 个分点：

$$a=x_0<x_1<x_2<\cdots<x_{n-1}<x_n=b,$$

则 X 落在任一小区间 $(x_{i-1},x_i]$ 内的概率为

$$\int_{x_{i-1}}^{x_i} f(x)\mathrm{d}x \approx f(x_i)(x_i-x_{i-1})=f(x_i)\Delta x_i,\quad i=1,2,\cdots,n.$$

把 X 近似看作一个离散型随机变量 $\widetilde{X}$，其分布列为

$\widetilde{X}$	x_1	x_2	$\cdots$	x_n
$P(\widetilde{X}=x_k)$	$f(x_1)\Delta x_1$	$f(x_2)\Delta x_2$	$\cdots$	$f(x_n)\Delta x_n$

则

$$E(\widetilde{X})=\sum_{k=1}^{n}x_kP(\widetilde{X}=x_k)=\sum_{k=1}^{n}x_kf(x_k)\Delta x_k.$$

如果分点无限加密，且 $a\to-\infty, b\to+\infty$，那么 $E(\widetilde{X})$ 的极限便是 $\int_{-\infty}^{+\infty}xf(x)\mathrm{d}x$. 因而有下述定义.

定义 4.2 设 X 为连续型随机变量，概率密度为 $f(x)$，若广义积分 $\int_{-\infty}^{+\infty}|x|f(x)\mathrm{d}x$ 收敛，则称积分值 $\int_{-\infty}^{+\infty}xf(x)\mathrm{d}x$ 为 X 的**数学期望**，简称为**期望或均值**，记为 $E(X)$，即

$$E(X)=\int_{-\infty}^{+\infty}xf(x)\mathrm{d}x. \tag{4.2}$$

例 4.3 若随机变量 X 的概率密度为

$$f(x)=\frac{1}{2\lambda}\mathrm{e}^{-\frac{|x-a|}{\lambda}}, -\infty<x<+\infty,$$

其中 a,λ 是常数且 $\lambda>0$（此分布称为**拉普拉斯分布**），求 $E(X)$.

解 $E(X)=\int_{-\infty}^{\infty}xf(x)\mathrm{d}x=\int_{-\infty}^{+\infty}x\cdot\frac{1}{2\lambda}\mathrm{e}^{-\frac{|x-a|}{\lambda}}\mathrm{d}x$,

令 $\frac{x-a}{\lambda}=t$，则

$$\begin{aligned}E(X)&=\frac{1}{2\lambda}\int_{-\infty}^{+\infty}\lambda(\lambda t+a)\mathrm{e}^{-|t|}\mathrm{d}t\\&=\frac{\lambda}{2}\int_{-\infty}^{\infty}t\mathrm{e}^{-|t|}\mathrm{d}t+\frac{a}{2}\int_{-\infty}^{+\infty}\mathrm{e}^{-|t|}\mathrm{d}t=a.\end{aligned}$$

例 4.4 设随机变量 X 服从**柯西分布**，即概率密度为

$$f(x)=\frac{1}{\pi(1+x^2)}, -\infty<x<+\infty,$$

试证 $E(X)$ 不存在.

解
$$\begin{aligned}\int_{-\infty}^{+\infty}|x|f(x)\mathrm{d}x&=\int_{-\infty}^{+\infty}|x|\cdot\frac{1}{\pi(1+x^2)}\mathrm{d}x\\&=\frac{2}{\pi}\int_{0}^{+\infty}\frac{x}{1+x^2}\mathrm{d}x\\&=\frac{1}{\pi}\ln(1+x^2)\Big|_{0}^{+\infty}.\end{aligned}$$

由于 $\lim\limits_{x\to+\infty}\frac{1}{\pi}\ln(1+x^2)$不存在，故 $E(X)$不存在.

4.1.3　随机变量函数的数学期望

设随机变量 Y 是随机变量 X 的函数，即 $Y=g(X)$. 若已知 X 的分布列或概率密度，则可以根据 X 的分布先求出 Y 的分布列或概率密度，然后根据公式(4.1)或(4.2)求出 $E(Y)$. 在实际计算中经常采用另一个计算公式，这就是下面的定理介绍的公式，我们不加证明地给出该定理.

定理 4.1　设 $g(x)$是连续函数，$Y=g(X)$是随机变量 X 的函数，

(1) 若 X 是离散型随机变量，其分布列为

$$P(X=x_k)=p_k, k=1,2,\cdots,$$

且级数 $\sum\limits_{k=1}^{\infty}|g(x_k)|p_k$ 收敛，则

$$E(Y)=E[g(X)]=\sum_{k=1}^{\infty}g(x_k)p_k. \tag{4.3}$$

(2) 若 X 是连续型随机变量，其概率密度为 $f(x)$，若广义积分 $\int_{-\infty}^{+\infty}|g(x)|f(x)\mathrm{d}x$ 收敛，则

$$E(Y)=E[g(X)]=\int_{-\infty}^{+\infty}g(x)f(x)\mathrm{d}x. \tag{4.4}$$

定理 4.1 可推广到多个随机变量函数的情况.

例如，$Z=g(X,Y)$是二维随机变量(X,Y)的函数，$g(x,y)$连续，若(X,Y)为离散型随机变量，其分布列为

$$P(X=x_i,Y=y_j)=p_{ij}, i,j=1,2,\cdots,$$

且级数 $\sum\limits_{j=1}^{\infty}\sum\limits_{i=1}^{\infty}|g(x_i,y_j)|p_{ij}$ 收敛，则

$$E(Z)=E[g(X,Y)]=\sum_{j=1}^{\infty}\sum_{i=1}^{\infty}g(x_i,y_j)p_{ij}. \tag{4.5}$$

若(X,Y)为二维连续型随机变量，其概率密度为$f(x,y)$，且广义积分$\int_{-\infty}^{+\infty}\int_{-\infty}^{+\infty}|g(x,y)|f(x,y)\mathrm{d}x\mathrm{d}y$收敛，则

$$E(Z)=E[g(X,Y)]=\int_{-\infty}^{+\infty}\int_{-\infty}^{+\infty}g(x,y)f(x,y)\mathrm{d}x\mathrm{d}y. \tag{4.6}$$

特别地，当$Z=g(X,Y)=X$或$Z=g(X,Y)=Y$时，则

$$E(X)=\int_{-\infty}^{+\infty}\int_{-\infty}^{+\infty}xf(x,y)\mathrm{d}x\mathrm{d}y, \tag{4.7}$$

$$E(Y)=\int_{-\infty}^{+\infty}\int_{-\infty}^{+\infty}yf(x,y)\mathrm{d}x\mathrm{d}y. \tag{4.8}$$

例 4.5 设随机变量X的分布列为

X	-1	0	1	2
$P(X=x_k)$	0.1	0.2	0.4	0.3

求$E(2X-1)$，$E(X^2)$.

解
$$E(2X-1)=[2\times(-1)-1]\times 0.1+(2\times 0-1)\times 0.2+(2\times 1-1)\times 0.4+(2\times 2-1)\times 0.3=0.8.$$

$$E(X^2)=(-1)^2\times 0.1+0^2\times 0.2+1^2\times 0.4+2^2\times 0.3=1.7.$$

例 4.6 设某种商品每周的需求量X是服从区间$[10,30]$上均匀分布的随机变量，而经销商店进货数量为区间$[10,30]$中的某一整数，已知商店每销售一单位的商品获利500元，若商品供大于求，则削价处理，每处理1单位商品亏损100元；若商品供不应求，则从外部调剂供应，此时每1单位商品仅获利300元. 为使商店获利的期望值不少于9280元，试确定最少进货量.

解 设进货量为a，利润为Y，则

$$Y=g(X)=\begin{cases}500a+(X-a)300, & a<X\leqslant 30;\\ 500X-(a-X)100, & 10\leqslant X\leqslant a.\end{cases}$$

即

$$g(x)=\begin{cases}300x+200a, a<x\leqslant 30;\\600x-100a, 10\leqslant x\leqslant a.\end{cases}$$

因为 $X\sim U[10,30]$,所以

$$f_X(x)=\begin{cases}\dfrac{1}{20}, 10\leqslant x\leqslant 30;\\0, \text{其他}.\end{cases}$$

由(4.4)式得,利润 Y 的期望为

$$\begin{aligned}E(Y)&=E[g(X)]=\int_{10}^{30}\frac{1}{20}\cdot g(x)\mathrm{d}x\\&=\frac{1}{20}\int_{10}^{a}(600x-100a)\mathrm{d}x+\frac{1}{20}\int_{a}^{30}(300x+200a)\mathrm{d}x\\&=-7.5a^2+350a+5250.\end{aligned}$$

依题意,应有

$$-7.5a^2+350a+5250\geqslant 9280,$$

解得

$$20\frac{2}{3}\leqslant a\leqslant 26.$$

即利润期望值不少于 9280 元的最少进货量为 21 单位.

例 4.7　设二维随机变量(X,Y)的概率密度为

$$f(x,y)=\begin{cases}2-x-y, 0\leqslant x\leqslant 2, 0\leqslant y\leqslant 1;\\0, \text{其他}.\end{cases}$$

求 $E(X)$,$E(XY)$.

解　由(4.7)和(4.6)式,得

$$E(X)=\int_0^1\int_0^2 x(2-x-y)\mathrm{d}x\mathrm{d}y=\frac{1}{3},$$

$$E(XY)=\int_0^1\int_0^2 xy(2-x-y)\mathrm{d}x\mathrm{d}y=0.$$

例 4.8　设随机变量 X 和 Y 独立,且都服从 $N(0,1)$分布,求

$E[\max(X,Y)]$.

解 由于 X 和 Y 独立，且都服从 $N(0,1)$ 分布，所以 X 与 Y 的联合概率密度为

$$f(x,y)=\frac{1}{2\pi}\mathrm{e}^{-\frac{x^2+y^2}{2}},-\infty<x<+\infty,-\infty<y<+\infty.$$

由(4.6)式及图 4.1，得：

$$\begin{aligned}
&E[\max(X,Y)]\\
&=\frac{1}{2\pi}\int_{-\infty}^{+\infty}\int_{-\infty}^{+\infty}\max(x,y)\mathrm{e}^{-\frac{x^2+y^2}{2}}\mathrm{d}x\mathrm{d}y\\
&=\frac{1}{2\pi}\int_{-\infty}^{+\infty}\mathrm{e}^{-\frac{y^2}{2}}\mathrm{d}y\int_{y}^{+\infty}x\mathrm{e}^{-\frac{x^2}{2}}\mathrm{d}x\\
&\quad+\frac{1}{2\pi}\int_{-\infty}^{+\infty}\mathrm{e}^{-\frac{x^2}{2}}\mathrm{d}x\int_{x}^{+\infty}y\mathrm{e}^{-\frac{y^2}{2}}\mathrm{d}y\\
&=\frac{1}{2\pi}\int_{-\infty}^{+\infty}\mathrm{e}^{-y^2}\mathrm{d}y+\frac{1}{2\pi}\int_{-\infty}^{+\infty}\mathrm{e}^{-x^2}\mathrm{d}x\\
&=\frac{1}{\pi}\sqrt{\pi}=\frac{1}{\sqrt{\pi}}.
\end{aligned}$$

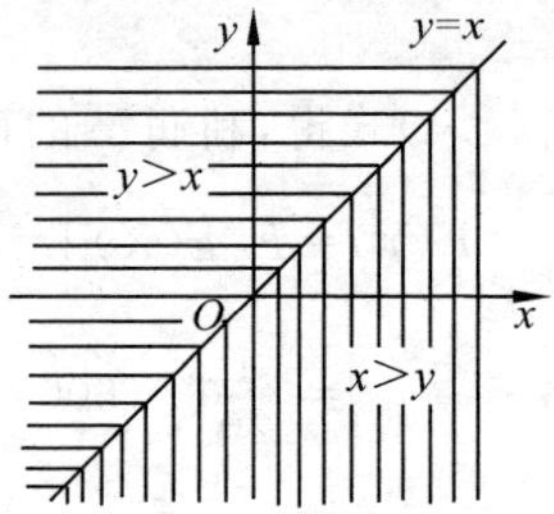

图 4.1

4.1.4 数学期望的性质

定理 4.2 数学期望具有下列性质：

(1) $E(C)=C$；

(2) $E(CX)=CE(X)$；

(3) $E(X+Y)=E(X)+E(Y)$；

(4) 若 X 与 Y 相互独立，则 $E(XY)=E(X)\cdot E(Y)$；

(5) 若 $X\geqslant 0$，则 $E(X)\geqslant 0$；若 $X_1\geqslant X_2$，则 $E(X_1)\geqslant E(X_2)$；

(6) $|E(X)|\leqslant E(|X|)$.

(7) 柯西—施瓦茨(Cauchy-Schwarz)不等式：若 $E(X^2)$，$E(Y^2)$都存在，则 $E(XY)$存在，且

$$E^2(XY)\leqslant E(X^2)E(Y^2).$$

其中上面(1)，(2)两式中的 C 为常数，各式所提及的数学期

望都假定存在.

证　(1) 把常数 C 当作随机变量 X,则是一个离散型随机变量,它只有一个可能取值 C,且 $P(X=C)=1$. 因此

$$E(X)=E(C)=C\times 1=C.$$

(2) 当 X 为离散型随机变量,其分布列为

$$P(X=x_k)=p_k,k=1,2,\cdots,$$

则
$$E(CX)=\sum_{k=1}^{\infty}Cx_k p_k=C\sum_{k=1}^{\infty}x_k p_k=CE(X);$$

当 X 为连续型随机变量,概率密度为 $f(x)$,则

$$E(CX)=\int_{-\infty}^{+\infty}cxf(x)\mathrm{d}x=C\int_{-\infty}^{+\infty}xf(x)\mathrm{d}x=CE(X).$$

以下仅对连续型随机变量的情况给出证明,离散型的情况,只需将积分换为相应的求和即可.

(3) 设(X,Y)的概度密度为 $f(x,y)$,关于 X,Y 的边缘密度为$f_X(x)$, $f_Y(y)$,则

$$\begin{aligned}E(X+Y)&=\int_{-\infty}^{+\infty}\int_{-\infty}^{+\infty}(x+y)f(x,y)\mathrm{d}x\mathrm{d}y\\&=\int_{-\infty}^{+\infty}\int_{-\infty}^{+\infty}xf(x,y)\mathrm{d}x\mathrm{d}y+\int_{-\infty}^{+\infty}\int_{-\infty}^{+\infty}yf(x,y)\mathrm{d}x\mathrm{d}y\\&=\int_{-\infty}^{+\infty}xf_X(x)\mathrm{d}x+\int_{-\infty}^{+\infty}yf_Y(y)\mathrm{d}y\\&=E(X)+E(Y).\end{aligned}$$

(4) 因为 X 与 Y 相互独立,所以联合概率密度与边缘概率密度满足

$$f(x,y)=f_X(x)\cdot f_Y(y),$$

则

$$\begin{aligned}E(XY)&=\int_{-\infty}^{+\infty}\int_{-\infty}^{+\infty}xyf(x,y)\mathrm{d}x\mathrm{d}y\\&=\int_{-\infty}^{+\infty}\int_{-\infty}^{+\infty}xyf_X(x)f_Y(y)\mathrm{d}x\mathrm{d}y\end{aligned}$$

$$= \int_{-\infty}^{+\infty} x f_X(x) \mathrm{d}x \int_{-\infty}^{+\infty} y f_Y(y) \mathrm{d}y$$
$$= E(X) \cdot E(Y).$$

(5) 当 $X \geqslant 0$ 时,由 $E(X)$ 的定义可知 $E(X) \geqslant 0$. 若 $X_1 \geqslant X_2$,则 $X_1 - X_2 \geqslant 0$,从而 $E(X_1 - X_2) \geqslant 0$,故 $EX_1 \geqslant EX_2$.

(6) 因为 $-|X| \leqslant X \leqslant |X|$,由性质(5)及(2)知 $-E(|X|) \leqslant E(X) \leqslant E(|X|)$,从而 $|E(X)| \leqslant E(|(X)|)$.

(7) 考虑实变量 t 的二次函数

$$g(t) = E(tX - Y)^2 = t^2 E(X^2) - 2tE(XY) + E(Y^2).$$

对一切 t,均有 $g(t) \geqslant 0$. 令 $g(t) = 0$,此方程或无实根,或只有一个二重根. 故由一元二次方程有实根的判别条件,有

$$[E(XY)]^2 - E(X^2)E(Y^2) \leqslant 0,$$

即

$$[E(XY)]^2 \leqslant E(X^2)E(Y^2).$$

定理 4.2 中的性质(3)可推广到任意有限个随机变量之和的情形;性质(4)可推广到任意有限个相互独立的随机变量之积的情形.

熟练掌握以上性质,对于求随机变量的期望,在某些场合下,可降低计算难度和复杂性.

例 4.8 一民航送客车载有 20 位旅客自机场开出,旅客有 10 个车站可以下车. 如到达一个车站没有旅客下车就不停车. 以 X 表示停车的次数,求 $E(X)$(设每位旅客在各个车站下车是等可能的,并设各旅客是否下车相互独立).

解 设

$$X_i = \begin{cases} 0, \text{在第 } i \text{ 站没有人下车}, \\ 1, \text{在第 } i \text{ 站有人下车}, \end{cases} \quad i = 1, 2, \cdots, 10.$$

则 $X = X_1 + X_2 + \cdots + X_{10}$.

由题意,任一旅客在第 i 站不下车的概率为 $\frac{9}{10}$,因此 20 位旅

客在第 i 站都不下车的概率为 $\left(\frac{9}{10}\right)^{20}$，在第 i 车站有人下车的概率为 $1-\left(\frac{9}{10}\right)^{20}$，即

$$P(X_i=0)=\left(\frac{9}{10}\right)^{20},P(X_i=1)=1-\left(\frac{9}{10}\right)^{20},i=1,2,\cdots,10.$$

由此可得

$$E(X_i)=1-\left(\frac{9}{10}\right)^{20},i=1,2,\cdots,10.$$

从而

$$\begin{aligned}E(X)&=E(X_1+X_2+\cdots+X_{10})\\&=E(X_1)+E(X_2)+\cdots+E(X_{10})\\&=10\times\left[1-\left(\frac{9}{10}\right)^{20}\right]=8.784(\text{次}).\end{aligned}$$

4.2　随机变量的方差

4.2.1　随机变量的方差

随机变量的数学期望描述了随机变量取值的平均情况，但在刻画随机变量的性质时，有时只知道数学期望是不够的. 例如，考察一批灯泡的质量，我们不但要知道它的平均寿命，而且还要知道每个灯泡寿命与平均寿命的偏离程度，因为这反映了生产质量的稳定性. 那么，用怎样的量去刻画随机变量 X 的取值与其数学期望 $E(X)$ 的偏离程度呢？我们自然想到了用 $E[|X-E(X)|]$，其中 $X-E(X)$ 取绝对值是为了克服差值的正、负项相抵消，对 $|X-E(X)|$ 求数学期望是考虑到随机变量的取值与对应的概率有关这种因素. 但由于 $|X-E(X)|$ 在运算中不方便，故改用 $[X-E(X)]^2$ 来消去符号，然后再求期望 $E[X-E(X)]^2$，用它来表示 X 与 $E(X)$ 的平均偏离程度. 因此引进如下定义.

定义 4.3 设 X 是一个随机变量，若 $E[X-E(X)]^2$ 存在，则称它为 X 的**方差**，记为 $D(X)$. 即

$$D(X)=E[X-E(X)]^2. \tag{4.9}$$

方差的算术平方根 $\sqrt{D(X)}$ 称为 X 的**标准差或均方差**.

随机变量的方差 $D(X)$ 刻画了 X 的取值与数学期望的偏离程度，也就是 X 取值的分散程度，$D(X)$ 愈小，X 取值愈集中；$D(X)$ 愈大，X 的取值愈分散. 在工程技术中广泛地使用标准差，因为它与随机变量本身有相同的量纲，但在理论推导中，使用方差较方便.

若 X 是离散型随机变量，分布列为

$$P(X=x_k)=p_k, k=1,2,\cdots,$$

则由(4.9)及(4.3)式，有

$$D(X)=E[X-E(X)]^2=\sum_{k=1}^{\infty}[x_k-E(X)]^2 p_k. \tag{4.10}$$

若 X 是连续型随机变量，其概率密度为 $f(x)$，则由(4.9)及(4.4)式，有

$$D(X)=E[X-E(X)]^2=\int_{-\infty}^{+\infty}[x-E(X)]^2 f(x)\mathrm{d}x. \tag{4.11}$$

由方差定义和数学期望的性质可得

$$D(X)=E(X^2)-E^2(X) \tag{4.12}$$

事实上，

$$\begin{aligned} D(X)&=E[X-E(X)]^2=E[X^2-2XE(X)+E^2(X)]\\ &=E(X^2)-2E(X)E(X)+E^2(X)\\ &=E(X^2)-E^2(X). \end{aligned}$$

一般地，利用(4.12)式计算方差比较方便.

例 4.9 设随机变量 X 服从几何分布，即

$$P(X=k)=p(1-p)^{k-1}, k=1,2,\cdots,$$

其中 $0<p<1$ 为常数，求 $E(X)$，$D(X)$.

解　记 $q=1-p$，则

$$E(X)=\sum_{k=1}^{\infty}kpq^{k-1}=p\Big(\sum_{k=1}^{\infty}q^{k}\Big)'$$
$$=p\cdot\left(\frac{q}{1-q}\right)'=\frac{1}{p}.$$

$$E(X^{2})=\sum_{k=1}^{\infty}k^{2}pq^{k-1}=\sum_{k=1}^{\infty}k(k-1)pq^{k-1}+\sum_{k=1}^{\infty}kpq^{k-1}$$
$$=pq\sum_{k=2}^{\infty}k(k-1)q^{k-2}+\frac{1}{p}=pq\Big(\sum_{k=2}^{\infty}q^{k}\Big)''+\frac{1}{p}$$
$$=\frac{2q}{p^{2}}+\frac{1}{p}=\frac{2-p}{p^{2}}.$$

于是

$$D(X)=E(X^{2})-[E(X)]^{2}=\frac{2-p}{p^{2}}-\frac{1}{p^{2}}=\frac{1-p}{p^{2}}.$$

例 4.10　设随机变量 X 的概率密度为

$$f(x)=\begin{cases}2x, & 0<x<1;\\ 0, & \text{其他}.\end{cases}$$

求 $D(X)$.

解　$E(X)=\int_{0}^{1}x2x\mathrm{d}x=\frac{2}{3}$,

$$E(X^{2})=\int_{0}^{1}x^{2}2x\mathrm{d}x=\frac{1}{2},$$

于是

$$D(X)=E(X^{2})-[E(X)]^{2}=\frac{1}{2}-\left(\frac{2}{3}\right)^{2}=\frac{1}{18}.$$

4.2.2　方差的性质

定理 4.3　随机变量的方差具有如下性质：

(1) $D(C)=0$；

(2) $D(CX)=C^{2}D(X)$；

(3) 若 X 与 Y 相互独立，则

$$D(X+Y)=D(X)+D(Y);$$

(4) $D(X)=0$ 的充要条件是存在常数 C,使 $P(X=C)=1$.

其中上面(1),(2)式中的 C 为常数,各式所提及的方差都假定存在.

证 (1) $D(C)=E[C-E(C)]^2=E(C-C)^2=0$.

(2) $$\begin{aligned}D(CX)&=E[CX-E(CX)]^2=E[CX-CE(X)]^2\\&=E(C^2[X-E(X)]^2)=C^2E[X-E(X)]^2\\&=C^2D(X).\end{aligned}$$

(3) $$\begin{aligned}D(X+Y)&=E[(X+Y)-E(X+Y)]^2\\&=E[(X-E(X)+(Y-E(Y))]^2\\&=E\{[X-E(X)]^2+2[X-E(X)]\\&\quad[Y-E(Y)]+[Y-E(Y)]^2\}\\&=E[X-E(X)]^2+2E\{[X-E(X)]\\&\quad[Y-E(Y)]\}+E[Y-E(Y)]^2.\end{aligned}$$

因为 X 与 Y 相互独立,所以 $X-E(X)$ 与 $Y-E(Y)$ 也独立,则

$$E\{[X-E(X)][Y-E(Y)]\}=E[X-E(X)]\cdot E[Y-E(Y)]=0,$$

从而

$$D(X+Y)=D(X)+D(Y).$$

(4) 证明从略.

性质(3)可推广到任意有限多个相互独立的随机变量之和的情形.

例 4.11 设随机变量 X 的期望和方差都存在,且 $D(X)>0$,令 $Y=\dfrac{X-E(X)}{\sqrt{D(X)}}$,证明:$E(Y)=0,D(Y)=1$.

证 $$E(Y)=E\left[\frac{X-E(X)}{\sqrt{D(X)}}\right]=\frac{1}{\sqrt{D(X)}}[E(X)-E(X)]=0,$$

$$D(Y)=D\left[\frac{X-E(X)}{\sqrt{D(X)}}\right]=\frac{D[X-E(X)]}{D(X)}=\frac{D(X)}{D(X)}=1.$$

将本例中 Y 称为对应于 X 的**标准化随机变量**,它是无量纲

的. 因此用它可把不同单位的量进行加减、比较.

例 4.12　设随机变量 $X_1,X_2,\cdots,X_n$ 相互独立,$E(X_i)=\mu$,$D(X_i)=\sigma^2(i=1,2,\cdots,n)$,令 $\overline{X}=\frac{1}{n}\sum_{i=1}^{n}X_i$,求 $E(\overline{X})$,$D(\overline{X})$.

解　$E(\overline{X})=E\left(\frac{1}{n}\sum_{i=1}^{n}X_i\right)=\frac{1}{n}\sum_{i=1}^{n}E(X_i)=\mu$;

$$D(\overline{X})=D\left(\frac{1}{n}\sum_{i=1}^{n}X_i\right)=\frac{1}{n^2}\sum_{i=1}^{n}D(X_i)=\frac{\sigma^2}{n}.$$

当我们进行精密测量时,为了减少随机误差,往往是重复测量多次,然后取其结果的平均值. 本例给出了这种做法的一个合理解释. 设被测量的真值为 μ,由于有随机误差,n 次测量结果 $X_1,X_2,\cdots,X_n$ 是 n 个随机变量,均值都为 μ,在测量条件保持不变,且每次测量都是"独立"进行的情况下,$X_1,X_2,\cdots,X_n$ 是独立的,有相同的分布. 这样,当 $n=1$ 时,测量结果 X_1 在真值 u 周围取值,方差为 $D(X_1)=\sigma^2$,当 $n>1$ 时,n 次测量结果的平均值仍在真值 μ 周围取值,但方差为$\frac{\sigma^2}{n}$,比 σ^2 小,因此 $\overline{X}$ 更有可能取得接近真值 μ 的值.

4.2.3　切比雪夫不等式

下面介绍一个重要的不等式.

定理 4.4　设随机变量 X 具有数学期望 $E(X)=\mu$,方差 $D(X)=\sigma^2$,则对任意 $\varepsilon>0$,不等式

$$P(|X-E(X)|\geqslant\varepsilon)\leqslant\frac{D(X)}{\varepsilon^2}\tag{4.13}$$

成立.

这一不等式称为**切比雪夫不等式**.

证　对 X 是连续型的情况证明. 设 X 的概率密度为 $f(x)$,则对任意 $\varepsilon>0$,有

$$\begin{aligned}P(|X-E(X)|\geqslant\varepsilon)&=\int\limits_{|x-E(X)|\geqslant\varepsilon}f(x)\mathrm{d}x\\&\leqslant\frac{1}{\varepsilon^2}\int\limits_{|x-E(X)|\geqslant\varepsilon}[x-E(X)]^2f(x)\mathrm{d}x\\&\leqslant\frac{1}{\varepsilon^2}\int_{-\infty}^{+\infty}[x-E(X)]^2f(x)\mathrm{d}x\\&=\frac{D(X)}{\varepsilon^2}.\end{aligned}$$

这个不等式给出了在随机变量 X 的分布未知的情况下事件 $\{|X-E(X)|\geqslant\varepsilon\}$的概率的一种估计方法.

例 4.13 已知某厂一周的产量是均值等于 50 的随机变量，若已知周产量的方差等于 25，则关于这一周的产量将在 40 到 60 之间的概率至少有多大?

解 设 X 为周产量，由切比雪夫不等式，得

$$P(|X-50|\geqslant10)\leqslant\frac{D(X)}{10^2}=\frac{1}{4},$$

$$P(|X-50|<10)\geqslant1-\frac{1}{4}=\frac{3}{4}.$$

可见，这一周的产量在 40 到 60 之间的概率至少为 0.75.

4.3 常见随机变量的数学期望与方差

4.3.1 二项分布

设随机变量 $X\sim B(n,p)$，即

$P(X=k)=C_n^kp^kq^{n-k},k=0,1,2,\cdots,n,0<p<1,q=1-p.$

则

$$E(X)=\sum_{k=0}^{n}kP(X=k)=\sum_{k=0}^{n}kC_n^kp^kq^{n-k}$$

$$
\begin{aligned}
&= \sum_{k=1}^{n} k \frac{n!}{k!(n-k)!} p^k q^{n-k} = np \sum_{k=1}^{n} C_{n-1}^{k-1} p^{k-1} q^{n-k} \\
&= np \sum_{k=0}^{n-1} C_{n-1}^{k} p^k q^{n-1-k} = np(p+q)^{n-1} = np.
\end{aligned}
$$

$$
\begin{aligned}
E(X^2) &= \sum_{k=0}^{n} k^2 p_k = \sum_{k=0}^{n} k^2 C_n^k p^k q^{n-k} \\
&= \sum_{k=1}^{n} k \frac{n!}{(k-1)!(n-k)!} p^k q^{n-k} \\
&= \sum_{k=1}^{n} (k-1) \frac{n!}{(k-1)!(n-k)!} p^k q^{n-k} \\
&\quad + \sum_{k=1}^{n} \frac{n!}{(k-1)!(n-k)!} p^k q^{n-k} \\
&= np[(n-1)p+1],
\end{aligned}
$$

由 $D(X)=E(X^2)-E^2(X)$,得

$$D(X)=npq.$$

特别地,当 $X\sim(0—1)$时,

$$E(X)=p, D(X)=pq.$$

4.3.2　泊松分布

设随机变量 $X\sim P(\lambda)$,即其分布列为

$$P(X=k)=\frac{\lambda^k e^{-\lambda}}{k!}, k=0,1,2,\cdots.$$

则

$$
\begin{aligned}
E(X) &= \sum_{k=0}^{\infty} k p_k = \sum_{k=0}^{\infty} k \frac{\lambda^k}{k!} e^{-\lambda} = e^{-\lambda} \lambda \sum_{k=1}^{\infty} \frac{\lambda^{k-1}}{(k-1)!} \\
&= \lambda e^{-\lambda} e^{\lambda} = \lambda,
\end{aligned}
$$

$$
\begin{aligned}
E(X^2) &= \sum_{k=0}^{\infty} k^2 p_k = \lambda \sum_{k=1}^{\infty} k e^{-\lambda} \frac{\lambda^{k-1}}{(k-1)!} \\
&= \lambda \sum_{k=0}^{\infty} (k+1) e^{-\lambda} \frac{\lambda^k}{k!}
\end{aligned}
$$

$$= \lambda\left[e^{-\lambda}\sum_{k=0}^{\infty}k\frac{\lambda^k}{k!}+e^{-\lambda}\sum_{k=0}^{\infty}\frac{\lambda^k}{k!}\right]$$

$$= \lambda(\lambda+1) = \lambda^2+\lambda,$$

从而

$$D(X)=E(X^2)-E^2(X)=\lambda.$$

4.3.3　均匀分布

设随机变量 $X\sim U[a,b]$,即其概率密度为

$$f(x)=\begin{cases}\dfrac{1}{b-a}, a\leqslant x\leqslant b;\\ 0,\text{其他}.\end{cases}$$

则有

$$E(X)=\int_{-\infty}^{+\infty}xf(x)\mathrm{d}x=\int_a^b\frac{x}{b-a}\mathrm{d}x=\frac{a+b}{2},$$

$$E(X^2)=\int_{-\infty}^{+\infty}x^2f(x)\mathrm{d}x=\int_a^b\frac{x^2}{b-a}\mathrm{d}x=\frac{b^2+ab+a^2}{3},$$

从而

$$D(X)=E(X^2)-E^2(X)=\frac{(b-a)^2}{12}.$$

4.3.4　指数分布

设随机变量 $X\sim E(\lambda)$,即其概率密度为

$$f(x)=\begin{cases}\lambda e^{-\lambda x}, x>0,\\ 0,\text{其他}.\end{cases}$$

则有

$$E(X)=\int_{-\infty}^{+\infty}xf(x)\mathrm{d}x=\int_0^{+\infty}\lambda x e^{-\lambda x}\mathrm{d}x=-\int_0^{+\infty}x\mathrm{d}e^{-\lambda x}$$

$$=[-xe^{-\lambda x}]_0^{+\infty}+\int_0^{+\infty}e^{-\lambda x}\mathrm{d}x=\frac{1}{\lambda},$$

$$E(X^2)=\int_{-\infty}^{+\infty}x^2f(x)\mathrm{d}x=\int_0^{+\infty}\lambda x^2e^{-\lambda x}\mathrm{d}x$$

$$=-\int_{0}^{+\infty} x^2 \mathrm{d}\mathrm{e}^{-\lambda x} = \left[-x^2 \mathrm{e}^{-\lambda x}\right]_0^{+\infty} + \int_0^{+\infty} 2x\mathrm{e}^{-\lambda x}\mathrm{d}x$$

$$=\frac{2}{\lambda}\int_0^{+\infty} \lambda x \mathrm{e}^{-\lambda x}\mathrm{d}x = \frac{2}{\lambda^2},$$

于是

$$D(X)=E(X^2)-E^2(X)=\frac{1}{\lambda^2}.$$

4.3.5　正态分布

设随机变量 $X\sim N(\mu,\sigma^2)$，即其概率密度为

$$f(x)=\frac{1}{\sqrt{2\pi}\sigma}\mathrm{e}^{-\frac{(x-\mu)^2}{2\sigma^2}},-\infty<x<+\infty,$$

则

$$E(X)=\int_{-\infty}^{+\infty} xf(x)\mathrm{d}x = \frac{1}{\sqrt{2\pi}\sigma}\int_{-\infty}^{+\infty} x\mathrm{e}^{-\frac{1}{2}\left(\frac{x-\mu}{\sigma}\right)^2}\mathrm{d}x$$

$$=\frac{1}{\sqrt{2\pi}}\int_{-\infty}^{+\infty}(\sigma t+\mu)\mathrm{e}^{-\frac{t^2}{2}}\mathrm{d}t$$

$$=\frac{1}{\sqrt{2\pi}}\int_{-\infty}^{+\infty}\sigma t\mathrm{e}^{-\frac{t^2}{2}}\mathrm{d}t+\frac{\mu}{\sqrt{2\pi}}\int_{-\infty}^{+\infty}\mathrm{e}^{-\frac{t^2}{2}}\mathrm{d}t$$

$$=\frac{\mu}{\sqrt{2\pi}}\cdot\sqrt{2\pi}=\mu,$$

$$D(X)=\int_{-\infty}^{+\infty}(x-\mu)^2 f(x)\mathrm{d}x$$

$$=\int_{-\infty}^{+\infty}(x-\mu)^2\frac{1}{\sqrt{2\pi}\sigma}\mathrm{e}^{-\frac{1}{2}\left(\frac{x-\mu}{\sigma}\right)^2}\mathrm{d}x$$

$$=\frac{\sigma^2}{\sqrt{2\pi}}\int_{-\infty}^{+\infty}t^2\mathrm{e}^{-\frac{t^2}{2}}\mathrm{d}t=\frac{1}{\sqrt{2\pi}}\sigma^2\sqrt{2\pi}=\sigma^2.$$

本书末附表1中列出了多种常用的随机变量的数学期望和方差，供读者查用. 下面我们再给出几个常用随机变量数字特征应用的举例.

例 4.14 设随机变量$(X,Y)\sim N(a,b,\sigma_1^2,\sigma_2^2,\rho)$，求 $E(2X-3Y+1)$.

解 因为$(X,Y)\sim N(a,b,\sigma_1^2,\sigma_2^2,\rho)$，所以 $X\sim N(a,\sigma_1^2)$，$Y\sim N(b,\sigma_2^2)$，且 $E(X)=a$，$E(Y)=b$. 由数学期望的性质得

$$E(2X-3Y+1)=2E(X)-3E(Y)+1=2a-3b+1.$$

例 4.15 设 X_1,X_2,X_3 相互独立，且 $X_1\sim U[0,6]$，$X_2\sim N(0,2^2)$，$X_3\sim P(3)$，记 $Y=X_1-2X_2+3X_3$，求 $D(Y)$.

解 因为 $X_1\sim U(0,6)$，$X_2\sim N(0,2^2)$，$X_3\sim P(3)$，所以 $D(X_1)=\dfrac{6^2}{12}=3$，$D(X_2)=2^2=4$，$D(X_3)=3$.

由于 X_1,X_2,X_3 相互独立，所以根据方差的性质得

$$\begin{aligned}D(Y)&=D(X_1-2X_2+3X_3)=D(X_1)+4D(X_2)+9D(X_3)\\&=3+4\times4+9\times3=46.\end{aligned}$$

例 4.16 设随机变量 X 服从参数为 λ 的指数分布，求

$$P(X>\sqrt{D(X)}).$$

解 因为 $X\sim E(\lambda)$，所以 X 的分布函数为

$$F(x)=\begin{cases}1-\mathrm{e}^{-\lambda x},x>0;\\0,x\leqslant 0.\end{cases}$$

且 $D(X)=\dfrac{1}{\lambda^2}$，从而

$$\begin{aligned}P(X>\sqrt{D(X)})&=1-P(X\leqslant\sqrt{D(X)})=1-P\left(X\leqslant\frac{1}{\lambda}\right)\\&=1-F\left(\frac{1}{\lambda}\right)=1-(1-\mathrm{e}^{-1})\\&=\frac{1}{\mathrm{e}}.\end{aligned}$$

4.4 协方差和相关系数

对于二维随机变量(X,Y)的情形，$E(X)$，$D(X)$，$E(Y)$，$D(Y)$

这些数字特征只反映了 X 和 Y 各自取值的集中位置及其取值对集中位置的偏离程度，没有反映出 X 与 Y 之间的关系. 本节将引入一个新的描述 X 与 Y 之间关系的数字特征. 回想一下，在推导方差性质(3)时，曾经得到：若 X 与 Y 相互独立，则

$$E\{[X-E(X)][Y-E(Y)]\}=0.$$

这意味着，若 $E\{[X-E(X)][Y-E(Y)]\}\neq 0$，则 X 与 Y 必然不独立，而是存在着一定的联系. 因此，量 $E\{[X-E(X)][Y-E(Y)]\}$ 可以用来描述两随机变量 X 与 Y 间的联系程度，于是我们给出下列概念.

4.4.1　协方差

定义 4.4　设 (X,Y) 是二维随机变量，若

$$E\{[X-E(X)][Y-E(Y)]\}$$

存在，则称它为随机变量 X 与 Y 的**协方差**，记为 $\mathrm{cov}(X,Y)$，即

$$\mathrm{cov}(X,Y)=E\{[X-E(X)][Y-E(Y)]\}. \tag{4.14}$$

显然，$\mathrm{cov}(X,X)=D(X)$.

协方差实质上是二维随机变量函数 $g(X,Y)=[X-E(X)][Y-E(Y)]$ 的期望，一般可按(4.5)或(4.6)式计算. 但是，实际计算时用得更多的是下列公式：

$$\mathrm{cov}(X,Y)=E(XY)-E(X)E(Y). \tag{4.15}$$

这是因为

$$\begin{aligned}\mathrm{cov}(X,Y)&=E\{[X-E(X)][Y-E(Y)]\}\\&=E[XY-XE(Y)-YE(X)+E(X)E(Y)]\\&=E(XY)-E(X)E(Y).\end{aligned}$$

例 4.17　设 (X,Y) 的分布列为

$X \backslash Y$	-2	0	1
-1	0.30	0.12	0.18
1	0.10	0.18	0.12

求 X 与 Y 的协方差 $\mathrm{cov}(X,Y)$.

解　由 X 与 Y 的联合分布列得关于 X,Y 的边缘分布列分别为

X	-1	1
$P(X=x_k)$	0.60	0.40

Y	-2	0	1
$P(Y=y_k)$	0.40	0.30	0.30

$$E(X)=-1\times 0.60+1\times 0.40=-0.20,$$
$$E(Y)=-2\times 0.40+0\times 0.30+1\times 0.30=-0.5,$$
$$\begin{aligned}E(XY)=&(-1)\times(-2)\times 0.3+(-1)\times 0\times 0.12\\&+(-1)\times 1\times 0.18+1\times(-2)\times 0.10\\&+1\times 0\times 0.18+1\times 1\times 0.12=0.34.\end{aligned}$$

由(4.15)式得

$$\begin{aligned}\mathrm{cov}(X,Y)&=E(XY)-E(X)E(Y)\\&=0.34-(-0.20)\times(-0.5)=0.24.\end{aligned}$$

例 4.18　设 $(X,Y)\sim N(\mu_1,\mu_2,\sigma_1^2,\sigma_2^2,\rho)$，求 $\mathrm{cov}(X,Y)$.

解　$\mathrm{cov}(X,Y)$

$$=\int_{-\infty}^{+\infty}\int_{-\infty}^{+\infty}[x-E(X)][Y-E(Y)]f(x,y)\mathrm{d}x\mathrm{d}y$$

$$=\int_{-\infty}^{+\infty}\int_{-\infty}^{+\infty}(x-\mu_1)(y-\mu_2)\frac{1}{2\pi\sigma_1\sigma_2\sqrt{1-\rho^2}}$$

$$\cdot \mathrm{e}^{-\frac{1}{2(1-\rho^2)}\left[\frac{(x-\mu_1)^2}{\sigma_1^2}-2\rho\frac{(x-\mu_1)(y-\mu_2)}{\sigma_1\sigma_2}+\frac{(y-\mu_2)^2}{\sigma_2^2}\right]}\mathrm{d}x\mathrm{d}y$$

令 $u=\dfrac{x-\mu_1}{\sigma_1},v=\dfrac{y-\mu_2}{\sigma_2}$，则

$$
\begin{aligned}
&\operatorname{cov}(X,Y)\\
&=\frac{\sigma_1\sigma_2}{2\pi\sqrt{1-\rho^2}}\int_{-\infty}^{+\infty}\int_{-\infty}^{+\infty}uv\mathrm{e}^{-\frac{1}{2(1-\rho^2)}(u^2-2\rho uv+v^2)}\,\mathrm{d}u\mathrm{d}v\\
&=\frac{\sigma_1\sigma_2}{2\pi\sqrt{1-\rho^2}}\int_{-\infty}^{+\infty}\int_{-\infty}^{+\infty}uv\mathrm{e}^{-\frac{1}{2(1-\rho^2)}[(u-\rho v)^2+(1-\rho^2)v^2]}\,\mathrm{d}u\mathrm{d}v\\
&=\frac{\sigma_1\sigma_2}{\sqrt{2\pi}}\int_{-\infty}^{+\infty}v\mathrm{e}^{-\frac{v^2}{2}}\,\mathrm{d}v\,\frac{1}{\sqrt{2\pi(1-\rho^2)}}\int_{-\infty}^{+\infty}u\mathrm{e}^{-\frac{1}{2(1-\rho^2)}(u-\rho v)^2}\,\mathrm{d}u\\
&=\frac{\sigma_1\sigma_2}{\sqrt{2\pi}}\int_{-\infty}^{+\infty}\rho v^2\mathrm{e}^{-\frac{v^2}{2}}\,\mathrm{d}v\\
&=\rho\sigma_1\sigma_2.
\end{aligned}
$$

定理 4.5　协方差具有下述性质：

(1) $\operatorname{cov}(X,Y)=\operatorname{cov}(Y,X)$；

(2) $\operatorname{cov}(X_1+X_2,Y)=\operatorname{cov}(X_1,Y)+\operatorname{cov}(X_2,Y)$；

(3) $\operatorname{cov}(aX,bY)=ab\operatorname{cov}(X,Y)$，其中 a,b 为常数；

(4) $D(X\pm Y)=D(X)+D(Y)\pm 2\operatorname{cov}(X,Y)$；

(5) 若 X,Y 相互独立，则 $\operatorname{cov}(X,Y)=0$.

上面各式所提及的协方差，方差都假定存在.

证　(1) 是显然的.

(2)
$$
\begin{aligned}
\operatorname{cov}(X_1+X_2,Y)&=E\{[X_1+X_2-E(X_1+X_2)][Y-E(Y)]\}\\
&=E\{[X_1-E(X_1)][Y-E(Y)]\}\\
&\quad+E\{[X_2-EX_2][Y-E(Y)]\}\\
&=\operatorname{cov}(X_1,Y)+\operatorname{cov}(X_2,Y).
\end{aligned}
$$

(3)
$$
\begin{aligned}
\operatorname{cov}(aX,bY)&=E\{[aX-E(aX)][bY-E(bY)]\}\\
&=abE\{[X-E(X)][Y-E(Y)]\}\\
&=ab\operatorname{cov}(X,Y).
\end{aligned}
$$

(4)
$$
\begin{aligned}
D(X\pm Y)&=E[(X\pm Y)-E(X\pm Y)]^2\\
&=E\{[X-E(X)]\pm[Y-E(Y)]\}^2
\end{aligned}
$$

$$=E[X-E(X)]^2\pm 2E\{[X-E(X)][Y-E(Y)]\}+E[(Y-E(Y)]^2$$
$$=D(X)\pm 2\mathrm{cov}(X,Y)+D(Y).$$

(5) 由方差性质(3)推导过程及定义 4.4 可得.

随机变量 X 与 Y 的协方差虽然反映了 X 和 Y 之间的联系，但它受到 X 和 Y 本身值大小和数值尺度的影响. 例如，让 X 和 Y 分别增大 k 倍得到 $X_1=kX,Y_1=kY$，这时 X_1 与 Y_1 的联系和 X 与 Y 的联系应是一样的，但反映这种联系的协方差却增大到 k^2 倍，即

$$\mathrm{cov}(X_1,Y_1)=k^2\mathrm{cov}(X,Y).$$

为克服这一缺陷，将 X 与 Y 标准化为 $\dfrac{X-E(X)}{\sqrt{D(X)}},\dfrac{Y-E(Y)}{\sqrt{D(Y)}}$，可得到相关系数的概念.

4.4.2 相关系数

定义 4.5 设(X,Y)是二维随机变量，当 $D(X)>0,D(Y)>0$ 时，称 $E\left\{\dfrac{[X-E(X)]}{\sqrt{D(X)}}\dfrac{[Y-E(Y)]}{\sqrt{D(Y)}}\right\}$为 X 与 Y 的**相关系数**，记作 ρ_{XY}，即

$$\rho_{XY}=E\left\{\frac{[X-E(X)]}{\sqrt{D(X)}}\frac{[Y-E(Y)]}{\sqrt{D(Y)}}\right\}=\frac{\mathrm{cov}(X,Y)}{\sqrt{D(X)D(Y)}}\tag{4.16}$$

例 4.17(续) 在例 4.17 中，求 X 与 Y 的相关系数 ρ_{XY}.

解 由例 4.17 知

$$E(X)=-0.2,\quad E(Y)=-0.5,\quad \mathrm{cov}(X,Y)=0.24.$$

由于

$$E(X^2)=1\times 0.6+1\times 0.4=1,E(Y^2)=4\times 0.4+1\times 0.3=1.9.$$

所以

$$D(X)=E(X^2)-[E(X)]^2=1-0.04=0.96,$$
$$D(Y)=E(Y^2)-[E(Y)]^2=1.9-0.25=1.65,$$

故
$$\rho_{XY}=\frac{\operatorname{cov}(X,Y)}{\sqrt{D(X)D(Y)}}=\frac{0.24}{\sqrt{0.96\times1.65}}=0.19.$$

例 4.18(续)　在例 4.18 中,求 ρ_{XY}.

解　由例 4.18 知
$$\operatorname{cov}(X,Y)=\rho\sigma_1\sigma_2,$$
故
$$\rho_{XY}=\frac{\operatorname{cov}(X,Y)}{\sqrt{D(X)D(Y)}}=\frac{\rho\sigma_1\sigma_2}{\sqrt{\sigma_1^2\sigma_2^2}}=\rho.$$
这给出了二维正态分布的概率密度中第五个参数 ρ 的概率意义.

定理 4.6　设 ρ_{XY} 是 X 与 Y 的相关系数,则有:

(1) $|\rho_{XY}|\leqslant1$;

(2) $|\rho_{XY}|=1$ 的充要条件是 X 与 Y 依概率线性相关,即存在常数 $a\neq0$ 和 b,使 $P(Y=aX+b)=1$.

证　(1)引入随机变量 $\frac{X}{\sqrt{D(X)}}\pm\frac{Y}{\sqrt{D(Y)}}$,则
$$\begin{aligned}D\left[\frac{X}{\sqrt{D(X)}}\pm\frac{Y}{\sqrt{D(Y)}}\right]&=D\left[\frac{X}{\sqrt{D(X)}}\right]+D\left[\frac{Y}{\sqrt{D(Y)}}\right]\\&\quad\pm2\operatorname{cov}\left[\frac{X}{\sqrt{D(X)}},\frac{Y}{\sqrt{D(Y)}}\right]\\&=1+1\pm2\frac{\operatorname{cov}(X,Y)}{\sqrt{D(X)}\sqrt{D(Y)}}\\&=2\pm2\rho_{XY}.\end{aligned}$$
由于方差非负,所以
$$2\pm2\rho_{XY}\geqslant0,$$
从而有
$$|\rho_{XY}|\leqslant1.$$

(2) 充分性. 若存在 $a\neq0$ 和 b,使 $P(Y=aX+b)=1$,则
$$\begin{aligned}\rho_{XY}&=\frac{\operatorname{cov}(X,Y)}{\sqrt{D(X)}\sqrt{D(Y)}}=\frac{\operatorname{cov}(X,aX+b)}{\sqrt{D(X)}\sqrt{D(Y)}}\\&=\frac{a\operatorname{cov}(X,X)}{\sqrt{a^2[D(X)]^2}}=\begin{cases}1,a>0;\\-1,a<0.\end{cases}\end{aligned}$$

即$|\rho_{XY}|=1$.

必要性. 当$\rho_{XY}=1$时,由(1)的证明知

$$D\left[\frac{Y}{\sqrt{D(Y)}}-\frac{X}{\sqrt{D(X)}}\right]=2-2\rho_{XY}=0.$$

由方差的性质可知,存在常数C,使

$$P\left(\frac{Y}{\sqrt{D(Y)}}-\frac{X}{\sqrt{D(X)}}=C\right)=1,$$

即

$$P\left(Y=\sqrt{\frac{D(Y)}{D(X)}}X+C\sqrt{D(Y)}\right)=1.$$

取$a=\sqrt{\frac{D(Y)}{D(X)}}$,$b=C\sqrt{D(Y)}$,则

$$P(Y=aX+b)=1.$$

当$\rho_{XY}=-1$时,类似可证,只是这时的

$$a=-\sqrt{\frac{D(Y)}{D(X)}}<0.$$

定理4.6表明,X与Y的相关系数刻画了X与Y之间线性关系的近似程度.当$|\rho_{XY}|=1$时,X与Y依概率1线性相关.特别地当$\rho_{XY}=1$时,Y随X的增大而线性增大,此时称X与Y正线性相关;当$\rho_{XY}=-1$时,Y随X增大而线性减小,此时称X与Y负线性相关.当$|\rho_{XY}|<1$时,X与Y的线性相关程度要减弱,ρ_{XY}接近于零时,表明X与Y线性关系很差.

定义4.6 如果随机变量X与Y的相关系数$\rho_{XY}=0$,则称X与Y**不相关**.

需要注意的是,随机变量X与Y不相关,是指X和Y之间不存在线性关系,并不等于说X和Y之间不存在其他形式的关系.

例如,$X\sim U[-\pi,\pi]$,$Y=X^2$,则

$$E(X)=\int_{-\pi}^{\pi}\frac{x}{2\pi}\mathrm{d}x=0,E(XY)=E(X^3)=\int_{-\pi}^{\pi}\frac{x^3}{2\pi}\mathrm{d}x=0,$$

$$\operatorname{cov}(X,Y)=E(XY)-E(X)E(Y)=0.$$

那么，$\rho_{XY}=0$，即 X 与 Y 不相关，但显然 Y 和 X 间存在着函数关系 $Y=X^2$.

独立性和相关性都是随机变量间联系程度的一种反映. 独立性是指 X,Y 的统计规律之间没有任何联系，不相关性指的是 X,Y 间没有线性关系. 由协方差性质知，当 X 与 Y 独立时，$\operatorname{cov}(X,Y)=0$，从而一定有 $\rho_{XY}=0$，即 X 与 Y 不相关；但反过来不一定成立. 请看下例.

例 4.19　设 (X,Y) 的概率密度为

$$f(x,y)=\begin{cases}\dfrac{1}{\pi}, x^2+y^2\leqslant 1;\\ 0, x^2+y^2>1.\end{cases}$$

证明　(1) X 与 Y 不相关；(2) X 与 Y 不独立.

证　(1) $f_X(x)=\int_{-\infty}^{+\infty}f(x,y)\mathrm{d}y$

$$=\begin{cases}\dfrac{1}{\pi}\int_{-\sqrt{1-x^2}}^{\sqrt{1-x^2}}\mathrm{d}y=\dfrac{2}{\pi}\sqrt{1-x^2}, -1\leqslant x\leqslant 1;\\ 0, \text{其他}.\end{cases}$$

同理

$$f_Y(y)=\begin{cases}\dfrac{2}{\pi}\sqrt{1-y^2}, -1\leqslant y\leqslant 1;\\ 0, \text{其他}.\end{cases}$$

由于 $f_X(x)$，$f_Y(y)$ 均为偶函数，故 $E(X)=E(Y)=0$，而

$$E(XY)=\iint\limits_{x^2+y^2\leqslant 1}\frac{1}{\pi}xy\,\mathrm{d}x\mathrm{d}y=0,$$

故

$$\rho_{XY}=\frac{\operatorname{cov}(X,Y)}{\sqrt{D(X)D(Y)}}=\frac{E(XY)-E(X)E(Y)}{\sqrt{D(X)D(Y)}}=0.$$

所以，X 与 Y 不相关.

(2) 由于 $f(x,y)\neq f_X(x)f_Y(y)$，所以 X 与 Y 不独立.

对于二维正态随机变量(X,Y)来说，X与Y的独立性和不相关性是等价的，这就是下述定理.

定理 4.7 若$(X,Y)\sim N(\mu_1,\mu_2,\sigma_1^2,\sigma_2^2,\rho)$，则$X$与$Y$相互独立的充要条件是$X$与$Y$不相关.

证 因为$(X,Y)\sim N(\mu_1,\mu_2,\sigma_1^2,\sigma_2^2,\rho)$，

由例 3.15 知X与Y相互独立的充要条件是$\rho=0$，由例 4.18（续）知$\rho_{XY}=\rho$.

因此，X与Y相互独立的充要条件是$\rho_{XY}=0$，即X与Y不相关.

4.5 矩和协方差矩阵

4.5.1 矩

我们经常会遇到随机变量的幂函数的期望，一般地，我们有

定义 4.7 设X与Y是随机变量.

若$E(X^k)(k=1,2,\cdots)$存在，则称它为X的 **k 阶原点矩**；

若$E[(X-E(X)]^k(k=1,2,\cdots)$存在，则称它为$X$的 **$k$ 阶中心矩**；

若$E[X^kY^l](k,l=1,2,\cdots)$存在，则称它为$X$与$Y$的$k+l$阶**联合原点矩**；

若$E\{[X-E(X)]^k[Y-E(Y)]^l\}(k,l=1,2,\cdots)$存在，则称它为$X$与$Y$的$k+l$阶**联合中心矩**.

显然X的数学期望$E(X)$是X的一阶原点矩；方差$D(X)$是X的二阶中心矩；协方差$\mathrm{cov}(X,Y)$是X与Y的$1+1$阶联合中心矩.

4.5.2 协方差矩阵

对于二维随机变量(X_1,X_2)，记

$$C_{11}=D(X_1)=E\{[X_1-E(X_1)]^2\},$$
$$C_{22}=D(X_2)=E\{[X_2-E(X_2)]^2\},$$
$$C_{12}=\operatorname{cov}(X_1,X_2)=E\{[X_1-E(X_1)][X_2-E(X_2)]\},$$
$$C_{21}=\operatorname{cov}(X_2,X_1)=E\{[X_2-E(X_2)][X_1-E(X_1)]\},$$

其中 $C_{12}=C_{21}$，它们排成的矩阵

$$\begin{pmatrix} C_{11} & C_{12} \\ C_{21} & C_{22} \end{pmatrix}$$

称为(X_1,X_2)的**协方差矩阵**.

例如，$(X_1,X_2)\sim N(\mu_1,\mu_2,\sigma_1^2,\sigma_2^2,\rho)$，则$(X_1,X_2)$的协方差矩阵为

$$\begin{pmatrix} \sigma_1^2 & \rho\sigma_1\sigma_2 \\ \rho\sigma_1\sigma_2 & \sigma_2^2 \end{pmatrix}.$$

一般地，对于 n 维随机变量$(X_1,X_2,\cdots,X_n)$，若 X_i 与 X_j 的 1+1 阶联合中心矩

$$C_{ij}=\operatorname{cov}(X_i,X_j)=E\{[X_i-E(X_i)][X_j-E(X_j)]\},$$
$$i,j=1,2,\cdots,n$$

都存在，则称矩阵

$$\begin{bmatrix} C_{11} & C_{12} & \cdots & C_{1n} \\ C_{21} & C_{22} & \cdots & C_{2n} \\ \vdots & \vdots & & \vdots \\ C_{n1} & C_{n2} & \cdots & C_{nn} \end{bmatrix}$$

为 n 维随机变量$(X_1,X_2,\cdots,X_n)$的协方差矩阵，简记为 C.

例 4.20　设随机变量 X 与 Y 相互独立且都服从参数为 λ 的泊松分布，令 $U=2X+Y$，$V=2X-Y$，求 ρ_{UV} 及协方差矩阵.

解　由于 $E(X)=E(Y)=\lambda$，$D(X)=D(Y)=\lambda$，所以

$$E(X^2)=E(Y^2)=D(X)+E^2(X)=\lambda+\lambda^2,$$
$$E(U)=E(2X+Y)=2E(X)+E(Y)=3\lambda,$$

$$E(V)=E(2X-Y)=2E(X)-E(Y)=\lambda,$$
$$D(U)=D(V)=4D(X)+D(Y)=5\lambda,$$
$$E(UV)=E[(2X+Y)(2X-Y)]=E(4X^2-Y^2)$$
$$=4E(X^2)-E(Y^2)=3\lambda+3\lambda^2,$$
$$\text{cov}(U,V)=E(UV)-E(U)E(V)=3\lambda.$$

从而

$$\rho_{UV}=\frac{\text{cov}(U,V)}{\sqrt{D(U)D(V)}}=\frac{3\lambda}{5\lambda}=\frac{3}{5},$$

$$C=\begin{pmatrix}5\lambda & 3\lambda\\ 3\lambda & 5\lambda\end{pmatrix}.$$

习题 4

1. 设随机变量 X 的分布列为

X	1	2	3	4	5
p_k	$\frac{1}{3}$	$\frac{1}{6}$	$\frac{1}{6}$	$\frac{1}{6}$	$\frac{1}{6}$

则 $E(X)=$______,$D(X)=$______,随机变量 $Y=(X-1)^2$ 的数学期望 $E(Y)=$______.

2. 已知 $E(2X)=1$,$D(3X)=1$,则 $E(X^2)=$________.

3. 设随机变量 X 的期望、方差都存在,则对任意常数 C,有(　　).

(A) $E(X-C)^2<D(X)+E^2(X-C)$

(B) $E(X-C)^2>D(X)+E^2(X-C)$

(C) $E(X-C)^2=D(X)+E^2(X-C)$

(D) $E(X-C)^2=D(X)-E^2(X-C)$

4. 将 4 个球随机地投入三个盒子中,试求有球的盒子个数的数学期望.

5. 按规定某车站每天 8：00～9：00，9：00～10：00 都恰有一辆客车到站，各车到站时刻是随机的，且各车到站的时间相互独立，其规律为

到站时刻	8：10 9：10	8：30 9：30	8：50 9：50
概率	$\frac{1}{5}$	$\frac{2}{5}$	$\frac{2}{5}$

一旅客 8：20 到车站，求他候车时间的数学期望和方差.

6. (1) 10 件产品中有 3 个次品，现逐个取出直至取到正品为止，求抽取次数 X 的数学期望.

(2) 10 件产品中有 3 个次品，每次从中取一个产品，同时放入一个正品，直至取到正品为止，求抽取次数 X 的数学期望.

7. 某流水线上每个产品不合格的概率为 $p(0<p<1)$，各产品合格与否相互独立，当出现一个不合格产品时即停机检修，设开机后第一次停机时已生产了的产品个数为 X，求 $E(X)$，$D(X)$.

8. 设有 n 把看上去样子相同的钥匙，其中只有 1 把能打开门上的锁，用它们逐一地去试开门锁，取到每把钥匙是等可能的. 每把钥匙试开 1 次后除去，记 X 为到打开锁时的试开次数(即试用的钥匙数)，求 $E(X)$.

9. 设离散型随机变量 X 的分布列为

$$p_i=P\left(X=(-1)^{i+1}\frac{3^i}{i}\right)=\frac{2}{3^i},\quad i=1,2,\cdots.$$

证明 $E(X)$ 不存在.

10. 已知随机变量 X 的分布函数为

$$F(x)=\begin{cases}0, x\leqslant 0;\\ \dfrac{x}{4}, 0<x\leqslant 4;\\ 1, x>4.\end{cases}$$

求 $E(X)$, $D(X)$.

11. 已知 X 的概率密度函数为

$$f(x)=\begin{cases}3x^2, 0\leqslant x\leqslant 1;\\ 0, \text{其他}.\end{cases}$$

(1) 求 $E(X)$;

(2) 求 $P(X>E(X))$.

12. 国家出口某种商品,设国外对该商品的年需求量是随机变量 X,且 $X\sim U[2000,4000]$(单位:吨),若售出 1 吨,得外汇 3 万元,若售不出,则 1 吨要花保养费 1 万元,问每年应准备多少吨商品,才能使国家收益的平均值最大?最大值是多少?

13. 某保险公司规定,如果在 1 年内,顾客的投保事件 A 发生,该公司就赔偿顾客 a 元,若 1 年内事件 A 发生的概率为 p,为使公司收益的期望值等于 a 的 10%,问该公司应该要求顾客交多少保险费?

14. 假设一部机器在 1 天内发生故障的概率为 0.2,且一旦发生故障全天停止工作.一周 5 个工作日,如果一周内不发生故障,厂家可获利润 10 万元;若只发生 1 次故障,仍可获利润 5 万元;若发生 2 次故障,不获利也不亏损;若发生故障 3 次或 3 次以上就要亏损 2 万元.问一周内平均获利多少?

15. 仪器上有种元件其使用寿命 X 服从参数为 λ 的指数分布,使用这种元件每小时花费电费 a 元,而创造 b 元价值.如果规定每小时维护费用为 c 元,每隔 t 小时更换一支新元件,问更换时间 t 应选取多大时才能使平均获益最大.

16. 设 X 的概率密度为

$$f(x)=\begin{cases}ax^2+bx+c, 0<x<1;\\0,\text{其他}.\end{cases}$$

已知 $E(X)=0.5, D(X)=0.15$，求系数 a,b,c.

17. 今有两封信欲投入编号为Ⅰ，Ⅱ，Ⅲ的 3 个邮筒，设 X,Y 分别表示投入第Ⅰ号和第Ⅱ号邮筒的信的数目，试求：

(1) (X,Y)的概率分布；

(2) 问 X 与 Y 是否独立？

(3) 令 $U=\max(X,Y), V=\min(X,Y)$，求 $E(U)$和 $E(V)$.

18. 二维随机变量(X,Y)的概率分布为：

Y \ X	0	1
0	0.1	0.3
1	0.2	0.4

求 $E(X),E(Y),D(X),D(Y),\mathrm{cov}(X,Y),\rho_{XY}$及协方差矩阵.

19. 设二维随机变量(X,Y)在矩形域 $G=\{(x,y)\mid 0\leqslant x\leqslant 2, 0\leqslant y\leqslant 1\}$上服从均匀分布，记

$$U=\begin{cases}0, X\leqslant Y;\\1, X>Y.\end{cases}\quad V=\begin{cases}0, X\leqslant 2Y;\\1, X>2Y.\end{cases}$$

(1) 求 U 和 V 的联合分布；

(2) 求 U 和 V 的相关系数 ρ_{UV}.

20. 设(X,Y)的概率密度为

$$f(x,y)=\begin{cases}\frac{1}{8}(x+y), 0\leqslant x\leqslant 2, 0\leqslant y\leqslant 2;\\0,\text{其他}.\end{cases}$$

求 $E(X),E(Y),\mathrm{cov}(X,Y),\rho_{XY},D(X\pm Y)$.

21. 设(X,Y)的概率密度为

$$f(x,y)=\begin{cases}2-x-y, 0\leqslant x\leqslant 1, 0\leqslant y\leqslant 1;\\ 0,\text{其他}.\end{cases}$$

(1) 判别 X,Y 是否相互独立,是否相关.

(2) 求 $D(X+Y)$.

22. 设 X 与 Y 相互独立,$E(X)=E(Y)=1$,$D(X)=2$,$D(Y)=3$,则 $D(XY)=$________.

23. 假设随机变量 X,Y,Z 两两不相关,方差相等且不为零,求 $X+Y$ 与 $Y+Z$ 的相关系数 ρ.

24. 设 X 与 Y 的相关系数 $\rho_{XY}>0$,则(　　).

(A) $D(X+Y)\geqslant D(X)+D(Y)$

(B) $D(X+Y)<D(X)+D(Y)$

(C) $D(X-Y)\geqslant D(X)+D(Y)$

(D) $D(X-Y)<D(X)+D(Y)$

25. 设 $D(X)=D(Y)\neq 0$,记 $U=X-Y$,$V=X+Y$,则 U 与 V 必然(　　).

(A) 不独立　　(B) 独立　　(C) 相关　　(D) 不相关

26. 设 $X\sim U[-1,1]$,$Y=X^2$,则 X 与 Y 是(　　).

(A) 不相关且独立　　(B) 不相关且不独立

(C) 相关且独立　　(D) 相关且不独立

27. 已知(X,Y)服从二维正态分布,$D(X)\neq D(Y)$则(　　).

(A) X 与 Y 一定独立

(B) X 与 Y 一定不独立

(C) $X+Y$ 与 $X-Y$ 一定独立

(D) $X+Y$ 与 $X-Y$ 一定不独立

28. 设 X 与 Y 相互独立,证明:

$$D(XY)=D(X)D(Y)+E^2(X)D(Y)+E^2(Y)D(X).$$

29. 若 X,Y 满足:$D(X+Y)=D(X-Y)$,证明:X 与 Y 不相关.

30. 设 A,B 是二随机事件,记

$$X=\begin{cases}1, A\text{ 出现};\\-1,\text{否则}.\end{cases}\quad Y=\begin{cases}1, B\text{ 出现};\\-1,\text{否则}.\end{cases}$$

证明：X 与 Y 不相关的充要条件是 A 与 B 相互独立.

31. 设 $X\sim N(0,4)$，$Y\sim E(0.5)$. 如果 $\operatorname{cov}(X,Y)=-1$，$Z=X-aY$，$\operatorname{cov}(X,Z)=\operatorname{cov}(Y,Z)$，则 $a=$________；X 与 Z 的相关系数 $\rho=$________.

32. 设随机变量 X 与 Y 的相关系数为 $\frac{1}{4}$，如果 $D(X)=D(Y)=1$，$U=X+Y$，$V=X+aY$，则当 $a=$________时，U 与 V 不相关.

33. 已知 $X\sim N(1,3^2)$，$Y\sim N(0,4^2)$，$\rho_{XY}=-\frac{1}{2}$，设 $Z=\frac{X}{3}+\frac{Y}{2}$，求：

(1) $E(Z)$，$D(Z)$；

(2) X 与 Z 的相关系数 ρ_{XZ}.

34. 设二维随机变量 (X,Y) 的概率密度为

$$f(x,y)=\frac{1}{2}[\varphi_1(x,y)+\varphi_2(x,y)],$$

其中 $\varphi_1(x,y)$ 和 $\varphi_2(x,y)$ 都是二维正态概率密度函数，且它们对应的二维随机变量的相关系数分别为 $\frac{1}{3}$，$-\frac{1}{3}$，它们的边缘概率密度函数所对应的随机变量的期望都是 0，方差都是 1.

(1) 求随机变量 X 和 Y 的概率密度 $f_X(x)$ 和 $f_Y(y)$；

(2) 求 X 和 Y 的相关系数 ρ_{XY}；

(3) 判断 X 和 Y 是否独立.

35. 已知随机变量 X 的数学期望 $E(X)=\mu$，方差 $D(X)=\sigma^2$，则由切比雪夫不等式，有 $P(|X-\mu|\geqslant 3\sigma)\leqslant$________.

36. 设随机变量 X 和 Y 的数学期望分别为 -2 和 2，方差分别为 1 和 4，相关系数为 -0.5，根据切比雪夫不等式估计概率 $P(|X+Y|\geqslant 6)$.

第5章　极限定理

极限定理在概率论与数理统计的理论研究和应用中占有重要地位,用它们能够解释很多实际现象,其中包括为什么独立重复试验中事件发生的频率具有稳定性,为什么很多实际问题中的随机变量服从或近似服从正态分布等.本章将简要介绍尤为重要的两类极限定理:大数定律和中心极限定理.

5.1　大数定律

在1.2节中,我们曾提到过在独立重复试验中,随机事件发生的频率具有稳定性,即当 n 充分大时,事件 A 发生的频率 $f_n(A)$ 稳定于某个值 p.在4.2节中,我们还提到过大量测量值的算术平均值也具有稳定性,即当 n 充分大时,n 次测量值 $X_1, X_2, \cdots, X_n$ 的平均值 $\overline{X}=\frac{1}{n}\sum\limits_{i=1}^{n} X_i$ 更接近被测量真值 μ.自然会想到,应该用极限概念来描述这种稳定性.但由于 $f_n(A)$ 或 $\overline{X}$ 本质上是一个随机变量,它随着不同的 n 次可能取不同的值,所以不能简单地用高等数学中数列极限来描述这种稳定性,需要重新定义随机变量序列的收敛.

定义 5.1　设 $X_1, X_2, \cdots$ 是一随机变量序列,如果存在常数 C,使得对任意 $\varepsilon>0$,有

$$\lim_{n\to\infty} P(|X_n - C| < \varepsilon) = 1, \tag{5.1}$$

则称随机变量序列$\{X_n\}$**依概率收敛**于C，记作$X_n \xrightarrow{P} C$.

依概率收敛性的直观意义是，当n足够大时，随机变量X_n几乎总是取接近于C的值. 与(5.1)式等价的表示式为

$$\lim_{n\to\infty} P(|X_n - C| \geqslant \varepsilon) = 0.$$

依概率收敛的序列具有下述性质.

定理 5.1　如果$X_n \xrightarrow{P} a$，$Y_n \xrightarrow{P} b$，函数$g(x,y)$在(a,b)处连续，则

$$g(X_n, Y_n) \xrightarrow{P} g(a,b).$$

证明略.

定义 5.2　设$X_1, X_2, \cdots$是一随机变量序列，令

$$\overline{X}_n = \frac{1}{n} \sum_{i=1}^{n} X_i, n=1,2,\cdots.$$

若存在常数列$\{a_n\}$，使得对任意$\varepsilon>0$，有

$$\lim_{n\to\infty} P(|\overline{X}_n - a_n| < \varepsilon) = 1. \tag{5.2}$$

则称序列$\{X_n\}$**服从大数定律**.

定义5.2中的a_n经常取$E(\overline{X}_n)$.

显然序列$\{X_n\}$服从大数定律与$\overline{X}_n - a_n \xrightarrow{P} 0$是等价的，因此我们把有关依概率收敛性的结论统称为大数定律. 下面介绍几个基本的大数定律.

定理 5.2(切比雪夫大数定律)　设$X_1, X_2, \cdots$为相互独立的随机变量序列，每个随机变量的方差存在且具有公共上界，即存在常数C，使得$D(X_n) \leqslant C (n=1,2,\cdots)$，则对任意$\varepsilon>0$，有

$$\lim_{n\to\infty} P\left(\left| \frac{1}{n}\sum_{i=1}^{n} X_i - \frac{1}{n}\sum_{i=1}^{n} E(X_i) \right| < \varepsilon \right) = 1. \tag{5.3}$$

证　令$Y_n = \frac{1}{n}\sum_{i=1}^{n} X_i$. 由于$X_1, X_2, \cdots$相互独立且

$D(X_n) \leqslant C$,所以

$$E(Y_n) = \frac{1}{n}\sum_{i=1}^{n} E(X_i), D(Y_n) = \frac{1}{n^2}\sum_{i=1}^{n} D(X_i) \leqslant \frac{C}{n}.$$

由切比雪夫不等式,对任意 $\varepsilon > 0$,有

$$P(|Y_n - E(Y_n)| < \varepsilon) \geqslant 1 - \frac{D(Y_n)}{\varepsilon^2} \geqslant 1 - \frac{C}{n\varepsilon^2},$$

又

$$P(|Y_n - E(Y_n)| < \varepsilon) \leqslant 1,$$

所以

$$1 - \frac{C}{n\varepsilon^2} \leqslant P(|Y_n - E(Y_n)| < \varepsilon) \leqslant 1.$$

令 $n \to \infty$,得

$$\lim_{n\to\infty} P(|Y_n - E(Y_n)| < \varepsilon) = 1.$$

将 $Y_n = \frac{1}{n}\sum_{i=1}^{n} X_i$ 代入上式,有

$$\lim_{n\to\infty} P\left(\left|\frac{1}{n}\sum_{i=1}^{n} X_i - \frac{1}{n}\sum_{i=1}^{n} E(X_i)\right| < \varepsilon\right) = 1.$$

当定理 5.2 中的随机变量序列 $X_1, X_2, \cdots$ 具有相同的期望和方差时,可得如下推论.

推论 设 $X_1, X_2, \cdots$ 是相互独立的随机变量序列,且有相同的期望和方差(设 $E(X_n) = \mu, D(X_n) = \sigma^2, n = 1, 2, \cdots$),则对任意 $\varepsilon > 0$,有

$$\lim_{n\to\infty} P\left(\left|\frac{1}{n}\sum_{i=1}^{n} X_i - \mu\right| < \varepsilon\right) = 1. \tag{5.4}$$

上式说明:$\frac{1}{n}\sum_{i=1}^{n} X_i \xrightarrow{P} \mu$. 这就是 n 个随机变量的算术平均当 n 无限增大时具有稳定性的确切解释.

定理 5.3(伯努利大数定律) 记 μ_n 为 n 重伯努利试验中事件 A 出现的次数,设每次试验事件 A 出现的概率为 $p(0 < p < 1)$,

则对任意$\varepsilon > 0$，有

$$\lim_{n\to\infty} P\left(\left|\frac{\mu_n}{n} - p\right| < \varepsilon\right) = 1. \tag{5.5}$$

证　令 $X_n = \begin{cases} 1, 第 n 次试验中事件 A 发生, \\ 0, 第 n 次试验中事件 A 不发生, \end{cases} n = 1,2,\cdots,$

则 $X_1, X_2, \cdots$ 是相互独立的，且

$$E(X_n) = p, D(X_n) = p(1-p), n = 1,2,\cdots,$$

而 $\mu_n = X_1 + X_2 + \cdots + X_n$，由切比雪夫大数定律，对任意 $\varepsilon > 0$，有

$$\begin{aligned} &\lim_{n\to\infty} P\left(\left|\frac{\mu_n}{n} - p\right| < \varepsilon\right) \\ &= \lim_{n\to\infty} P\left(\left|\frac{1}{n}\sum_{i=1}^{n} X_i - \frac{1}{n}\sum_{i=1}^{n} E(X_i)\right| < \varepsilon\right) = 1. \end{aligned}$$

伯努利大数定律表明，在独立重复试验中，当试验次数 n 无限增大时，事件 A 发生的频率 $\frac{\mu_n}{n}$ 与 A 发生的概率 p 有较大偏差的可能性很小，这就从数学上证明了频率的稳定性，也说明了在实际应用中用频率估计概率的合理性.

易见，伯努利大数定律是切比雪夫大数定律的特例. 上述两个定理都在随机变量序列的方差满足一定条件的情形下才能成立，然而在许多问题中，特别是在数理统计学中，往往不能满足上述要求，而知道的是随机变量序列 $\{X_n\}$ 是相互独立同分布，对于这种情形，我们有下面的大数定律.

定理 5.4（辛钦大数定律）　设 $X_1, X_2, \cdots$ 是相互独立同分布的随机变量序列，且数学期望存在. 若 $E(X_n) = \mu (n = 1,2,\cdots)$，则对任意 $\varepsilon > 0$，有

$$\lim_{n\to\infty} P\left(\left|\frac{1}{n}\sum_{i=1}^{n} X_i - \mu\right| < \varepsilon\right) = 1. \tag{5.6}$$

证明方法已超出本书范围，这里不给出证明.

显然伯努利大数定律是辛钦大数定律的特例.

在辛钦大数定律中,若将 X_i 视为独立重复试验中对随机变量 X 的第 i 次观察,则定律表明,当 n 无限增大时,X 的 n 次观察结果的算术平均值 $\frac{1}{n}\sum_{i=1}^{n}X_i$ 依概率收敛于 X 的期望值 $E(X)$,这就为在随机变量 X 的分布未知的情况下,而要求估计 X 的期望 $E(X)$ 提供了一条实际可行的途径. 例如,有一批产品,不知其寿命 X 的分布,为评价其质量,需要确定平均寿命 $E(X)$. 为此,可随机地从这批产品中抽取一些产品,测出它们的寿命,记为 $x_1,x_2,\cdots,x_n$,由辛钦大数定律,当 n 较大时,$\frac{1}{n}\sum_{i=1}^{n}X_i$ 能以较大的概率接近 $E(X)$ 的值,而 $\frac{1}{n}\sum_{i=1}^{n}x_i$ 是随机变量 $\frac{1}{n}\sum_{i=1}^{n}X_i$ 的一个可能值,所以,可以用 $\frac{1}{n}\sum_{i=1}^{n}x_i$ 作为对 $E(X)$ 的一个估计值,当 n 较大时,这个估计值一般会比较接近 $E(X)$.

例 5.1 设随机变量 $X_1,X_2,\cdots$ 相互独立且服从参数为 λ 的泊松分布,令 $Y_n=\frac{1}{n}X_n,n=1,2,\cdots$. 证明:$\{Y_n\}$ 服从大数定律.

证 因为 $X_n\sim P(\lambda)$,所以 $E(X_n)=D(X_n)=\lambda,n=1,2,\cdots$.

由于 $X_1,X_2,\cdots$ 相互独立,故 $Y_1=X_1,Y_2=\frac{1}{2}X_2,\cdots$ 也相互独立,且

$$E(Y_n)=E\left(\frac{1}{n}X_n\right)=\frac{1}{n}E(X_n)=\frac{1}{n}\lambda,n=1,2,\cdots,$$

$$\begin{aligned}D(Y_n)&=D\left(\frac{1}{n}X_n\right)\\&=\frac{1}{n^2}D(X_n)=\frac{1}{n^2}\lambda<\lambda+1,n=1,2,\cdots.\end{aligned}$$

所以$\{Y_n\}$满足切比雪夫大数定律条件，于是随机变量序列$\{Y_n\}$服从 切比雪夫大数定律.

5.2　中心极限定理

在实际问题中，人们经常遇到这样一类随机现象，它是由许多随机因素的叠加而产生的现象，将这类现象抽象为概率论的内容，就是要研究由许多独立随机变量的和所构成的随机变量的分布规律，即研究无穷多个随机变量和的极限分布. 概率论中把凡是判定随机变量和的极限分布是正态分布的定理，统称为中心极限定理. 下面我们将不加证明地介绍几个最简单最常用的中心极限定理.

定理 5.5　（独立同分布的中心极限定理）设$X_1,X_2,\cdots$为相互独立同分布的随机变量序列，且有期望和方差，设

$$E(X_n)=\mu,D(X_n)=\sigma^2\neq 0,n=1,2,\cdots,$$

则随机变量

$$Y_n=\frac{\sum\limits_{i=1}^{n}X_i-n\mu}{\sqrt{n}\sigma}$$

的分布函数$F_n(x)$，对任意的实数x，有

$$\lim_{n\to\infty}F_n(x)=\lim_{n\to\infty}P\left(\frac{\sum\limits_{i=1}^{n}X_i-n\mu}{\sqrt{n}\sigma}\leqslant x\right)$$
$$=\frac{1}{\sqrt{2\pi}}\int_{-\infty}^{x}\mathrm{e}^{-\frac{t^2}{2}}\,\mathrm{d}t.\tag{5.7}$$

定理5.5通常称为林德伯格—莱维(Lindeberg-Levy)定理.

由于

$$E\left(\sum_{i=1}^{n}X_i\right)=n\mu,D\left(\sum_{i=1}^{n}X_i\right)=n\sigma^2,$$

所以 Y_n 是标准化随机变量.定理 5.5 表明,当 $X_1,X_2,\cdots$ 相互独立同分布(不论是什么分布),只要 n 充分大时,总可以近似地认为标准化随机变量

$$Y_n=\frac{\sum_{i=1}^{n}X_i-n\mu}{\sqrt{n}\sigma}\sim N(0,1),$$

或者等价于近似地认为

$$\sum_{i=1}^{n}X_i\sim N(n\mu,n\sigma^2).$$

这说明,一个随机变量决定于大量随机变量的总和,且各随机变量是相互独立又相对均匀时,它就服从正态分布或近似服从正态分布.这就是实际中许多随机变量近似服从正态分布的原因.

显然,有

$$Y_n=\frac{\frac{1}{n}\sum_{i=1}^{n}X_i-\mu}{\frac{\sigma}{\sqrt{n}}}=\frac{\overline{X}-\mu}{\frac{\sigma}{\sqrt{n}}},$$

所以(5.7)式中的概率实际上是 $\overline{X}$ 的标准化随机变量的分布函数.它说明,当 n 充分大时,可近似地认为 $\overline{X}\sim N\left(\mu,\frac{\sigma^2}{n}\right)$,这个结论在数理统计中经常用到.

例 5.2 用机器把口服液装瓶,由于机器会有误差,所以每瓶中口服液净重为随机变量,期望值为 100g,标准差为 10g,一箱内装 200 瓶,求一箱口服液净重大于 20500g 的概率.

解 设一箱口服液净重 X 克,箱中第 i 瓶口服液净重 X_i 克,$i=1,2,\cdots,200$. 显然,$X_1,X_2,\cdots,X_{200}$ 相互独立,$E(X_i)=100$,$D(X_i)=100,i=1,2,\cdots,200,X=\sum_{i=1}^{200}X_i$. 所求概率为

$$P(X>20500).$$

由于 $n=200$ 较大,由定理 5.5 得

$$P(X>20500)=1-P(X\leqslant 20500)$$

$$=1-P\left(\frac{\sum_{i=1}^{n}X_i-200\times 100}{\sqrt{200}\times 10}\leqslant\frac{20500-200\times 100}{\sqrt{200}\times 10}\right)$$

$$\approx 1-\Phi\left(\frac{500}{100\sqrt{2}}\right)=0.0002.$$

例 5.3　某种器件的寿命(单位:小时)服从参数为 λ 的指数分布,其平均使用寿命为 20 小时,在使用中,当一个器件损坏后立即更换另一个新器件,如此继续下去,已知这种器件每个的进价为 a 元,试求在年计划中为此器件作多少预算,才可以有 95% 以上的把握保证一年够用.(假定一年按 2000 个工作小时计算)

解　设年计划进 n 个这样的器件,则预算应为 na 元,由于每个器件的寿命 $X_i(i=1,2,\cdots,n)$ 为随机变量,它们相互独立均服从参数为 λ 的指数分布,所以

$$E(X_i)=\frac{1}{\lambda}=20,\text{即 }\lambda=\frac{1}{20},$$

$$D(X_i)=\frac{1}{\lambda^2}=400.$$

依题意,n 应使

$$P\left(\sum_{i=1}^{n}X_i\geqslant 2000\right)>0.95,$$

即

$$P\left(0\leqslant\sum_{i=1}^{n}X_i<2000\right)\leqslant 0.05.$$

显然 n 是较大的,由定理 5.5 得

$$P\left(0\leqslant\sum_{i=1}^{n}X_i<2000\right)$$

$$=P\left(\frac{0-20n}{\sqrt{n}20}\leqslant\frac{\sum_{i=1}^{n}X_i-20n}{\sqrt{n}20}<\frac{2000-20n}{\sqrt{n}\cdot 20}\right)$$

$$\approx \Phi\left(\frac{100-n}{\sqrt{n}}\right)-\Phi(-\sqrt{n})$$

$$=\Phi\left(\frac{100-n}{\sqrt{n}}\right)\leqslant 0.05.$$

(由于 n 较大,故 $\Phi(-\sqrt{n})\approx 0$).查标准正态分布表得

$$\frac{100-n}{\sqrt{n}}\leqslant -1.64$$

解得 $n\geqslant 118$,故年计划预算不应少于 $118a$ 元.

若将随机变量序列的分布取为(0—1)分布,就可得到中心极限定理最简单的一种形式,这就是棣莫佛-拉普拉斯(De Moivre-Laplace)中心极限定理,它是人们最早认识的中心极限定理.

定理 5.6(棣莫佛—拉普拉斯定理) 设 μ_n 是 n 重伯努利试验中事件 A 发生的次数,$p(0<p<1)$ 是事件 A 在每次试验中发生的概率,则对任意的实数 x,有

$$\lim_{n\to\infty}P\left(\frac{\mu_n-np}{\sqrt{np(1-p)}}\leqslant x\right)=\frac{1}{\sqrt{2\pi}}\int_{-\infty}^{x}\mathrm{e}^{-\frac{t^2}{2}}\mathrm{d}t. \tag{5.8}$$

证 由定理 5.3 的证明过程知,μ_n 可表示为 n 个独立服从参数为 p 的(0—1)分布的随机变量 $X_1,X_2,\cdots X_n$ 的和,即

$$\mu_n=X_1+X_2+\cdots X_n,$$

而 $E(X_i)=p,D(X_i)=p(1-p),i=1,2,\cdots,n$,于是由定理 5.5 有

$$\lim_{n\to\infty}P\left(\frac{\mu_n-np}{\sqrt{np(1-p)}}\leqslant x\right)=\frac{1}{\sqrt{2\pi}}\int_{-\infty}^{x}\mathrm{e}^{-\frac{t^2}{2}}\mathrm{d}t.$$

定理 5.6 断言,当 n 充分大时,可近似地认为

$$\frac{\mu_n-np}{\sqrt{np(1-p)}}\sim N(0,1),$$

或者等价于近似地认为

$$\mu_n\sim N(np,np(1-p)).$$

由于 $\mu_n \sim B(n,p)$，则上述断言表明正态分布是二项分布的极限分布. 因此当 n 很大时，有如下的近似计算二项分布随机变量 μ_n 落入某范围内的概率的公式：

$$p(a < \mu_n \leqslant b) = \sum_{k=a+1}^{b} C_n^k p^k (1-p)^{n-k}$$

$$= P\left(\frac{a-np}{\sqrt{np(1-p)}} < \frac{\mu_n - np}{\sqrt{np(1-p)}} \leqslant \frac{b-np}{\sqrt{np(1-p)}}\right)$$

$$\approx \Phi\left(\frac{b-np}{\sqrt{np(1-p)}}\right) - \Phi\left(\frac{a-np}{\sqrt{np(1-p)}}\right). \tag{5.9}$$

对这个近似公式作如下说明：

严格地讲，对于离散型随机变量 X 有：$P(b \leqslant X \leqslant a) \geqslant P(b < X \leqslant a) \geqslant P(b < X < a)$，但二项分布当 n 很大时，对任意 k，$P(X=k)$ 都很小，可以忽略不计，所以 $P(b \leqslant X \leqslant a)$，$P(b \leqslant X < a)$，$P(b < X < a)$ 仍然可用(5.9)式来近似计算.

例 5.4　一个供电网共有10000盏功率相同的灯，夜晚每一盏灯开着的概率都是 0.7，假设各盏灯开、关彼此独立，求夜晚同时开着的灯数在 6800 到 7200 之间的概率.

解　设 X 表示夜晚同时开着的灯数，则 $X \sim B(n,p)$，其中 $n = 10000$，$p = 0.7$. 依题意所求概率为 $P(6800 < X < 7200)$，由于二项分布中参数 $n = 10000$ 较大，由(5.9)式，有

$$P(6800 < X < 7200)$$

$$\approx \Phi\left(\frac{7200 - 10000 \times 0.7}{\sqrt{10000 \times 0.7 \times 0.3}}\right) - \Phi\left(\frac{6800 - 10000 \times 0.7}{\sqrt{10000 \times 0.7 \times 0.3}}\right)$$

$$= \Phi(4.36) - \Phi(-4.36) = 2\Phi(4.36) - 1 = 0.99999.$$

作为实际应用，还可对此例作进一步的解释：由于 $P(X < 7200) \geqslant P(6800 < X < 7200) \geqslant 0.99999$，所以尽管该电网负责供应一万盏灯所需的电力，但是只要提供 7200 盏灯所需的电力就能以相当大的概率(大约 99.999%)保证够用.

例 5.5 某保险公司有10000个同龄又同阶层的人参加人寿保险.已知该类人在一年内死亡的概率为0.006.每个参加保险的人在年初付12元保险费,而在死亡时,家属可以从公司获1000元赔金.问在此项活动中

(1) 保险公司亏本的概率是多少?

(2) 保险公司获得利润(暂不计管理费)不少于40000元的概率是多少?

解 设 X 表示一年内总死亡人数,则 $X \sim B(n, p)$,其中 $n = 10000, p = 0.006$.

(1) 保险公司在该项保险业务中每年共收入 $10000 \times 12 = 120000$ 元,故仅当每年死亡人数多于120人时公司才会亏本.所求概率为 $P(X > 120)$,由定理5.6得,

$$P(X > 120) = 1 - P(X \leqslant 120)$$

$$= 1 - P\left(\frac{X - 10000 \times 0.006}{\sqrt{10000 \times 0.006 \times 0.994}} \leqslant \frac{120 - 10000 \times 0.006}{\sqrt{10000 \times 0.006 \times 0.994}}\right)$$

$$\approx 1 - \Phi(7.7694) = 0.$$

(2) 仅当每年死亡人数不超过80人时,公司获利不少于40000元.所求概率为 $P(X \leqslant 80)$,由定理5.6得,

$$P(X \leqslant 80) = P\left(\frac{X - 60}{\sqrt{59.64}} \leqslant \frac{80 - 60}{\sqrt{59.64}}\right)$$

$$\approx \Phi(2.5886) = 0.9960.$$

可见该公司在这项保险业务中亏本的概率近似于0,而获利不少于40000元的概率近于0.9960.

例 5.6 已知一批同型号的电子元件,次品率为 $\frac{1}{6}$,试以99%的把握断定:从这批电子元件中任取6000只,其中次品所占的比例与 $\frac{1}{6}$ 之差的绝对值不超过多少?这时,6000只电子元件中,次品数又落在一个什么范围内?

解　设 X 表示 6000 只电子元件中的次品数，则 $X \sim B(n,p)$，其中 $n=6000$，$p=\frac{1}{6}$，6000 只电子元件中次品所占比例为 $\frac{X}{n}$，依题意要求 ε，使得 $P\left(\left|\frac{X}{n}-p\right| \leqslant \varepsilon\right)=0.99$. 由定理 5.6 得

$$
\begin{aligned}
P\left(\left|\frac{X}{n}-p\right| \leqslant \varepsilon\right) &= P\left(\left|\frac{X-np}{\sqrt{np(1-p)}}\right| \leqslant \varepsilon\sqrt{\frac{n}{p(1-p)}}\right) \\
&\approx \Phi\left(\varepsilon\sqrt{\frac{n}{p(1-p)}}\right)-\Phi\left(-\varepsilon\sqrt{\frac{n}{p(1-p)}}\right) \\
&= 2\Phi\left(\varepsilon\sqrt{\frac{n}{p(1-p)}}\right)-1=0.99,
\end{aligned}
$$

所以

$$\Phi\left(\varepsilon\sqrt{\frac{n}{p(1-p)}}\right)=0.995.$$

查标准正态分布表得

$$\varepsilon\sqrt{\frac{n}{p(1-p)}}=2.58.$$

将 $n=6000$，$p=\frac{1}{6}$ 代入上式得

$$\varepsilon=2.58\sqrt{\frac{5}{6\times 6\times 6000}}=0.0124.$$

即有 99% 的把握断言

$$\left|\frac{X}{6000}-\frac{1}{6}\right| \leqslant 0.0124.$$

解此不等式，可得 $926 \leqslant X \leqslant 1074$. 即在 6000 只电子元件中，次品数在 926 到 1074 只之间.

习题 5

1. 已知正常男性成年人的血液 1 毫升中含白细胞的平均数为 7300 个，均方差为 700 个，试用切比雪夫不等式估计每毫升含白细胞数在 5200 到 9400 个之间的概率 P.

2. 某学生某门课程的考试成绩是均值为80(分)，方差为25的随机变量.

(1) 用切比雪夫不等式估计这个学生考试成绩在 70 ～ 90 分的概率范围.

(2) 多名这样的学生参加考试，欲使他们的平均分在 75 分到 85 分之间的概率不低于 90%，至少要有多少学生参加考试？

3. 设 $E(X^2)=(m+1)(m+2)$，$E(X)=m+1$，则由切比雪夫不等式可估计得 $P(0<X<2(m+1))$(　　).

(A) $\geqslant \dfrac{1}{2}$　　　(B) $\geqslant \dfrac{4m^2+8m+3}{4(m+1)^2}$

(C) $\leqslant \dfrac{1}{m+1}$　　　(D) $\geqslant \dfrac{m}{m+1}$

4. 设 $X_1, X_2 \cdots, X_n, \cdots$ 是独立同分布的随机变量序列，其分布函数为

$$F(x)=a+\frac{1}{\pi}\arctan\frac{x}{b}, b\neq 0.$$

则辛钦大数定律对此序列(　　).

(A) 适用　　(B) 当常数 a, b 取适当的数时适用

(C) 不适用　　(D) 无法判定

5. 设随机变量 $X_1, X_2, \cdots$ 相互独立且服从同参数 λ 的泊松分布，则下面随机变量序列不满足切比雪夫大数定律条件的是(　　).

(A) $X_1, X_2, \cdots, X_n, \cdots$

(B) $X_1+1, X_2+2, \cdots, X_n+n, \cdots$

(C) $X_1, 2X_2, \cdots, nX_n, \cdots$

(D) $X_1, \dfrac{1}{2}X_2, \cdots, \dfrac{1}{n}X_n, \cdots$

6. 设 $X_1, X_2, \cdots$ 是独立同分布的随机变量序列，且 $E(X_i)=\mu, D(X_i)=\sigma^2, i=1,2,\cdots$. 证明：

$$\frac{1}{n}\sum_{i=1}^{n}X_i^2 \xrightarrow{P} \sigma^2+\mu^2.$$

7. 设 $X_1,X_2,\cdots$ 为独立同分布序列，且 $X_i(i=1,2,\cdots)$ 服从参数为 λ 的指数分布，则(　　).

(A) $\lim\limits_{n\to\infty}P\left\{\dfrac{\lambda\sum\limits_{i=1}^{n}X_i-n}{\sqrt{n}}\leqslant x\right\}=\Phi(x)$

(B) $\lim\limits_{n\to\infty}P\left\{\dfrac{\sum\limits_{i=1}^{n}X_i-n}{\sqrt{n}}\leqslant x\right\}=\Phi(x)$

(C) $\lim\limits_{n\to\infty}P\left\{\dfrac{\sum\limits_{i=1}^{n}X_i-\lambda}{\sqrt{n\lambda}}\leqslant x\right\}=\Phi(x)$

(D) $\lim\limits_{n\to\infty}P\left\{\dfrac{\sum\limits_{i=1}^{n}X_i-\lambda}{n\lambda}\leqslant x\right\}=\Phi(x)$

其中 $\Phi(x)=\int_{-\infty}^{x}\frac{1}{\sqrt{2\pi}}e^{-\frac{t^2}{2}}dt$.

8. 假设一批种子的良种率为 $\frac{1}{6}$，在其中任选 600 粒，求这 600 粒种子中，良种所占的比例值与 $\frac{1}{6}$ 之差的绝对值不超过 0.02 的概率.

(1) 用切比雪夫不等式估计；

(2) 用中心极限定理计算近似值.

9. 设电话小总机共有 200 个电话分机，若每个分机都有 5% 的时间使用外线，且各分机是否使用外线相互独立，要保证每个分机用户有 95% 的把握接通外线，问小总机至少设置多少条外线？

10. 某大型商场每天接待顾客 10000 人，设每位顾客的消费额(单位：元)服从[200,2000]上的均匀分布，且顾客的消费额是相互独立的，求该商场的销售额在平均销售额上下浮动不超过

30000 的概率.

11. 某种计算器在进行加法运算时,将每个加数都舍入成靠近它的整数.设所有舍入误差都是独立的,且都在[−0.5,0.5]上服从均匀分布,

(1) 若将 1500 个数相加,求误差总和的绝对值大于 15 的概率.

(2) 要使误差总和的绝对值小于 10 的概率不小于 0.90,最多允许多少个数相加?

12. 某计算机系统有 120 个终端,各终端使用与否相互独立.如果每个终端有 20% 的时间在使用,求使用终端个数在 30 个 ~ 50 个之间的概率.

13. 据统计资料知某种电子元件的寿命 T 服从均值为 100 小时的指数分布,现随机地抽取 60 个,设它们的寿命相互独立,求这 60 个元件的寿命总和超出它们总平均寿命 10% 的概率.

14. 某心理学家要研究一群孩子智商的均值 μ,他决定用 $\overline{X}_n = \frac{1}{n}\sum_{i=1}^{n} X_i$ 作为 μ 的估计,其中 $X_1, X_2, \cdots, X_n$ 分别为这 n 个孩子智商测试的结果,若 $E(X_i) = \mu, D(X_i) = 263.66, i = 1,2,\cdots,n$.为使 $\overline{X}_n$ 对 μ 的估计精度在 ± 5 之间的概率不小于 0.96,问他至少测试多少个孩子?

15. 银行为支付某日即将到期的债券需准备一笔现金,设这批债券共发放了 500 张,每张债券到期之日需支付本息 1000 元,若持券人(一人一券)于债券到期之日到银行领取本息的概率为 0.4,问银行于该日应至少准备多少现金才能以 99.9% 的把握满足持券人的兑换?

16. 假设 $X_1, X_2, \cdots, X_n$ 为独立同分布的随机变量序列,已知 $E(X_i^k) = a_k (k = 1,2,3,4)$,记 $Z_n = \frac{1}{n}\sum_{i=1}^{n} X_i^2$,试证明:当 n 充分大时,Z_n 近似服从正态分布,并指出其分布参数.

第6章　数理统计的基本概念

本书前5章介绍的是概率论内容，从本章起将介绍数理统计的内容.

数理统计的基本任务是研究随机现象的统计规律性，这与概率论是相同的.它们在研究方法上的区别主要在于，概率论是在已知随机变量服从某种分布的情况下，研究随机变量分布的性质、数字特征及其应用，而数理统计则是通过对试验数据的统计分析，从中得到能够描述研究对象的某个随机变量的具体分布和数字特征，以此推断研究对象整体所具有的规律.

数理统计是以概率论为基础，研究如何以有效的方法收集、整埋和分析受到随机性影响的数据，并以这些有限数据为依据，对考察的问题作出尽可能精确、可靠的估计和推断.数理统计的内容丰富，应用广泛，本书只介绍参数估计、假设检验、方差分析及回归分析等基本内容.

本章我们介绍总体、随机样本及统计量等基本概念，并讨论几个常用的统计量及抽样分布.

6.1　总体与样本

6.1.1　总体、个体与样本

在数理统计中，把研究对象的全体称为**总体**，把总体中的每一个对象称为**个体**.在实际问题中，我们关心的往往是表征研究对象的某个数量指标，因此，也可以把每个研究对象的这个数量指标看作个体，它们的全体看作总体. 例如，要研究某厂生产的一批灯泡质量，表征灯泡质量的主要数量指标是它的使用寿命，这时该厂生产的灯泡寿命的全体是一个总体，每个灯泡的寿命即为个体. 又如，要了解某城市家庭的月收入情况，则每个家庭的月收入便是个体，它们的全体构成一个总体. 由于灯泡的使用寿命可能是这样一个数值，也可能是那样一个数值，在使用前无法预知，因此，它是一个随机变量，由灯泡使用寿命组成的总体，可以看作是这个随机变量取值的集合；类似地，某城市各家庭月收入构成的总体也可看成某个随机变量取值的集合. 一般地，我们总把总体与某个随机变量的可能取值的集合等同起来，而不再区分总体和相应的随机变量. 这样对总体的研究就转化成对某个随机变量规律的研究. 今后提到的总体，是指分布未知，或至少是某些参数未知的随机变量，一般地用 X,Y 表示. 总体中所含个体的数目称为**总体容量**. 总体容量有限的总体称为**有限总体**，总体容量无限的总体称为**无限总体**. 当有限总体的总体容量很大时，可近似地将它看成是无限总体.

总体作为随机变量，它的分布一般是未知的，或者它的某些参数是未知的. 要判断总体服从何分布或估计未知参数取何值，最理想的办法是对每个个体进行逐个观察或测试，但实际上这样做往往是不现实或不允许的（如，对一批灯泡作寿命分布研究，若全部对灯泡试验，当试验完成时，这批灯泡已不能再用了）. 这就需先从总体中抽取一些个体进行观察或测试，从中得到研究总体所需要的部分信息. 我们对按照一定的原则从总体中抽取若干个个体，并进行观察或测试叫做**抽样**. 显然对每个个体的观察或测试，其结果都是随机的，将这些随机值看作是一个个相应的随机变量的取值，这样，就把对个体的试验结果与一个个随机变量的取值对应了起来. 于是，我们把对总体 X 的研究变成了通过对一组随机变量 X_1，$X_2\cdots,X_n$ 取值来实现对总体 X 的研究，把这一组随机变量称为总

体 X 的一个**样本**.样本中所含个体的数目称为**样本容量**.

对总体作某种推断,都是通过样本来实现的,因此,除对样本应有一定容量要求外,样本还应具有代表性,使之包含更多的有利于推断总体的信息,为了对样本有一个合理而有效的要求,我们作如下定义.

定义 6.1　设 $X_1,X_2,\cdots,X_n$ 是来自总体 X 的容量为 n 的样本,若

(1)$X_1,X_2,\cdots,X_n$ 相互独立;

(2)$X_i(i=1,2,\cdots,n)$ 与 X 同分布,

则称 $X_1,X_2,\cdots,X_n$ 为 X 的一个**简单随机样本**(简称为**样本**).

今后所涉及的样本均指简单随机样本.

样本 $X_1,X_2,\cdots,X_n$ 可以看作一个 n 维随机变量$(X_1,X_2,\cdots,X_n)$,在实际问题中,完成一次抽样,得到的是 n 个确定的数据 $x_1,x_2,\cdots,x_n$,称这 n 个数为样本$(X_1,X_2,\cdots,X_n)$的一组**观测值**或**样本值**.

由定义 6.1 知,总体 X 与样本 $X_1,X_2,\cdots,X_n$ 中每个 X_i 同分布,且 $X_1,X_2,\cdots,X_n$ 相互独立,所以如果总体 X 的分布函数为 $F(x)$,则 $X_1,X_2,\cdots,X_n$ 的联合分布函数为

$$F(x_1,x_2,\cdots,x_n)=F(x_1)F(x_2)\cdots F(x_n)=\prod_{i=1}^{n}F(x_i). \tag{6.1}$$

当总体 X 的概率密度为 $f(x)$ 时,则样本 $X_1,X_2,\cdots,X_n$ 的联合概率密度为

$$f(x_1,x_2,\cdots,x_n)=\prod_{i=1}^{n}f(x_i). \tag{6.2}$$

同样,对于总体为离散型随机变量情形,其样本联合概率分布列可类似得到.

例 6.1　设总体 $X\sim B(1,p)$,即 $P(X=x)=p^x(1-p)^{1-x}$,

$x=0,1$. 设 X_1,X_2,X_3 为 X 的一个样本,求样本(X_1,X_2,X_3)的概率分布.

解 因为 $P(X=x_i)=p^{x_i}(1-p)^{1-x_i}, x_i=0,1; i=1,2,3$. 所以$(X_1,X_2,X_3)$的分布列为:

$$\begin{aligned}
&P(X_1=x_1,X_2=x_2,X_3=x_3)\\
&=\prod_{i=1}^{3}P(X=x_i)=\prod_{i=1}^{3}p^{x_i}(1-p)^{1-x_i}\\
&=p^{x_1+x_2+x_3}(1-p)^{3-(x_1+x_2+x_3)}.
\end{aligned}$$

由于 X_1,X_2,X_3 的可能取值为 0 或 1,而 $x_1+x_2+x_3$ 表示 X_1,X_2,X_3 之和的取值,故 $x_1+x_2+x_3$ 的全部取值为 0,1,2,3. 以 k 表示这些值,则

$$P(X_1=x_1,X_2=x_2,X_3=x_3)=p^k(1-p)^{3-k}\ (k=0,1,2,3).$$

6.1.2 统计量和样本矩

样本来自总体,样本的观测值含有总体各方面的信息,但这些信息比较分散,为使这些分散在样本中有关总体的信息集中起来,反映总体的各种特征,需要对样本进行加工,一种有效的方法是构造样本的函数,不同的样本函数反映总体的不同特征. 这种样本的函数被称为统计量.

定义 6.2 设$(X_1,X_2,\cdots,X_n)$是来自总体 X 的容量为 n 的样本,如果样本函数 $g(X_1,X_2,\cdots,X_n)$ 中不含任何未知参数,则称 $g(X_1,X_2,\cdots,X_n)$ 是一个**统计量**.

例 6.2 设 X_1,X_2,X_3 是取自正态总体 $X\sim N(\mu,\sigma^2)$ 的一个样本,其中 μ 已知,σ^2 未知,问下列给出的样本函数哪些是统计量? 哪些不是统计量?

$$X_1,\quad X_2+1,\quad \frac{1}{3}(X_1+X_2+X_3),$$

$$\sum_{i=1}^{3}(X_i-\mu)^2,\quad \max\{X_1,X_2,X_3\},\quad \sum_{i=1}^{3}\left(\frac{X_i}{\sigma}\right)^2.$$

解　$X_1, X_2+1, \frac{1}{3}(X_1+X_2+X_3), \max\{X_1, X_2, X_3\}$ 都是统计量. 因为它们都是样本的函数,且不含未知参数. $\sum_{i=1}^{3}(X_i-\mu)^2$ 也是统计量 ,因为 u 是已知量. 而 $\sum_{i=1}^{3}\left(\frac{X_i}{\sigma}\right)^2$ 不是统计量,因为 σ^2 是未知参数.

若 $(x_1, x_2, \cdots, x_n)$ 是相应于样本 $(X_1, X_2, \cdots, X_n)$ 的观测值,则称 $g(x_1, x_2, \cdots, x_n)$ 是统计量 $g(X_1, X_2, \cdots, X_n)$ 的观测值.

下面给出两种基本的统计量,样本矩和顺序统计量.

定义 6.3　设 $X_1, X_2, \cdots, X_n$ 是取自总体 X 的容量为 n 的样本,$x_1, x_2, \cdots, x_n$ 是这一样本的观测值,称

$$\overline{X}=\frac{1}{n}\sum_{i=1}^{n}X_i \tag{6.3}$$

为**样本均值**;称

$$S^2=\frac{1}{n-1}\sum_{i=1}^{n}(X_i-\overline{X})^2=\frac{1}{n-1}\left(\sum_{i=1}^{n}X_i^2-n\overline{X}^2\right) \tag{6.4}$$

为**样本方差**;称

$$S=\sqrt{S^2}=\sqrt{\frac{1}{n-1}\sum_{i=1}^{n}(X_i-\overline{X})^2}$$

为**样本标准差**;称

$$A_k=\frac{1}{n}\sum_{i=1}^{n}X_i^k\ (k=1,2,\cdots) \tag{6.5}$$

为**样本 k 阶原点矩**;称

$$B_k=\frac{1}{n}\sum_{i=1}^{n}(X_i-\overline{X})^k\quad(k=1,2,\cdots) \tag{6.6}$$

为**样本 k 阶中心矩**.

称它们的观测值

$$\bar{x}=\frac{1}{n}\sum_{i=1}^{n}x_i,$$

$$s^2=\frac{1}{n-1}\sum_{i=1}^{n}(x_i-\bar{x})^2,$$

$$s=\sqrt{\frac{1}{n-1}\sum_{i=1}^{n}(x_i-\bar{x})^2},$$

$$a_k=\frac{1}{n}\sum_{i=1}^{n}x_i^k \quad (k=1,2,\cdots),$$

$$b_k=\frac{1}{n}\sum_{i=1}^{n}(x_i-\bar{x})^k \quad (k=1,2,\cdots)$$

仍分别为样本均值、样本方差、样本标准差、样本 k 阶原点矩、样本 k 阶中心矩.

易见,$\overline{X}=A_1$. B_2 是一个常用的量,我们把它记作 $S_n^2=\frac{1}{n}\sum_{i=1}^{n}(X_i-\overline{X})^2$,相应地 $S_n=\sqrt{\frac{1}{n}\sum_{i=1}^{n}(X_i-\overline{X})^2}$.

一切样本矩都是统计量,下面我们给出它们之中一些常用样本矩的性质.

定理 6.1 设 $X_1,X_2,\cdots,X_n$ 是取自总体 X 的容量为 n 的样本,若 X 具有期望 $E(X)=\mu$ 和方差 $D(X)=\sigma^2$,则

(1)$E(\overline{X})=\mu,D(\overline{X})=\frac{\sigma^2}{n}$;

(2)$E(S^2)=\sigma^2,E(S_n^2)=\frac{n-1}{n}\sigma^2$;

(3) 当 $n\to\infty$ 时,$\overline{X}\xrightarrow{P}\mu$;

(4) 当 $n\to\infty$ 时,$S^2\xrightarrow{P}\sigma^2,S_n^2\xrightarrow{P}\sigma^2$.

证 (1) 由于 $X_1,X_2,\cdots,X_n$ 是独立同分布的随机变量,且

$$E(X_i)=E(X)=\mu,\quad D(X_i)=D(X)=\sigma^2,i=1,2,\cdots n,$$

因此

$$E(\overline{X}) = \frac{1}{n}\sum_{i=1}^{n}E(X_i) = \frac{1}{n}n\mu = \mu,$$

$$D(\overline{X}) = \frac{1}{n^2}\sum_{i=1}^{n}D(X_i) = \frac{1}{n^2}n\sigma^2 = \frac{\sigma^2}{n}.$$

(2) 因为

$$E\left[\sum_{i=1}^{n}(X_i-\overline{X})^2\right] = E\left[\sum_{i=1}^{n}X_i^2 - n\overline{X}^2\right]$$

$$= \sum_{i=1}^{n}E(X_i^2) - nE(\overline{X}^2)$$

$$= \sum_{i=1}^{n}\left[D(X_i)+E^2(X_i)\right] - n\left[D(\overline{X})+E^2(\overline{X})\right]$$

$$= n(\sigma^2+\mu^2) - n\left(\frac{\sigma^2}{n}+\mu^2\right) = (n-1)\sigma^2,$$

所以

$$E(S^2) = \frac{1}{n-1}E\left[\sum_{i=1}^{n}(X_i-\overline{X})^2\right] = \sigma^2,$$

$$E(S_n^2) = \frac{1}{n}E\left[\sum_{i=1}^{n}(X_i-\overline{X})^2\right] = \frac{n-1}{n}\sigma^2.$$

(3) 由独立同分布情况下的大数定理(定理 5.4) 得

$$当\ n\to\infty\ 时, \overline{X}\xrightarrow{P}\mu.$$

(4) 由于 $X_1^2, X_2^2, \cdots, X_n^2$ 也是独立同分布的随机变量,且

$$E(X_i^2) = D(X_i) + E^2(X_i) = \sigma^2+\mu^2, i=1,2,\cdots,$$

由定理 5.4 得,

$$当\ n\to\infty\ 时, \frac{1}{n}\sum_{i=1}^{n}X_i^2 \xrightarrow{P} \sigma^2+\mu^2.$$

于是,由定理 5.1 得,

$$S_n^2 = \frac{1}{n}\left(\sum_{i=1}^{n}X_i^2 - n\overline{X}^2\right)$$

$$= \frac{1}{n}\sum_{i=1}^{n} X_i^2 - \overline{X}^2 \xrightarrow{P} (\sigma^2 + \mu^2) - \mu^2 = \sigma^2,$$

$$S^2 = \frac{n}{n-1} S_n^2 \xrightarrow{P} \sigma^2.$$

定义 6.4 设$(x_1, x_2, \cdots, x_n)$是样本$(X_1, X_2, \cdots, X_n)$的一组观测值,将 $x_1, x_2, \cdots, x_n$ 按递增顺序排列成

$$x_1^* \leqslant x_2^* \leqslant \cdots \leqslant x_n^*.$$

记 X_k^* 是这样的随机变量,当$(X_1, X_2, \cdots, X_n)$取值$(x_1, x_2, \cdots, x_n)$时,X_k^* 取值 x_k^*,$k = 1, 2, \cdots, n$,则称$(X_1^*, X_2^*, \cdots, X_n^*)$为样本$(X_1, X_2, \cdots, X_n)$的**顺序统计量**,$X_k^*(k = 1, 2, \cdots, n)$称为**第 k 位顺序统计量**.称

$$\widetilde{X} = \begin{cases} X^*_{\frac{n+1}{2}}, & n \text{ 为奇数} \\ \dfrac{X^*_{\frac{n}{2}} + X^*_{\frac{n}{2}+1}}{2}, & n \text{ 为偶数} \end{cases}$$

为**样本中位数**.称 $R = X_n^* - X_1^*$ 为**样本极差**.

例 6.3 设 X_1, X_2, X_3 是总体 X 的一个样本,它们的三次观测值如下表:

观测值 \ 样本 \ 序号	X_1	X_2	X_3
1	1	0	1
2	3	1	0
3	1	2	0

求样本顺序统计量 X_1^*, X_2^*, X_3^* 相应观测值及样本极差的观测值.

解　将三组样本观测值分别按递增次序排序，待样本顺序统计量 X_1^*, X_2^*, X_3^* 相应观测值列表如下：

观测值　样本 序号	X_1^*	X_2^*	X_3^*
1	0	1	1
2	0	1	3
3	0	1	2

样本极差相应观测值为 $r_1 = 1-0 = 1, r_2 = 3-0 = 3, r_3 = 2-0 = 2$.

6.2　三个常用分布

在概率论中我们已经介绍了一些常用的分布，本节再介绍三个数理统计中非常有用的连续型随机变量的分布. 由于这些分布的证明过程需较多的数学知识，我们主要给出有关结论，详细证明过程见本章附录.

6.2.1　χ^2 分布

定义 6.5　设 $X_1, X_2, \cdots, X_n$ 是独立同分布的随机变量，且都服从 $N(0,1)$，称随机变量

$$Y = \sum_{i=1}^{n} X_i^2$$

所服从的分布为自由度为 n 的 χ^2 **分布**，记作 $Y \sim \chi^2(n)$.

χ^2 分布的概率密度为(证明见本章附录)

$$f(x)=\begin{cases}\dfrac{1}{2^{\frac{n}{2}}\Gamma\left(\dfrac{n}{2}\right)}x^{\frac{n}{2}-1}\mathrm{e}^{-\frac{x}{2}}, x\geqslant 0;\\ 0,\ x<0.\end{cases}\tag{6.7}$$

其中 $\Gamma\left(\dfrac{n}{2}\right)$ 是 Γ 函数 $\Gamma(x)=\int_0^{+\infty}t^{x-1}\mathrm{e}^{-t}\mathrm{d}t$ 在 $x=\dfrac{n}{2}$ 处的值.

χ^2 分布概率密度的图形与自由度 n 有关. 图 6.1 给出了当 $n=1,4,10,20$ 时的 $\chi^2_{(n)}$ 分布概率密度曲线图.

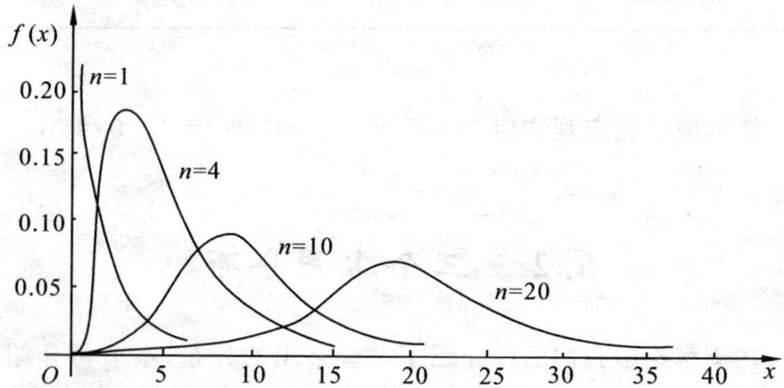

图 6.1

χ^2 分布有以下性质:

(1) 设 $Y_1\sim\chi^2(m)$, $Y_2\sim\chi^2(n)$, 且 Y_1 与 Y_2 相互独立, 则

$$Y_1+Y_2\sim\chi^2(m+n).$$

证 按 χ^2 分布的定义, 记

$$Y_1=\sum_{i=1}^{m}X_i^2, Y_2=\sum_{i=m+1}^{m+n}X_i^2,$$

则 $X_1,\cdots,X_{m+n}$ 是独立同分布的随机变量, 且都服从 $N(0,1)$. 于是有

$$Y_1+Y_2=\sum_{i=1}^{m+n}X_i^2\sim\chi^2(m+n).$$

(2) 设 $Y \sim \chi^2(n)$，则 $E(Y) = n, D(Y) = 2n$.

证　由于 $Y = \sum_{i=1}^{n} X_i^2, X_1, \cdots, X_n$ 相互独立且都服从 $N(0,1)$，所以

$$E(Y) = E\left(\sum_{i=1}^{n} X_i^2\right) = \sum_{i=1}^{n} E\left(X_i^2\right) = \sum_{i=1}^{n} D(X_i) = n,$$

$$E(X_i^4) = \frac{1}{\sqrt{2\pi}} \int_{-\infty}^{+\infty} x^4 \cdot e^{-\frac{x^2}{2}} dx = 3 (i = 1, 2, \cdots, n),$$

$$D(Y) = D\left(\sum_{i=1}^{n} X_i^2\right) = \sum_{i=1}^{n} D(X_i^2) = \sum_{i=1}^{n} \left[E(X_i^4) - E^2(X_i^2)\right] = 2n.$$

下面介绍分布的上侧 α 分位数概念，这在后面将会经常用到.

定义 6.6　设随机变量 X 的概率密度为 $f(x)$，对给定的 $\alpha(0 < \alpha < 1)$，称满足条件

$$P(X > x_\alpha) = \int_{x_\alpha}^{+\infty} f(x) dx = \alpha \tag{6.8}$$

的实数 x_α 为 X 分布的**上侧 α 分位数**.

要利用 $\chi^2(n)$ 分布的概率密度(6.7) 式计算概率是困难的. 书后附有 χ^2 分布的上侧分位数表供查用(附表 5). 表值是按

$$P\left(X > \chi_\alpha^2(n)\right) = \int_{\chi_\alpha^2(n)}^{+\infty} f(x) dx = \alpha$$

编制而成的. 其中 $X \sim \chi^2(n)$，$\chi_\alpha^2(n)$ 是自由度为 n 的 χ^2 分布的上侧α 分位数(见图 6.2).

χ^2 分布表通常只列到 $n = 45$，可以证明：当 n 充分大时，$\sqrt{2\chi^2(n)}$ 近似地服从正态分布 $N(\sqrt{2n-1}, 1)$. 一般地，当 $n > 45$ 时，$\chi_\alpha^2(n)$ 可由近似公式

$$\chi_\alpha^2(n) \approx \frac{1}{2}\left(u_\alpha + \sqrt{2n-1}\right)^2$$

得到，其中 u_α 是标准正态分布的上侧α 分位数，其值可用附表 4 求

得.

例 6.4　设 $X \sim \chi^2(15)$,试确定 x 的值,使 $P(X \leqslant x) = 0.95$.

解　由题意,所求 x 满足 $P(X > x) = 1 - 0.95 = 0.05$, 即 $x = \chi^2_{0.05}(15)$.

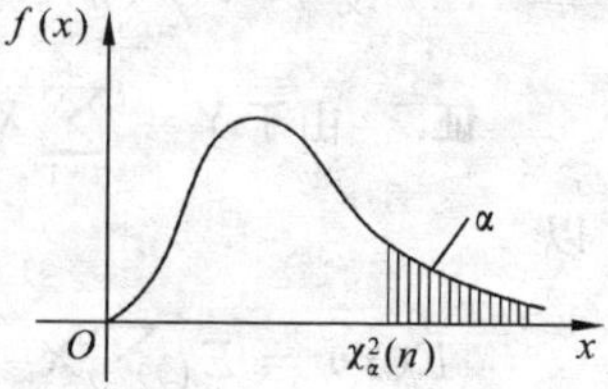

图 6.2

由 $n = 15, \alpha = 0.05$,查附表 5 得 $x = 24.996$.

例 6.5　设 $X_1, X_2, \cdots, X_{10}$ 是来自正态总体 $N(0, 0.3^2)$ 的一个样本,求 $P\left(\sum_{i=1}^{10} X_i^2 > 1.44\right)$.

解　因为 $X_i \sim N(0, 0.3^2)$,所以 $\dfrac{X_i}{0.3} \sim N(0,1), i = 1,2, \cdots, 10$ 且它们相互独立,故

$$\sum_{i=1}^{10}\left(\frac{X_i}{0.3}\right)^2 \sim \chi^2(10),$$

$$P\left(\sum_{i=1}^{10} X_i^2 > 1.44\right) = P\left(\sum_{i=1}^{10}\left(\frac{X_i}{0.3}\right)^2 > \frac{1.44}{(0.3)^2}\right)$$
$$= P(\chi^2(10) > 16) = 0.1.$$

6.2.2　t 分布

定义 6.7　设随机变量 X 与 Y 独立,且 $X \sim N(0,1), Y \sim \chi^2(n)$,称随机变量

$$T = \frac{X}{\sqrt{\dfrac{Y}{n}}}$$

所服从的分布为自由度为 n 的 **t 分布**,记为 $T \sim t(n)$.

t 分布的概率密度为(证明见本章附录)

$$f(x)=\frac{\Gamma\left(\frac{n+1}{2}\right)}{\sqrt{n\pi}\,\Gamma\left(\frac{n}{2}\right)}\left(1+\frac{x^2}{n}\right)^{-\frac{n+1}{2}},\quad -\infty<x<+\infty. \tag{6.9}$$

t 分布的概率密度的图形与 n 有关，图 6.3 给出了当 $n=1,5,\infty$ 时的 $t(n)$ 分布概率密度曲线图.

t 分布的概率密度为偶函数，关于 y 轴对称，且 $\lim\limits_{x\to\infty}f(x)=0$. 当 n 很大时，t 分布接近于正态分布. 事实上，

$$\begin{aligned}\lim_{n\to\infty}f(x)&=\lim_{n\to\infty}\frac{\Gamma\left(\frac{n+1}{2}\right)}{\sqrt{n\pi}\,\Gamma\left(\frac{n}{2}\right)}\left(1+\frac{x^2}{n}\right)^{-\frac{n+1}{2}}\\&=\frac{1}{\sqrt{\pi}}\lim_{n\to\infty}\left(1+\frac{x^2}{n}\right)^{-\frac{n+1}{2}}\lim_{n\to\infty}\frac{\Gamma\left(\frac{n+1}{2}\right)}{\sqrt{n}\,\Gamma\left(\frac{n}{2}\right)}\\&=\frac{1}{\sqrt{2\pi}}\mathrm{e}^{-\frac{x^2}{2}},\qquad -\infty<x<+\infty.\end{aligned}$$

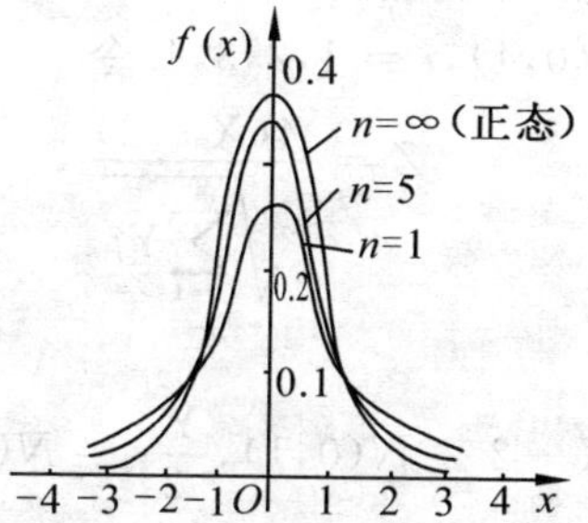

图 6.3

然而，当 n 较小时，t 分布与 $N(0,1)$ 之间有较大差异，且有

$$P(|T| \geqslant t_0) \geqslant P(|X| \geqslant t_0),$$

其中 $T \sim t(n), X \sim N(0,1)$. 也就是说 t 分布的尾部比标准正态分布 的尾部有着更大的概率.

t 分布在书后附有数值表可查(附表 6),表值是按

$$P(T > t_\alpha(n)) = \alpha$$

编制的,其中 $T \sim t(n), t_\alpha(n)$ 是自由度为 n 的 t 分布的上侧 α 分位数(见图 6.4). 当 $n \leqslant 45$ 时, $t_\alpha(n)$ 可查附表 6, 当 $n > 45$ 时, $t_\alpha(n) \approx u_\alpha, u_\alpha$ 是标准正态分布的上侧 α 分位数.

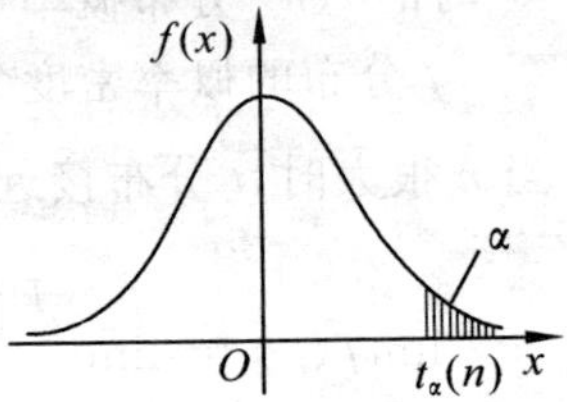

图 6.4

例 6.6 已知 $T \sim t(15)$,求 x,使 $P(|T| > x) = 0.1$.

解 由题意要求 $P(|T| > x) = 0.1$ 及 t 分布的对称性可知 $P(T > x) = \frac{0.1}{2} = 0.05$,即 $x = t_{0.05}(15)$.

由 $n = 15, \alpha = 0.05$,查附表 6 得 $x = 1.7531$.

例 6.7 设随机变量 X, Y_1, Y_2, Y_3, Y_4 相互独立,且 $X \sim N(2,1), Y_i \sim N(0,4), i = 1,2,3,4$. 令

$$Z = \frac{4(X-2)}{\sqrt{\sum_{i=1}^{4} Y_i^2}},$$

试求 Z 的分布.

解 由于 $X - 2 \sim N(0,1), \frac{Y_i}{2} \sim N(0,1), i = 1,2,3,4$,所以由 t 分布定义知

$$Z = \frac{4(X-2)}{\sqrt{\sum_{i=1}^{4} Y_i^2}} = \frac{X-2}{\sqrt{\sum_{i=1}^{4}\left(\frac{Y_i}{2}\right)^2 \Big/ 4}} \sim t(4),$$

即 Z 服从自由度为 4 的 t 分布.

6.2.3　F 分布

定义 6.8　设随机变量 X 与 Y 相互独立，且 $X \sim \chi^2(m)$，$Y \sim \chi^2(n)$，称随机变量

$$F = \frac{\frac{X}{m}}{\frac{Y}{n}}$$

所服从的分布为第一自由度为 m、第二自由度为 n 的 **F 分布**. 记作 $F \sim F(m,n)$.

F 分布的概率密度为(证明从略)

$$f(x) = \begin{cases} \dfrac{\Gamma\left(\dfrac{m+n}{2}\right)}{\Gamma\left(\dfrac{m}{2}\right)\Gamma\left(\dfrac{n}{2}\right)} m^{\frac{m}{2}} n^{\frac{n}{2}} x^{\frac{m}{2}-1}(n+mx)^{-\frac{m+n}{2}}, x > 0; \\ 0, x \leqslant 0. \end{cases} \tag{6.10}$$

F 分布的概率密度图形与 m,n 都有关. 图 6.5 给出了(m,n)分别为$(20,10)$，$(20,25)$，$(20,\infty)$ 时的 $F(m,n)$ 分布的概率密度曲线图.

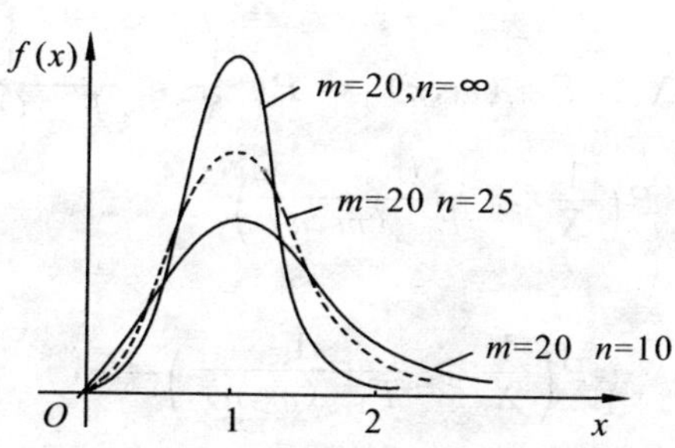

图 6.5

由 F 分布的定义立即得到 F 分布的下述两个性质：

(1) 若 $X \sim t(n)$，则 $X^2 \sim F(1,n)$.

(2) 若 $X \sim F(m,n)$，则 $\dfrac{1}{X} \sim F(n,m)$.

F 分布在书后有数值表可查(附表 7)，表值是按

$$P(F > F_\alpha(m,n)) = \alpha$$

编制的，其中 $F \sim F(m,n)$，$F_\alpha(m,n)$ 是第一自由度为 m、第二自由度是 n 的 F 分布的上侧 α 分位数(见图 6.6).

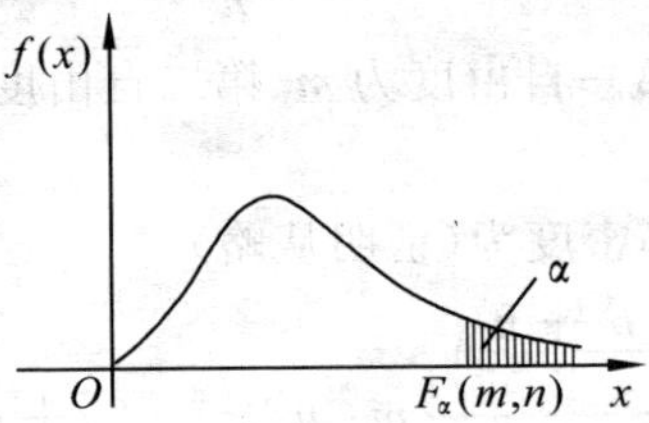

图 6.6

对于给定的 α，分位数 $F_\alpha(m,n)$ 和分位数 $F_{1-\alpha}(n,m)$ 之间有下述关系：

$$F_{1-\alpha}(m,n) = \frac{1}{F_\alpha(n,m)}. \tag{6.11}$$

这是因为：若 $X \sim F(m,n)$，则 $\dfrac{1}{X} \sim F(n,m)$，且

$$\begin{aligned}1-\alpha &= P(X > F_{1-\alpha}(m,n)) = P\left(\frac{1}{X} < \frac{1}{F_{1-\alpha}(m,n)}\right)\\ &= 1 - P\left(\frac{1}{X} \geqslant \frac{1}{F_{1-\alpha}(m,n)}\right)\end{aligned}$$

等价于

$$P\left(\frac{1}{X} \geqslant \frac{1}{F_{1-\alpha}(m,n)}\right) = \alpha,$$

即

$$\frac{1}{F_{1-\alpha}(m,n)} = F_\alpha(n,m).$$

所以

$$F_{1-\alpha}(m,n)=\frac{1}{F_{\alpha}(n,m)}.$$

(6.11) 式常用来求 F 分布表中没有列出的某些值.

例 6.8　设 $F\sim F(24,15)$,求 F_1,F_2,F_3,使得分别满足 $P(F>F_1)=0.025,P(F<F_2)=0.025,P(F>F_3)=0.95$.

解　(1) 由 $m=24,n=15,\alpha=0.025$ 查附表 7 得

$$F_1=F_{0.025}(24,15)=2.70.$$

(2) 对于 $P(F<F_2)=0.025$ 无法直接查表,但

$$P(F<F_2)=P\left(\frac{1}{F}>\frac{1}{F_2}\right)=0.025.$$

由 F 分布性质(2) 知 $\frac{1}{F}\sim F(15,24)$,查附表 7 得

$$\frac{1}{F_2}=F_{0.025}(15,24)=2.44,$$

即

$$P\left(F<\frac{1}{2.44}\right)=0.025.$$

所以

$$F_2=\frac{1}{2.44}=0.41.$$

(3) 对于 $P(F>F_3)=0.95,F_3=F_{0.95}(24,15)$ 不能直接从表中查得,由(6.11) 式有

$$F_{0.95}(24,15)=\frac{1}{F_{1-0.95}(15,24)}.$$

先从表中查得 $F_{0.05}(15,24)=2.11$,故有

$$F_3=\frac{1}{2.11}=0.474.$$

6.3　抽样分布

统计量是样本的函数,它是一个随机变量,统计量的分布称为

抽样分布.理论上,只要知道总体的分布就可求出统计量的分布;但在一般情况下,想求出统计量的分布是相当困难的.本节给出一些常用统计量的分布,主要给出正态总体下的抽样分布,对非正态总体下的抽样分布仅作简单介绍.

6.3.1 正态总体的情形

对于正态总体的样本均值和样本方差的分布,我们有以下的定理.

定理 6.2 设 $X_1, X_2, \cdots, X_n$ 是取自正态总体 $N(\mu, \sigma^2)$ 的一个样本,$\overline{X}$ 和 S^2 分别为样本均值和样本方差,则

(1)$\overline{X} \sim N\left(\mu, \frac{\sigma^2}{n}\right)$;

(2) $\frac{(n-1)S^2}{\sigma^2} = \frac{nS_n^2}{\sigma^2} = \frac{1}{\sigma^2}\sum_{i=1}^{n}(X_i - \overline{X})^2 \sim \chi^2(n-1)$;

(3)$\overline{X}$ 与 S^2 相互独立.

其中

$$\overline{X} = \frac{1}{n}\sum_{i=1}^{n} X_i,$$

$$S^2 = \frac{1}{n-1}\sum_{i=1}^{n}(X_i - \overline{X})^2,$$

$$S_n^2 = \frac{1}{n}\sum_{i=1}^{n}(X_i - \overline{X})^2.$$

(证明参见本章附录)

定理 6.3 设 $X_1, X_2, \cdots, X_n$ 是取自正态总体 $N(\mu, \sigma^2)$ 的一个样本,则

$$\frac{\overline{X} - \mu}{S/\sqrt{n}} = \frac{\overline{X} - \mu}{S_n/\sqrt{n-1}} \sim t(n-1).$$

证 由定理 6.2 的(1) 知 $\overline{X} \sim N\left(\mu, \frac{\sigma^2}{n}\right)$,从而 $\frac{\overline{X} - \mu}{\sigma/\sqrt{n}} \sim$

$N(0,1)$. 由定理 6.2 的(3)与(2)知 $\dfrac{\overline{X}-\mu}{\sigma/\sqrt{n}}$ 与 $\dfrac{(n-1)S^2}{\sigma^2}$ 相互独立，且

$$\frac{(n-1)S^2}{\sigma^2}\sim\chi^2(n-1).$$

这样，由 t 分布的定义知

$$T=\frac{\dfrac{\overline{X}-\mu}{\sigma/\sqrt{n}}}{\sqrt{\dfrac{(n-1)S^2}{\sigma^2(n-1)}}}=\frac{(\overline{X}-\mu)}{S/\sqrt{n}}\sim t(n-1).$$

在实际问题中，有时会遇到两个总体的情况. 例如，我们要比较两个工厂生产的相同产品的质量，那么每个工厂的产品便视作一个总体. 设 $(X_1,X_2,\cdots,X_m)$ 是取自总体 X 的一个样本，设 $(Y_1,Y_2,\cdots,Y_n)$ 是取自总体 Y 的一个样本. 以后我们总是假定取自不同总体的样本是相互独立，即假定 $X_1,\cdots,X_m,Y_1,\cdots,Y_n$ 是 $m+n$ 个相互独立的随机变量.

定理 6.4　设 $X_1,X_2,\cdots,X_m$ 是取自正态总体 $N(\mu_1,\sigma_1^2)$ 的一个样本，$Y_1,Y_2,\cdots,Y_n$ 是取自正态总体 $N(\mu_2,\sigma_2^2)$ 的一个样本，则

(1) $\dfrac{\overline{X}-\overline{Y}-(\mu_1-\mu_2)}{\sqrt{\dfrac{\sigma_1^2}{m}+\dfrac{\sigma_2^2}{n}}}\sim N(0,1)$；

(2) $\dfrac{\sum\limits_{i=1}^{m}(X_i-\mu_1)^2/m\sigma_1^2}{\sum\limits_{i=1}^{n}(Y_i-\mu_2)^2/n\sigma_2^2}\sim F(m,n)$；

(3) $\dfrac{S_1^2/\sigma_1^2}{S_2^2/\sigma_2^2}\sim F(m-1,n-1)$.

其中$\overline{X}=\frac{1}{m}\sum_{i=1}^{m}X_i$，$S_1^2=\frac{1}{m-1}\sum_{i=1}^{m}(X_i-\overline{X})^2$，

$$\overline{Y}=\frac{1}{n}\sum_{i=1}^{n}Y_i,\quad S_2^2=\frac{1}{n-1}\sum_{i=1}^{n}(Y_i-\overline{Y})^2.$$

证 (1) 由于

$$E(\overline{X}-\overline{Y})=E(\overline{X})-E(\overline{Y})=\mu_1-\mu_2,$$

$$D(\overline{X}-\overline{Y})=D(\overline{X})+D(\overline{Y})=\frac{\sigma_2^2}{m}+\frac{\sigma_2^2}{n},$$

且$\overline{X}-\overline{Y}$是独立正态随机变量$X_1,\cdots,X_m,Y_1,\cdots,Y_n$的线性函数，所以

$$\overline{X}-\overline{Y}\sim N\left(\mu_1-\mu_2,\frac{\sigma_1^2}{m}+\frac{\sigma_2^2}{n}\right),$$

故

$$\frac{\overline{X}-\overline{Y}-(\mu_1-\mu_2)}{\sqrt{\frac{\sigma_1^2}{m}+\frac{\sigma_2^2}{n}}}\sim N(0,1).$$

(2) 由χ^2分布的定义知

$$\sum_{i=1}^{m}\left(\frac{X_i-\mu_1}{\sigma_1}\right)^2\sim\chi^2(m),$$

$$\sum_{i=1}^{n}\left(\frac{Y_i-\mu_2}{\sigma_2}\right)^2\sim\chi^2(n),$$

由条件，上述二随机变量相互独立，故由F分布的定义知

$$\frac{\sum_{i=1}^{m}(X_i-\mu_1)^2/\sigma_1^2m}{\sum_{i=1}^{n}(Y_i-\mu_2)^2/\sigma_2^2n}\sim F(m,n).$$

(3) 由定理6.2的(2)知

$$\frac{(m-1)S_1^2}{\sigma_1^2}=\frac{1}{\sigma_1^2}\sum_{i=1}^{m}(X_i-\overline{X})^2\sim\chi^2(m-1),$$

$$\frac{(n-1)S_2^2}{\sigma_2^2}=\frac{1}{\sigma_2^2}\sum_{i=1}^{n}(Y_i-\overline{Y})^2\sim\chi^2(n-1),$$

且上述两个随机变量相互独立，于是由 F 分布的定义知

$$\frac{(m-1)S_1^2/\sigma_1^2(m-1)}{(n-1)S_2^2/\sigma_2^2(n-1)}=\frac{S_1^2/\sigma_1^2}{S_2^2/\sigma_2^2}\sim F(m-1,n-1).$$

在定理 6.4 中，如果 $\sigma_1^2=\sigma_2^2=\sigma^2$，则有下列结果.

定理 6.5　设 $X_1,X_2,\cdots,X_m$ 是取自正态总体 $N(\mu_1,\sigma^2)$ 的一个样本，$Y_1,Y_2,\cdots,Y_n$ 是取自正态总体 $N(\mu_2,\sigma^2)$ 的一个样本，则

(1) $\dfrac{\overline{X}-\overline{Y}-(\mu_1-\mu_2)}{S_w\sqrt{\dfrac{1}{m}+\dfrac{1}{n}}}\sim t(m+n-2)$，

其中　$S_w=\sqrt{S_w^2},S_w^2=\dfrac{(m-1)S_1^2+(n-1)S_2^2}{m+n-2}$.

(2) $\dfrac{S_1^2}{S_2^2}\sim F(m-1,n-1)$.

证　(1) 由定理 6.4 的(1) 知

$$\frac{\overline{X}-\overline{Y}-(\mu_1-\mu_2)}{\sqrt{\dfrac{\sigma^2}{m}+\dfrac{\sigma^2}{n}}}\sim N(0,1),$$

而 $\dfrac{(m-1)S_1^2}{\sigma^2}\sim\chi^2(m-1),\dfrac{(n-1)S_2^2}{\sigma^2}\sim\chi^2(n-1)$ 且两者相互独立，因此由 χ^2 分布的可加性推得

$$\frac{(m-1)S_1^2+(n-1)S_2^2}{\sigma^2}\sim\chi^2(m+n-2).$$

由 t 分布的定义知

$$\frac{\overline{X}-\overline{Y}-(\mu_1-\mu_2)}{S_w\sqrt{\frac{1}{m}+\frac{1}{n}}}$$

$$=\frac{\overline{X}-\overline{Y}-(\mu_1-\mu_2)\Big/\sqrt{\frac{\sigma^2}{m}+\frac{\sigma^2}{n}}}{\sqrt{\frac{(m-1)S_1^2+(n-1)S_2^2}{\sigma^2}}\cdot\sqrt{\frac{1}{m+n-2}}}\sim t(m+n-2).$$

(2) 是定理 6.4(3) 的简单推论.

6.3.2 非正态总体的情形

在正态总体下,样本均值 $\overline{X}$ 与样本方差 S^2 的分布有较完美的结论.当总体 X 不服从正态分布时,抽样分布问题要复杂得多,在实际问题中往往借助于中心极限定理求出统计量的近似分布.

定理 6.6 设 $X_1,X_2,\cdots,X_n$ 是取自均值为 μ、方差为 σ^2 的总体的一个样本,当 n 充分大时,近似地有

(1) $\overline{X}\sim N\left(\mu,\frac{\sigma^2}{n}\right)$;

(2) $\frac{\overline{X}-\mu}{S/\sqrt{n}}\sim N(0,1)$.

由独立同分布中心极限定理即知(1) 成立.(2) 的证明超出本课程要求,故略去.

此定理表明,不管总体分布的具体形式如何,只要它的均值、方差存在,则从总体抽取的样本均值 $\overline{X}$ 及统计量 $\frac{\overline{X}-\mu}{S/\sqrt{n}}$ 就近似地服从正态分布,这在实际应用上是方便有效的.

例 6.9 某公司机器向瓶子里灌装液体洗净剂,规定每瓶装 μ 毫升,但实际灌装有一定的波动.假定灌装量的方差 $\sigma^2=1$,如果每箱装 25 瓶这样的洗净剂,试问这 25 瓶洗净剂的平均灌装量与标定值 μ 相差不超过 0.3 毫升的概率是多少?

解 记一箱中 25 瓶洗净剂灌装量为 $X_1,X_2,\cdots,X_{25}$,它们是

来自均值为 μ，方差为 1 的总体中的样本. 我们需要计算的是事件 $\{|\overline{X}-\mu|\leqslant 0.3\}$ 的概率. 由定理 6.6(1)，有

$$\begin{aligned}P(|\overline{X}-\mu|\leqslant 0.3) &= P(-0.3\leqslant\overline{X}-\mu\leqslant 0.3)\\&= P\left(\frac{-0.3}{\sigma/\sqrt{n}}\leqslant\frac{\overline{X}-\mu}{\sigma/\sqrt{n}}\leqslant\frac{0.3}{\sigma/\sqrt{n}}\right)\\&\approx \Phi\left(\frac{0.3}{\sigma/\sqrt{n}}\right)-\Phi\left(\frac{-0.3}{\sigma/\sqrt{n}}\right)\\&= 2\Phi\left(\frac{0.3}{\sigma/\sqrt{n}}\right)-1\\&= 2\Phi(1.5)-1=0.8664.\end{aligned}$$

这就是说，对于装 25 瓶的一箱而言，平均每瓶灌装量与标定值不超过 0.3 毫升的概率近似为 86.64%. 如果我们每箱装 50 瓶，不难验算

$$P(|\overline{X}-\mu|\leqslant 0.3)\approx 0.966.$$

可见，当每箱由 25 瓶增加到 50 瓶时，我们能以更大的概率保证厂家和商家都不吃亏.

附　录

1. $\chi^2(n)$ 分布的概率密度的证明

证　由 $\chi^2(n)$ 分布的定义知，样本 $X_1,X_2,\cdots,X_n$ 的联合概率密度为

$$\begin{aligned}f(x_1,x_2,\cdots,x_n) &= \prod_{i=1}^{n}\frac{1}{\sqrt{2\pi}}\mathrm{e}^{-\frac{x_i^2}{2}}\\&= \left(\frac{1}{\sqrt{2\pi}}\right)^{\frac{n}{2}}\exp\left(-\frac{1}{2}\sum_{i=1}^{n}x_i^2\right).\end{aligned}$$

对于 $y>0,h>0$ 有

$$P\left(y<\sum_{i=1}^{n}X_i^2\leqslant y+h\right)$$

$$= \left(\frac{1}{\sqrt{2\pi}}\right)^{\frac{n}{2}} \underset{G}{\iint\cdots\int} \exp\left(-\frac{1}{2}\sum_{i=1}^{n} x_i^2\right) \mathrm{d}x_1 \mathrm{d}x_2 \cdots \mathrm{d}x_n, \tag{6.12}$$

其中 G 是外半径为 $\sqrt{y+h}$、内半径为 $\sqrt{y}$ 的 n 维球壳，记 G 的体积为 ΔV，则由上式，有

$$\left(\frac{1}{2\pi}\right)^{\frac{n}{2}}\left[\exp\left(-\frac{y+h}{2}\right)\right]\Delta V < P\left(Y < \sum_{i=1}^{n} X_i^2 \leqslant y+h\right)$$

$$\leqslant \left(\frac{1}{2\pi}\right)^{\frac{n}{2}}\left[\exp\left(-\frac{y}{2}\right)\right]\Delta V. \tag{6.13}$$

因为 n 维球体的体积为 kr^n，r 是球半径，k 为常数，所以

$$\Delta V = k\left[(y+h)^{\frac{n}{2}} - y^{\frac{n}{2}}\right],$$

因而

$$\lim_{h\to 0}\frac{\Delta V}{h} = k\lim_{h\to 0}\frac{1}{h}\left[(y+h)^{\frac{n}{2}} - y^{\frac{n}{2}}\right]$$

$$= k\cdot\frac{n}{2}\cdot y^{\frac{n}{2}-1}. \tag{6.14}$$

将(6.13)式各部分除以 h，令 $h\to 0$，注意 $\lim\limits_{h\to 0} e^{-\frac{h}{2}} = 1$，可得

$$\lim_{h\to 0}\frac{1}{h}P\left(y < \sum_{i=1}^{n} X_i^2 \leqslant y+h\right) = Cy^{\frac{n}{2}-1}\cdot e^{-\frac{y}{2}},$$

其中，$C = k\,\dfrac{n}{2}\left(\dfrac{1}{2\pi}\right)^{\frac{n}{2}}$ 为常数. 因而，当 $y>0$ 时，$\chi^2(n)$ 的概率密度 为

$$f(y) = Cy^{\frac{n}{2}-1}e^{-\frac{y}{2}}.$$

由于 $\chi^2 = \sum\limits_{i=1}^{n} X_i^2 \geqslant 0$，故当 $y \leqslant 0$ 时，其概率密度为 0，故 $\chi^2(n)$ 分布的概率密度为

$$f(y) = \begin{cases} Cy^{\frac{n}{2}-1}e^{-\frac{y}{2}}, y>0; \\ 0, y\leqslant 0. \end{cases} \tag{6.15}$$

由概率密度的性质

$$\int_{-\infty}^{+\infty} f(y)\mathrm{d}y = \int_{0}^{+\infty} C y^{\frac{n}{2}-1} \mathrm{e}^{-\frac{y}{2}} \mathrm{d}y = 1,$$

可得

$$C = \frac{1}{2^{\frac{n}{2}} \Gamma\left(\frac{n}{2}\right)}, \quad \left(\text{其中 } \Gamma(\alpha) = \int_{0}^{+\infty} x^{\alpha-1} \mathrm{e}^{-x} \mathrm{d}x\right).$$

将它代入(6.15)式即可得(6.7)式.

2. $t(n)$ 分布的概率密度的证明

证　设随机变量 T 的分布函数为 $F(t)$,由于 X 与 Y 相互独立,故

$$F(t) = P(T \leqslant t) = P\left(\frac{X}{\sqrt{Y/n}} \leqslant t\right) = P\left(\frac{X}{\sqrt{Y}} \leqslant \frac{t}{\sqrt{n}}\right)$$

$$= \iint_{\frac{u}{\sqrt{v}} \leqslant \frac{t}{\sqrt{n}}} \frac{1}{\sqrt{2\pi}} \mathrm{e}^{-\frac{u^2}{2}} \cdot \frac{1}{2^{\frac{n}{2}} \Gamma\left(\frac{n}{2}\right)} \cdot v^{-\frac{n}{2}-1} \mathrm{e}^{-\frac{v}{2}} \mathrm{d}u\mathrm{d}v.$$

作变量替换 $u = \sqrt{\gamma}, v = \gamma$,可算出雅可比行列式

$$\begin{vmatrix} \frac{\partial u}{\partial \gamma} & \frac{\partial u}{\partial S} \\ \frac{\partial v}{\partial \gamma} & \frac{\partial v}{\partial S} \end{vmatrix} = \begin{vmatrix} \frac{S}{2\sqrt{\gamma}} & \sqrt{\gamma} \\ 1 & 0 \end{vmatrix} = -\sqrt{\gamma},$$

于是

$$P\left(\frac{X}{\sqrt{Y/n}} \leqslant t\right)$$

$$= \iint_{s<\frac{t}{\sqrt{n}}, \gamma>0} \frac{1}{\sqrt{2\pi} 2^{\frac{n}{2}} \Gamma\left(\frac{n}{2}\right)} \gamma^{\frac{n-1}{2}} \cdot \mathrm{e}^{-\frac{1}{2}(1+s^2)\gamma} \mathrm{d}\gamma \mathrm{d}s$$

$$= \int_{-\infty}^{\frac{t}{\sqrt{n}}} \frac{\mathrm{d}s}{\sqrt{\pi} \Gamma\left(\frac{n}{2}\right)} \cdot \int_{0}^{+\infty} \left(\frac{\gamma}{2}\right)^{\frac{n-1}{2}} \mathrm{e}^{-\frac{1}{2}(1+s^2)\gamma} \mathrm{d}\gamma$$

$$=\int_{-\infty}^{\frac{t}{\sqrt{n}}}\frac{1}{\sqrt{\pi}\Gamma\left(\frac{n}{2}\right)}\cdot\frac{\Gamma\left(\frac{n+1}{2}\right)}{(1+s^2)^{\frac{n+1}{2}}}\mathrm{d}s$$

$$=\int_{-\infty}^{t}\frac{\Gamma\left(\frac{n+1}{2}\right)}{\sqrt{n\pi}\Gamma\left(\frac{n}{2}\right)}\left(1+\frac{s^2}{n}\right)^{-\frac{n+1}{2}}\mathrm{d}s.$$

故 T 的概率密度为

$$f(t)=F'(t)=\frac{\Gamma\left(\frac{n+1}{2}\right)}{\sqrt{n\pi}\Gamma\left(\frac{n}{2}\right)}\left(1+\frac{t^2}{n}\right)^{-\frac{n+1}{2}},-\infty<t<+\infty.$$

3. 定理6.2 的证明

证 (2) 令 $Z_i=\frac{X_i-\mu}{\sigma},i=1,2,\cdots,n$，则由定理条件知，$Z_1,Z_2,\cdots,Z_n$ 相互独立，且都服从 $N(0,1)$ 分布，而

$$\overline{Z}=\frac{1}{n}\sum_{i=1}^{n}Z_i=\frac{\overline{X}-\mu}{\sigma},$$

$$\begin{aligned}\frac{(n-1)S^2}{\sigma^2}&=\sum_{i=1}^{n}(X_i-\overline{X})^2/\sigma^2\\&=\sum_{i=1}^{n}\left[\frac{(X_i-\mu)-(\overline{X}-\mu)}{\sigma}\right]^2\\&=\sum_{i=1}^{n}(Z_i-\overline{Z})^2=\sum_{i=1}^{n}Z_1^2-n\overline{Z}^2.\end{aligned}$$

取 n 阶正交矩阵 $A=(a_{ij})$，其中第一行元素都等于 $\frac{1}{\sqrt{n}}$ 作正交变换

$$Y=AZ.$$

其中

$$Y = \begin{bmatrix} Y_1 \\ Y_2 \\ \vdots \\ Y_n \end{bmatrix}, \quad Z = \begin{bmatrix} Z_1 \\ Z_2 \\ \vdots \\ Z_n \end{bmatrix}.$$

由于$Y_i = \sum_{i=1}^{n} a_{ij} Z_j, i = 1,2,\cdots,n$,故$Y_1, Y_2, \cdots, Y_n$仍为正态变量.

由 $Z_i \sim N(0,1), i = 1,2,\cdots,n$,知

$$E(Y_i) = E\Big(\sum_{j=1}^{n} a_{ij} Z_j\Big) = \sum_{j=1}^{n} a_{ij} E(Z_j) = 0.$$

又由 $\mathrm{cov}(Z_i, Z_j) = \delta_{ij}, i, j = 1,2,\cdots,n$,知

$$\begin{aligned} \mathrm{cov}(Y_i, Y_j) &= \mathrm{cov}\Big(\sum_{l=1}^{n} a_{il} Z_l, \sum_{k=1}^{n} a_{jk} Z_k\Big) \\ &= \sum_{l=1}^{n} a_{il} \sum_{k=1}^{n} a_{jk} \mathrm{cov}(Z_l, Z_k) \\ &= \sum_{l=1}^{n} a_{il} a_{jk} = \delta_{ij}\text{(由正交性质)}. \end{aligned}$$

故$Y_1, Y_2, \cdots, Y_n$ 两两不相关. 又由于 n 维随机变量$(Y_1, Y_2, \cdots, Y_n)$是由 n 维正态随机变量$(X_1, X_1, \cdots, X_n)$经由线性变换而得到的,因此,$(Y_1, Y_1, \cdots, Y_n)$也是 n 维正态随机变量. 于是由 $Y_1, Y_1, \cdots, Y_n$ 两两不相关可推得 $Y_1, Y_2, \cdots, Y_n$ 相互独立,且有 $Y_i \sim N(0,1)$, $i = 1,2,\cdots,n$. 而

$$Y_1 = \sum_{j=1}^{n} a_{1j} Z_j = \sum_{j=1}^{n} \frac{1}{\sqrt{n}} Z_j = \sqrt{n} Z,$$

$$\begin{aligned} \sum_{i=1}^{n} Y_i^2 &= Y'Y = (AZ)'(AZ) = Z'(A'A)Z \\ &= Z'IZ = Z'Z = \sum_{i=1}^{n} Z_i^2. \end{aligned}$$

于是

$$\frac{(n-1)S^2}{\sigma^2}=\sum_{i=1}^{n}Z_i^2-n\overline{Z}^2=\sum_{i=1}^{n}Y_i^2-Y_1^2=\sum_{i=2}^{n}Y_i^2,$$

由 $Y_2,\cdots,Yn$ 相互独立，且 $Y_i\sim N(0,1),i=2,\cdots,n$，知

$$\sum_{i=2}^{n}Y_i^2\sim\chi^2(n-1),$$

从而证得

$$\frac{(n-1)S^2}{\sigma^2}\sim\chi^2(n-1).$$

(3) 由于 $\overline{X}=\sigma\overline{X}+\mu=\frac{\sigma Y_1}{\sqrt{n}}+\mu$ 仅依赖于 Y_1，而 $S^2=\frac{\sigma^2}{n-1}\sum_{i=2}^{n}Y_i^2$ 仅依赖于 $Y_2,Y_3,\cdots,Y_n$，故由 Y_1 与 $Y_2,\cdots,Y_n$ 的独立性知 $\overline{X}$ 与 S^2 相互独立.

习题 6

1. 设总体 $X\sim N(\mu,\sigma^2)$，其中 μ 已知，σ^2 未知，$X_1,\cdots,X_n$ 为取自总体 X 的简单随机样本，则下列表达式中不是统计量的是(　　).

(A) $\frac{1}{n}\sum_{i=1}^{n}X_i$　　(B) $\min_{1\leqslant i\leqslant n}\{X_i\}$

(C) $\sum_{i=1}^{n}\left(\frac{X_i-\mu}{\sigma}\right)^2$　　(D) $\frac{1}{n}\sum_{i=1}^{n}(X_i-\mu)^2$

2. 设随机变量 $X\sim N(1,2^2)$，$X_1,\cdots,X_{100}$ 是取自 X 的样本，$\overline{X}$ 为样本均值，已知 $Y=a\overline{X}+b\sim N(0,1)$，则有(　　).

(A) $a=5,b=5$　　(B) $a=5,b=-5$

(C) $a=\frac{1}{5},b=-\frac{1}{5}$　　(D) $a=-\frac{1}{5},b=\frac{1}{5}$

3. 设 $X\sim N(12,4)$，$X_1,\cdots,X_5$ 为取自 X 的样本，求样本均值

与总体均值之差的绝对值大于 1 的概率.

4. 已知总体 X 的期望 $E(X)=0$,方差 $D(X)=\sigma^2$,从总体 X 中抽取容量为 n 的样本,样本均值,方差分别为 $\overline{X}$,S^2,记

$$S_k^2=\frac{n}{k}\overline{X}^2+\frac{1}{k}S^2 \quad (k=1,2,3,4),$$

则(　　).

(A)$E(S_1^2)=\sigma^2$　　(B)$E(S_2^2)=\sigma^2$

(C)$E(S_3^2)=\sigma^2$　　(C)$E(S_4^2)=\sigma^2$

5. 设总体 $X\sim N(0,\sigma^2)$,σ 已知,$X_1\cdots,X_n$ 为来自总体 X 容量为 n 的样本,$\overline{X}$,S^2 分别为样本均值和方差,则统计量 $Y=\frac{n\overline{X}^2}{\sigma^2}+\frac{(n-1)S^2}{\sigma^2}$ 服从______分布,期望 $E(Y)=$______.

6. 假设随机变量 $X\sim t(n)$,则 $\frac{1}{X^2}\sim$______.

7. 设 $X_1,\cdots,X_{21}$ 与 $Y_1,\cdots,Y_5$ 是分别取自正态总体 $N(1,2^2)$ 与 $N(2,1)$ 的样本,S_1^2 与 S_2^2 分别是两个样本的方差,令 $k_1=aS_1^2$,$k_2=(a+b)S_2^2$,已知 $k_1\sim\chi^2(20)$,则 $k_2\sim\chi^2(4)$,则 $a=$______,$b=$______.

8. 设随机变量 X 和 Y 都服从标准正态分布,则(　　).

(A)$X+Y$ 服从正态分布

(B)X^2+Y^2 服从 χ^2 分布

(C)X^2 和 Y^2 都服从 χ^2 分布

(D) $\frac{X^2}{Y^2}$ 服从 F 分布

9. 设 $X\sim N(\mu,\sigma^2)$,$X_1,\cdots,X_n$ 是来自 X 的样本($n>2$),$\overline{X}$ 与 S^2 分别是样本均值与样本方差,则下列结论中成立的是(　　).

(A) $2X_2 - X_1 \sim N(\mu, \sigma^2)$

(B) $\dfrac{n(\overline{X}-\mu)^2}{S^2} \sim F(1, n-1)$

(C) $\dfrac{S^2}{\sigma^2} \sim \chi^2(n-1)$

(D) $\dfrac{\overline{X}-\mu}{S}\sqrt{n-1} \sim t(n-1)$

10. 设 $X \sim N(0, \sigma^2)$，$\overline{X}$ 与 S^2 分别为容量为 n 的样本均值和方差，则服从自由度为 $n-1$ 的 t 分布是(　　).

(A) $\dfrac{\sqrt{n}X}{S}$　　(B) $\dfrac{\sqrt{n}X}{S^2}$

(C) $\dfrac{n\overline{X}}{S}$　　(D) $\dfrac{n\overline{X}}{S^2}$

11. 设总体 $X \sim N(0, \sigma^2)$，$X_1, \cdots, X_{10}$ 为来自 X 的样本，证明：

(1) $\dfrac{7}{3} \dfrac{(X_1+X_2+X_3)^2}{X_4^2+\cdots+X_{10}^2} \sim F(1,7)$；

(2) $\dfrac{7}{3} \dfrac{X_1^2+X_2^2+X_3^2}{X_4^2+\cdots+X_{10}^2} \sim F(3,7)$；

(3) $\sqrt{\dfrac{7}{3}} \dfrac{X_1+X_2+X_3}{\sqrt{X_4^2+\cdots+X_{10}^2}} \sim t(7)$.

12. 设 $X_1, \cdots, X_{10}$ 是取自总体 $X \sim N(0, 2^2)$ 的样本，记 $Y = aX_1^2 + b(X_2+X_3)^2 + c(X_4+X_5+X_6)^2 + d(X_7+X_8+X_9+X_{10})^2$，试确定 a, b, c, d 使 Y 服从 $\chi^2(k)$ 分布，并定出 k 值.

13. 已知随机变量 $Y \sim \chi^2(n)$.

(1) 求 $\chi^2_{0.99}(12)$ 和 $\chi^2_{0.01}(12)$；

(2) 当 $n = 10$ 时，求 C，使 $P(Y > C) = 0.05$，并把 C 用分位数记号表示出来.

14. 设总体 $X \sim N(\mu, 4^2)$，$X_1, \cdots, X_{10}$ 是来自 X 的样本，S^2 为样本方差，已知 $P(S^2 > a) = 0.1$，求 a.

15. 已知随机变量 $T \sim t(n)$.

(1) 求 $t_{0.99}(12)$ 和 $t_{0.01}(12)$;

(2) 当 $n = 10$ 时,求 C,使 $P(T > C) = 0.95$,并把 C 用分位数记号表示出来.

16. 设总体 $X \sim N(4,4)$,$X_1,\cdots,X_{10}$ 是来自 X 的样本,$\overline{X}$,S 为样本均值和样本标准差.

(1) 求 $P(S > 2.9)$;

(2) 若 $S = 2.5$,求 $P(\overline{X} > 6.5)$.

17. 已知随机变量 $F \sim F(m,n)$.

(1) 求 $F_{0.99}(10,12)$ 和 $F_{0.01}(10,12)$;

(2) 当 $m = n = 10$ 时,求 C,使 $P(F > C) = 0.05$,并把 C 用分位数记号表示出来.

18. 设总体 $X \sim N(\mu_1,\sigma^2)$,$Y \sim N(\mu_2,\sigma^2)$ 且 X 与 Y 相互独立,从 X,Y 中分别抽取样本容量为 $m = 10$,$n = 15$ 的样本,它们的样本方差分别为 S_1^2 和 S_2^2,求 $P(S_1^2 - 4S_2^2 > 0)$.

19. 设总体 $X \sim N(72,100)$,为使样本均值大于 70 的概率不小于 90%,则样本容量至少应取多少?

20. 已知两总体 X,Y 相互独立,$X \sim N(20,3)$,$Y \sim N(20,5)$. 分别从 X,Y 中取出样本容量 $m = 10$,$n = 25$ 的样本,$\overline{X}$,$\overline{Y}$ 分别为 X,Y 的样本均值,求 $P(|\overline{X} - \overline{Y}| > 0.3)$.

21. 设总体 $\overline{X} \sim N(\mu,\sigma^2)$,$X_1,\cdots,X_n$ 为取自 X 的样本,$\overline{X}$,S^2 为样本均值和样本方差,试求 S^2 的期望 $E(S^2)$ 和方差 $D(S^2)$.

第7章　参数估计

数理统计的基本问题是根据样本提供的信息,对总体的分布或分布参数作出统计推断.统计推断包含参数估计和假设检验两种类型.本章主要介绍参数的点估计方法,估计量的评选标准,一个正态总体、两个正态总体的参数的区间估计等内容.

7.1　参数估计问题

在很多场合,总体的分布类型是已知的,即总体的分布函数的数学形式为已知的,而未知的仅仅是其中的一个或几个参数,例如,根据中心极限定理,正常情况下的学生成绩分布一般服从正态分布 $N(\mu,\sigma^2)$,在这个分布中,未知的至多是 μ 和 σ^2 这两个参数,因此要估计 $N(\mu,\sigma^2)$,只需要估计参数 μ 和 σ^2.另外,在某些问题中,需要确定的往往是总体的某些数字特征,而不是分布,例如,数学期望和方差.如果把这些数字特征也作为总体分布的参数,那么这类问题也是要对总体分布中的某些参数作出估计.因此,参数估计是数理统计中一个很重要的内容.

参数估计的形式有以下两种.

7.1.1　点估计

所谓参数的点估计,就是适当选定一个统计量,然后用样本值代入计算出该统计量的值,用此值作为参数的估计值.我们有如下定义.

定义 7.1　设 $X_1,X_2,\cdots,X_n$ 是来自总体 X 的样本，$x_1,x_2,\cdots,x_n$ 是相应的一组样本值，X 的分布类型已知，θ 是总体的未知参数，若用一个统计量 $\hat{\theta}(X_1,X_2,\cdots,X_n)$ 来估计 θ，则称 $\hat{\theta}(X_1,X_2,\cdots,X_n)$ 为 θ 的**点估计量**或**估计量**. 估计量 $\hat{\theta}$ 的值 $\hat{\theta}(x_1,x_2,\cdots,x_n)$ 称为 θ 的**点估计值**或**估计值**.

这种用一个统计量来估计总体的某个未知参数的方法称为参数的点估计方法. 定义 7.1 还可以作如下推广.

设总体 X 的分布类型已知，X 中含有 l 个不同的未知参数：$\theta_1,\theta_2,\cdots,\theta_l$，则由来自 X 的样本 $X_1,X_2,\cdots,X_n$ 建立的 l 个不含任何未知参数的统计量 $\hat{\theta}_i(X_1,X_2,\cdots,X_n)(i=1,2,\cdots,l)$ 称为未知参数 $\theta_i(i=1,2,\cdots,l)$ 的估计量. 对应于样本的一组观测值 $x_1,x_2,\cdots,x_n$，估计量 $\hat{\theta}_i$ 的值 $\hat{\theta}_i(x_1,x_2,\cdots,x_n)$ 称为 $\theta_i(i=1,2,\cdots,l)$ 的**估计值**. 它代表 l 维参数空间的一个点.

这里，**参数空间**指的是参数所有可能的取值范围，记作 Θ. 当总体 X 的分布类型已知时，参数空间便给定. 例如，X 服从参数为 λ 的泊松分布，则 $\lambda\in\Theta=(0,+\infty)$；又如 X 服从正态分布 $N(\mu,\sigma^2)$，则参数空间 $\Theta=\left\{(\mu,\sigma^2),\Big|\,|\mu|<+\infty,\sigma>0\right\}$.

总之，点估计就是给出参数空间中的一个点（它是样本的函数，因而是一个随机变量或多维随机变量），一个参数的点估计是数轴上的一个点，两个参数的点估计是平面上的一个点，l 个参数的点估计是 l 维参数空间的一个点，用它作为真实参数的估计量.

7.1.2　区间估计

所谓参数的区间估计，就是给出参数空间的一个范围，使待估参数 θ 以较大的概率含于其内. 具体到一个参数 θ，就是要给出一个随机区间 $(\underline{\theta},\overline{\theta})$，其中 $\underline{\theta}=\underline{\theta}(X_1,X_2,\cdots,X_n)$，$\overline{\theta}=\overline{\theta}(X_1,X_2,\cdots,X_n)$ 是两个统计量，使 θ 以较大的概率被区间 $(\underline{\theta},\overline{\theta})$ 所覆盖. 这种形式的估计称为参数的**区间估计**. 当待估参数 θ 是多维时，这个范围

就是多维空间的一个区域.事实上,区间估计所回答的是未知参数 θ 在什么范围内,而不是未知参数等于什么.

7.2 矩估计法和极大似然估计法

参数的点估计有多种方法,本节主要介绍两种常用的方法:矩估计法和极大似然估计法.

7.2.1 矩估计法

由辛钦大数定律可知,若总体 X 具有 k 阶原点矩 $E(X^k)$,则样本 k 阶原点矩 $A_k=\dfrac{1}{n}\sum\limits_{i=1}^{n}X_i^k$ 依概率收敛于 $E(X^k)$,这就启发我们想到,在利用样本进行参数估计时,可以先用样本矩作为总体矩的估计量,然后再依此确定未知参数的估计,这种估计方法就是**矩估计法**.下面给出求矩估计量的具体方法.

设总体 X 的分布函数为 $F(x;\theta_1,\theta_2,\cdots,\theta_l)$,其中 $\theta_1,\theta_2,\cdots,\theta_l$ 是 l 个未知参数,$(X_1,X_2,\cdots,X_n)$ 是总体 X 的样本,假定总体 X 的一阶到 l 阶原点矩 $E(X^k)$ 存在,则 $E(X^k)=g_k(\theta_1,\theta_2,\cdots,\theta_l)(k=1,2,\cdots,l)$. 样本 $(X_1,X_2,\cdots,X_n)$ 的 k 阶原点矩为 $A_k=\dfrac{1}{n}\sum\limits_{i=1}^{n}X_i^k(k=1,2,\cdots,l)$,令样本矩 A_k 等于对应的总体矩 $E(X^k)$,可得 l 个方程,解方程组

$$\begin{cases}g_1(\theta_1,\theta_2,\cdots,\theta_l)=\dfrac{1}{n}\sum\limits_{i=1}^{n}X_i\\ g_2(\theta_1,\theta_2,\cdots,\theta_l)=\dfrac{1}{n}\sum\limits_{i=1}^{n}X_i^2\\ \cdots\cdots\\ g_l(\theta_1,\theta_2,\cdots,\theta_l)=\dfrac{1}{n}\sum\limits_{i=1}^{n}X_i^l\end{cases}\tag{7.1}$$

得 $\theta_1,\theta_2,\cdots,\theta_l$ 的估计量为

$$\begin{cases}\hat{\theta}_1=\hat{\theta}_1(X_1,X_2,\cdots,X_n)\\\hat{\theta}_2=\hat{\theta}_2(X_1,X_2,\cdots,X_n)\\\cdots\cdots\\\hat{\theta}_l=\hat{\theta}_l(X_1,X_2,\cdots,X_n)\end{cases}\tag{7.2}$$

由上述方法确定的参数的估计量称为**矩估计量**.

例 7.1　设总体 X 的概率密度为

$$f(x;\theta)=\begin{cases}\dfrac{1}{\theta},0\leqslant x\leqslant\theta;\\0,\text{其他}.\end{cases}$$

其中 θ 为未知参数，$X_1,X_2,\cdots,X_n$ 为 X 的一个样本，求 θ 的矩估计量.

解　因为只有一个未知参数，所以只需列出方程组(7.1) 中的第一个方程即可. 由于

$$E(X)=\int_{-\infty}^{+\infty}xf(x;\theta)\mathrm{d}x=\frac{\theta}{2},$$

令

$$\frac{\theta}{2}=\frac{1}{n}\sum_{i=1}^{n}X_i,$$

解得

$$\theta=2\overline{X},$$

即 θ 的矩估计量为

$$\hat{\theta}=2\overline{X}.$$

例 7.2　设总体 X 的均值与方差分别为 μ 与 σ^2，且均未知，$X_1,X_2,\cdots,X_n$ 为总体 X 的样本，假设总体的一、二阶原点矩都存在，求 μ 与 σ^2 的矩估计量.

解　因为待估参数为 μ,σ^2 两个，所以需要列出(7.1) 中的前二个方程.

由于 $E(X)=\mu, E(X^2)=E^2(X)+D(X)=\mu^2+\sigma^2$，令

$$\begin{cases}\mu=\dfrac{1}{n}\sum\limits_{i=1}^{n}X_i,\\ \mu^2+\sigma^2=\dfrac{1}{n}\sum\limits_{i=1}^{n}X_i^2.\end{cases}$$

解得 $$\begin{cases}\mu=\overline{X},\\ \sigma^2=\dfrac{1}{n}\sum\limits_{i=1}^{n}X_i^2-\overline{X}^2=\dfrac{1}{n}\sum\limits_{i=1}^{n}(X_i-\overline{X})^2.\end{cases}$$

于是 μ 与 σ^2 的矩估计量为

$$\begin{cases}\hat{\mu}=\overline{X}\\ \hat{\sigma}^2=\dfrac{1}{n}\sum\limits_{i=1}^{n}(X_i-\overline{X})^2=B_2.\end{cases}$$

例 7.3 设 X 的分布函数为

$$F(x;\alpha,\beta)=\begin{cases}1-\left(\dfrac{\alpha}{x}\right)^{\beta},x>\alpha;\\ 0,x\leqslant\alpha.\end{cases}$$

其中参数 $\alpha>0,\beta>1$. 设 $X_1,X_2,\cdots,X_n$ 为来自总体 X 的样本，求当 $\alpha=1$ 时未知参数 β 的矩估计量.

解 当 $\alpha=1$ 时 X 的概率密度为

$$f(x;\beta)=\begin{cases}\dfrac{\beta}{x^{\beta+1}},x>1;\\ 0,x\leqslant 1.\end{cases}$$

由于

$$E(X)=\int_{-\infty}^{+\infty}xf(x;\beta)\mathrm{d}x=\int_{1}^{+\infty}x\cdot\frac{\beta}{x^{\beta+1}}\mathrm{d}x=\frac{\beta}{\beta-1},$$

令

$$\frac{\beta}{\beta-1}=\frac{1}{n}\sum_{i=1}^{n}X_i,$$

解得

$$\beta = \frac{\overline{X}}{\overline{X} - 1},$$

所以 β 的矩估计量为

$$\hat{\beta} = \frac{\overline{X}}{\overline{X} - 1}.$$

7.2.2　极大似然估计法

当总体分布类型已知时，极大似然估计是一种常用的点估计法. 为了理解极大似然估计法的基本思想，先看一个例子.

例 7.4　袋中有黑球和白球共4个，今抽球三次(每次抽后均放回)，得到 2 次白球，1 次黑球，试问如何估计袋中白球个数?

解　设袋中的白球数为 m，令 $p = \frac{m}{4}$，记 X 为抽得的白球数，则 $X \sim B(3, p)$，即 $p(X = k) = C_3^k p^k (1 - p)^{3-k}$，$k = 0, 1, 2, 3$. 对于袋中的白球数 m 为 0,1,2,3,4 时，p 的对应值分别为 0，$\frac{1}{4}$，$\frac{2}{4}$，$\frac{3}{4}$，1，X 对应的分布列见表 7.1.

表 7.1

抽到白球数 x		$x=0$	$x=1$	$x=2$	$x=3$
袋中白球数	p				
0	0	1	0	0	0
1	1/4	27/64	27/64	9/64	1/64
2	2/4	8/64	24/64	24/64	8/64
3	3/4	1/64	9/64	27/64	27/64
4	1	0	0	0	1

此表每一行对给定的 p 是 $B(3, p)$ 的分布，每一列则是事件 $\{X = x\}$ 发生时对应于不同 p 值的概率. 对应于事件 $\{X = 2\}$，从

表中立即得到，当 $p=\frac{3}{4}$ 时，$P(X=2)=\frac{27}{64}$ 取得最大值. 因此取 $\frac{3}{4}$ 作为 p 的估计值要比取 $0,\frac{1}{4},\frac{2}{4},1$ 作为 p 的估计值合理.

极大似然估计的基本思想就是根据上述想法引伸出来的. 设总体含有待估参数 θ，它可以取很多值，我们要在 θ 的一切可能取值之中选出一个使样本观测值出现的概率为最大的 θ 值（记为 $\hat{\theta}$）作为 θ 的估计.

下面我们给出似然函数的定义和极大似然估计的方法.

定义 7.2 设总体 X 的概率密度为 $f(x;\theta)$（当 X 为离散型时，$f(x;\theta)$ 为分布列），$\theta=(\theta_1,\theta_2,\cdots,\theta_l)$ 为待估的未知参数，$x_1,x_2,\cdots,x_n$ 为样本 $X_1,X_2,\cdots,X_n$ 的一组观测值，称

$$L(\theta)=L(x_1,x_2,\cdots,x_n;\theta)=\prod_{i=1}^{n}f(x_i;\theta) \tag{7.3}$$

为样本的**似然函数**. 若存在某个 $\hat{\theta}=(\hat{\theta}_1,\hat{\theta}_2,\cdots,\hat{\theta}_l)$，使得

$$L(x_1,x_2,\cdots,x_n;\hat{\theta})=\max_{\theta\in\Theta}L(x_1,x_2,\cdots,x_n;\theta) \tag{7.4}$$

成立（其中 Θ 为 θ 的所有可能取值的范围），则称

$$\begin{aligned}\hat{\theta}&=\hat{\theta}(X_1,X_2,\cdots,X_n)\\&=(\hat{\theta}_1(X_1,X_2,\cdots,X_n),\hat{\theta}_2(X_1,X_2,\cdots,X_n),\cdots,\hat{\theta}_l(X_1,X_2,\cdots,X_n))\end{aligned}$$

为 θ 的**极大似然估计量**. 而称

$$\begin{aligned}\hat{\theta}&=\hat{\theta}(x_1,x_2,\cdots,x_n)\\&=(\hat{\theta}_1(x_1,x_2,\cdots,x_n),\hat{\theta}_2(x_1,x_2,\cdots,x_n),\cdots,\hat{\theta}_l(x_1,x_2,\cdots,x_n))\end{aligned}$$

为 θ 的**极大似然估计值**.

由定义及前面的讨论知，求总体参数 θ 的极大似然估计 $\hat{\theta}$ 的问题，就是求似然函数 $L(\theta)$ 的最大值问题. 由微分学知，若似然函数 $L(\theta)$ 关于 $\theta_i(i=1,2,\cdots,l)$ 有连续偏导数，则极大似然估计 $\hat{\theta}=(\hat{\theta}_1,\hat{\theta}_2,\cdots,\hat{\theta}_l)$ 一般可从方程组：

$$\begin{cases} \dfrac{\partial L(\theta)}{\partial \theta_1} = 0 \\ \dfrac{\partial L(\theta)}{\partial \theta_2} = 0 \\ \cdots\cdots \\ \dfrac{\partial L(\theta)}{\partial \theta_l} = 0 \end{cases} \tag{7.5}$$

解得. 由于似然函数通常是一些函数的乘积，取对数后运算会简化，同时对数函数为增函数，$L(\theta)$ 与 $\ln L(\theta)$ 在相同点达到最大，因此 对方程组(7.5) 的求解也可等价地转化为求解方程组：

$$\begin{cases} \dfrac{\partial \ln L(\theta)}{\partial \theta_1} = 0 \\ \dfrac{\partial \ln L(\theta)}{\partial \theta_2} = 0 \\ \cdots\cdots \\ \dfrac{\partial \ln L(\theta)}{\partial \theta_l} = 0 \end{cases} \tag{7.6}$$

(7.5) 和(7.6) 式称为**似然方程组**.

下面给出求解极大似然估计的一般步骤：

(1) 由总体的分布写出样本的似然函数 $L(\theta)$.

(2) 建立似然方程组(7.5) 或(7.6) 式.

(3) 判别似然方程组是否有解. 若有解，在很多情况下，其解即为参数 θ 的极大似然估计；若无解，则应根据函数的具体情况讨论. 求出 $L(\theta)$ 的最大值点即为 θ 的极大似然估计.

例 7.5　设总体 X 服从(0—1) 分布，其分布列为

$$P(x;p) = p^x (1-p)^{1-x}, x = 0,1.$$

其中 $0 < p < 1$ 未知，(1,0,0,1,0,0) 为取自该总体的一组样本值，求参数 p 的极大似然估计值.

解　样本的似然函数为

$$L(p)=\prod_{i=1}^{n}P(x_i;p)=\prod_{i=1}^{n}p^{x_i}(1-p)^{1-x_i},$$

等式两端取对数，得

$$\ln L(p)=\sum_{i=1}^{n}x_i\ln p+\sum_{i=1}^{n}(1-x_i)\ln(1-p)$$

对 p 求导得似然方程：

$$\frac{\mathrm{d}\ln L(p)}{\mathrm{d}p}=\frac{n}{p(1-p)}\left(\frac{1}{n}\sum_{i=1}^{n}x_i-p\right)=0.$$

解似然方程得 p 的极大似然估计量为

$$\hat{p}=\frac{1}{n}\sum_{i=1}^{n}X_i=\overline{X}.$$

将样本值代入 $\hat{p}$ 中，得 p 的极大似然估计值为

$$\hat{p}=\frac{1}{6}(1+0+0+1+0+0)=\frac{1}{3}.$$

例 7.6 设总体 X 的概率密度为

$$f(x;\lambda)=\begin{cases}\lambda \mathrm{e}^{-\lambda x}, x>0;\\ 0, x\leqslant 0.\end{cases}$$

其中 $\lambda>0$ 为未知参数，$X_1,X_2,\cdots,X_n$ 为取自 X 的一组样本，求参数 λ 的极大似然估计量与矩估计量.

解 (1) 样本的似然函数为

$$L(\lambda)=\prod_{i=1}^{n}f(x_i;\lambda)=\begin{cases}\prod_{i=1}^{n}\lambda \mathrm{e}^{-\lambda x_i}, x_i>0, i=1,2,\cdots,n;\\ 0,\text{其他}.\end{cases}$$

当 $x_i>0(i=1,2,\cdots,n)$ 时，$L(\lambda)>0$，取对数得

$$\ln L(\lambda)=n\ln\lambda-\lambda\sum_{i=1}^{n}x_i.$$

关于 λ 求导得似然方程：

$$\frac{\mathrm{d}\ln L(\lambda)}{\mathrm{d}\lambda}=\frac{n}{\lambda}-\sum_{i=1}^{n}x_i=0.$$

解似然方程得 λ 的极大似然估计量为

$$\hat{\lambda}=\frac{n}{\sum_{i=1}^{n}X_i}=\frac{1}{\overline{X}}.$$

(2) 由于 $E(X)=\int_{-\infty}^{+\infty}xf(x;\lambda)\mathrm{d}x=\frac{1}{\lambda}$,令

$$\frac{1}{\lambda}=\frac{1}{n}\sum_{i=1}^{n}X_i=\overline{X},$$

解得 λ 的矩估计量为

$$\hat{\lambda}=\frac{1}{\overline{X}}.$$

这里,参数 λ 的矩估计量与极大似然估计量是一致的.

例 7.7　设总体 $X\sim N(\mu,\sigma^2)$,μ,σ^2 均未知,$X_1,X_2,\cdots,X_n$ 为 X 的样本,求 μ 与 σ^2 的极大似然估计量.

解　样本的似然函数为

$$L(\mu,\sigma^2)=\prod_{i=1}^{n}f(x_i;\mu,\sigma^2)=\prod_{i=1}^{n}\frac{1}{\sqrt{2\pi}\sigma}\mathrm{e}^{-\frac{(x_i-\mu)^2}{2\sigma^2}},$$

取对数得

$$\ln L(\mu,\sigma^2)=-\frac{n}{2}\ln(2\pi\sigma^2)-\frac{1}{2\sigma^2}\sum_{i=1}^{n}(x_i-\mu)^2.$$

分别关于 μ 和 σ^2 求偏导数得似然方程组

$$\begin{cases}\dfrac{\partial\ln L(\mu,\sigma^2)}{\partial\mu}=\dfrac{1}{\sigma^2}\sum\limits_{i=1}^{n}(x_i-\mu)=0\\[2ex]\dfrac{\partial\ln L(\mu,\sigma^2)}{\partial\sigma^2}=-\dfrac{n}{2\sigma^2}+\dfrac{1}{2\sigma^4}\sum\limits_{i=1}^{n}(x_i-\mu)^2=0.\end{cases}$$

解似然方程组得 μ 与 σ^2 的极大似然估计量

$$\hat{\mu} = \frac{1}{n}\sum_{i=1}^{n} X_i = \overline{X},$$

$$\hat{\sigma}^2 = \frac{1}{n}\sum_{i=1}^{n}(X_i - \overline{X})^2 = B_2.$$

这与例 7.2 求得的矩估计量是相同的.

上面是把 σ^2 看成未知参数而求它的极大似然估计量,也可以把 σ 看成未知参数去求它的极大似然估计量,这时

$$\frac{\partial \ln L(\mu,\sigma^2)}{\partial \sigma} = -\frac{n}{\sigma} + \frac{1}{\sigma^3}\sum_{i=1}^{n}(x_i - \mu)^2 = 0,$$

解得

$$\sigma = \sqrt{\frac{1}{n}\sum_{i=1}^{n}(x_i - \overline{x})^2}.$$

故 σ 的极大似然估计量为

$$\hat{\sigma} = \sqrt{\frac{1}{n}\sum_{i=1}^{n}(X_i - \overline{X})^2}.$$

比较 $\hat{\sigma^2}$ 与 $\hat{\sigma}$,则有 $\hat{\sigma^2} = (\hat{\sigma})^2$. 这就是说求 σ^2 的极大似然估计与求 σ 的极 大似然估计,其结果都是一样的,极大似然估计的这种性质称为估计的不变性. 一般地,

若 $\hat{\theta}$ 为未知参数 θ 的极大似然估计量,又 $u(\theta)$ 为 θ 的单调函数,则 $u(\hat{\theta})$ 为 $u(\theta)$ 的极大似然估计量.

例 7.8 设总体 X 服从均匀分布 $U[0,\theta]$,θ 为未知参数,$X_1, X_2, \cdots, X_n$ 为 X 的样本,求 θ 的极大似然估计量.

解 样本的似然函数为

$$L(\theta) = \prod_{i=1}^{n} f(x_i;\theta) = \begin{cases} \dfrac{1}{\theta^n}, 0 \leqslant x_i \leqslant \theta, i = 1,2,\cdots,n; \\ 0, \text{其他}. \end{cases}$$

由于不存在使下式

$$\frac{\mathrm{d}L(\theta)}{\mathrm{d}\theta} = -n\theta^{-(n+1)}$$

等于零的 θ 值,因而不能用似然方程来求 θ 的极大似然估计. 改用定义直接求 $L(\theta)$ 的最大值. 由于似然函数 $L(\theta)$ 的值随 θ 减小而增大,因此 θ 的取值应尽量小. 另一方面,θ 必须满足 $0 \leqslant x_i \leqslant \theta(i = 1,2,\cdots,n)$,否则 $L(\theta) = 0$,它不会是最大值. 而事件 $\{0 \leqslant X_i \leqslant \theta, i = 1,2,\cdots,n\} = \max\limits_{1\leqslant i\leqslant n}\{X_i\} \leqslant \theta$,所以 θ 的极大似然估计量为

$$\hat{\theta} = \max_{1\leqslant i\leqslant n}\{X_i\}.$$

例 7.3(续)　在例 7.3 中,求:

(1) 当 $\alpha = 1$ 时,未知参数 β 的极大似然估计;

(2) 当 $\beta = 2$ 时,未知参数 α 的极大似然估计.

解　(1) 当 $\alpha = 1$ 时,X 的概率密度为

$$f(x;\beta) = \begin{cases} \dfrac{\beta}{x^{\beta+1}}, x > 1; \\ 0, x \leqslant 1. \end{cases}$$

样本的似然函数为

$$L(\beta) = \prod_{i=1}^{n} f(x_i;\beta) = \begin{cases} \prod\limits_{i=1}^{n} \dfrac{\beta}{x_i^{\beta+1}}, x_i > 1, i = 1,2,\cdots,n; \\ 0, \text{其他}. \end{cases}$$

当 $x_i > 1(i = 1,2,\cdots,n)$ 时,$L(\beta) > 0$,

$$\ln L(\beta) = n\ln\beta - (\beta + 1)\sum_{i=1}^{n}\ln x_i.$$

令
$$\frac{\mathrm{d}\ln L(\beta)}{\mathrm{d}\beta} = \frac{n}{\beta} - \sum_{i=1}^{n}\ln x_i = 0,$$

解似然方程得 β 的极大似然估计量为

$$\hat{\beta} = \frac{n}{\sum\limits_{i=1}^{n}\ln X_i}.$$

(2) 当 $\beta = 2$ 时,X 的概率密度为

$$f(x;\alpha)=\begin{cases}\dfrac{2\alpha^2}{x^3},x>\alpha;\\0,x\leqslant\alpha.\end{cases}$$

样本的似然函数为

$$L(\alpha)=\prod_{i=1}^{n}f(x_i;\alpha)=\begin{cases}\dfrac{2^n\alpha^{2n}}{(x_1x_2\cdots x_n)^3},x_i>\alpha,i=1,2,\cdots,n;\\0,\text{其他}.\end{cases}$$

由于 $L(\alpha)$ 随着 α 的增大而增大，因此 α 的取值应尽量大. 另一方面，α 必须满足 $x_i>\alpha(i=1,2,\cdots,n)$，否则 $L(\alpha)=0$ 不会是最大值. 而事件 $\{X_i>\alpha,i=1,2,\cdots,n\}=\min\limits_{1\leqslant i\leqslant n}\{X_i\}\geqslant\alpha$，故 α 的极大似然估计为

$$\hat{\alpha}=\min_{1\leqslant i\leqslant n}\{X_i\}.$$

矩估计法与极大似然估计法是两种不同的方法. 矩估计法的优点是计算简单，且在总体分布未知的情形下也可以使用. 它的缺点是不惟一，譬如，泊松分布 $P(\lambda)$，由于其均值和方差都是 λ，由例 7.2 知，可以用 $\overline{X}$ 去估计 λ，也可以用 B_2 去估计 λ，此外样本各阶矩的观测值受异常值影响较大，从而不够稳定. 极大似然估计法需要用到总体的信息，从而在体现总体分布特征上往往具有比较好的性质. 但是参数的极大似然估计计算比较复杂，且有时不能由解似然方程得到，甚至似然方程的解也不一定使似然函数极大等，这使极大似然估计法的应用受到了一定的限制. 一般地，在已知总体 X 的分布类型时，最好使用极大似然估计，当然，前提条件是通过解似然方程或其他方法较易得到极大似然估计.

7.3　估计量的几个评选标准

从上节的讨论可知，对于总体的同一未知参数，用不同的方法可以构造不同的估计量，因而对同一参数可得到多个不同的估计

值. 例如,由例 7.1 和 7.8 可知,对于在区间$[0,\theta]$上服从均匀分布的总体 X 来说,用矩估计法和极大似然估计法得到的未知参数 θ 的估计量是不同的,它们分别为 $\hat{\theta}=2\overline{X}$ 和 $\hat{\theta}=\max\limits_{1\leqslant i\leqslant n}\{X_i\}$. 由例7.3 和 7.3(续) 知,用不同的方法得到的未知参数 β 的两个估计量也是不同的. 那么究竟哪一个估计量更好呢?为此需要有评价估计量好坏的标准,标准不同,答案也会有所不同. 本节介绍几个常用准则.

7.3.1　无偏性

定义 7.3　设 $\hat{\theta}=\hat{\theta}(X_1,X_2,\cdots,X_n)$ 是未知参数 θ 的一个估计量,若

$$E(\hat{\theta})=\theta,\theta\in\Theta,\tag{7.7}$$

则称 $\hat{\theta}$ 为 θ 的**无偏估计量**,否则称 $\hat{\theta}$ 为 θ 的**有偏估计量**. 这里 Θ 是 θ 的参数空间.

事实上对于无偏估计量,提出了 $\hat{\theta}$ 应满足无系统偏差的条件. $\hat{\theta}$ 是一个随机变量,它取的值应围绕参数的真值 θ 波动,即 $\hat{\theta}$ 平均起来应与 θ 值相同,这就是无偏性的要求. 无偏估计的直观意义是:如果相互独立地重复多次用无偏估计量 $\hat{\theta}$ 进行实际估计,所得的诸估计值的算术平均值与 θ 的真值基本上相同.

例 7.9　设总体 X 的 k 阶原点矩 $E(X^k)=\mu_k(k\geqslant 1)$ 存在,$(X_1,X_2,\cdots,X_n)$ 是 X 的样本, 证明: 样本 k 阶原点矩 $A_k=\dfrac{1}{n}\sum\limits_{i=1}^{n}X_i^k$ 是参数 μ_k 的无偏估计量.

证　由样本定义知 $X_1,X_2,\cdots,X_n$ 与总体 X 同分布,所以

$$E(X_i^k)=E(X^k)=\mu_k,\quad k\geqslant 1,i=1,2,\cdots,n.$$

故

$$\begin{aligned}E(A_k)&=E\left(\frac{1}{n}\sum_{i=1}^{n}X_i^k\right)=\frac{1}{n}\sum_{i=1}^{n}E(X_i^k)\\&=\frac{1}{n}\cdot n\cdot\mu_k=\mu_k,\quad k\geqslant 1.\end{aligned}$$

即样本的 k 阶原点矩 A_k 是参数 μ_k（总体的 k 阶原点矩）的无偏估计量. 特别地，不论总体 X 服从什么分布，只要它的数学期望存在，样本均值 $\overline{X}$ 是总体均值 $E(X)$ 的无偏估计量.

例 7.10 设总体 X 的方差 $D(X)=\sigma^2$ 存在，$(X_1,X_2,\cdots,X_n)$ 是取自 X 的样本. 证明:样本方差

$$S^2=\frac{1}{n-1}\sum_{i=1}^{n}(X_i-\overline{X})^2$$

是 σ^2 的无偏估计量；$B_2=\frac{1}{n}\sum_{i=1}^{n}(X_i-\overline{X})^2$ 不是 σ^2 的无偏估计量.

证 由定理 6.1 知

$$E(S^2)=\sigma^2,$$

$$E(B_2)=E(S_n^2)=\frac{n-1}{n}\sigma^2\neq\sigma^2,$$

所以，样本方差 $S^2=\frac{1}{n-1}\sum_{i=1}^{n}(X_i-\overline{X})^2$ 是总体方差 σ^2 的无偏估计量，而 $B_2=\frac{1}{n}\sum_{i=1}^{n}(X_i-\overline{X})^2$ 是 σ^2 的有偏估计量.

对 $B_2=\frac{1}{n}\sum_{i=1}^{n}(X_i-\overline{X})^2$ 而言，尽管它不是 σ^2 的无偏估计量，然而当 $n\to\infty$ 时，有

$$\lim_{n\to\infty}E(B_2)=\sigma^2$$

我们称 B_2 是 σ^2 的**渐近无偏估计量**.

当样本容量很大时，用 S^2 或者 B_2 作为总体方差 σ^2 的估计量，其误差是很小的.

值得注意的是，若 $\hat{\theta}$ 是 θ 的无偏估计量，$g(\theta)$ 是 θ 的函数，而 $g(\hat{\theta})$ 不一定是 $g(\theta)$ 的无偏估计量.

7.3.2 有效性

定义 7.4 设 $\hat{\theta}_1=\hat{\theta}_1(X_1,X_2,\cdots,X_n)$ 与 $\hat{\theta}_2=\hat{\theta}_2(X_1,X_2,$

$\cdots, X_n$) 都是总体未知参数 θ 的无偏估计量，若对任意的样本容量 n，有

$$D(\hat{\theta}_1) < D(\hat{\theta}_2), \tag{7.8}$$

则称 $\hat{\theta}_1$ 较 $\hat{\theta}_2$ 有效.

事实上，有效性提出了估计量的取值应稳定在 θ 附近的条件. 无系统偏差的估计可能很多，自然应挑选其中波动小、取值更稳定在 θ 附近的，而 $D(\hat{\theta})$ 是对估计量 $\hat{\theta}$ 波动的度量，波动较小，即要求方差较小.

例 7.1.1　设总体 X 的方差 $D(X) = \sigma^2$ 存在，$X_1, X_2, \cdots, X_n (n \geqslant 2)$ 是 X 的样本，问总体均值 μ 的无偏估计量 $X_i (i = 1, 2, \cdots, n)$ 与 $\overline{X} = \frac{1}{n}\sum_{i=1}^{n} X_i$ 哪一个更有效?

解　因为

$$D(X_i) = D(X) = \sigma^2, \quad i = 1, 2, \cdots, n,$$

$$D(\overline{X}) = \frac{1}{n} D(X) = \frac{\sigma^2}{n},$$

$$D(\overline{X}) < D(X_i), \quad n \geqslant 2, i = 1, 2, \cdots, n.$$

故 $\overline{X}$ 作为 μ 的估计量较 $X_i (i = 1, 2, \cdots, n)$ 有效.

例 7.12　设总体 X 的均值和方差都存在，$X_1, \cdots, X_n$ 是 X 的样本，$C_1, C_2, \cdots, C_n$ 为不全相同且满足 $\sum_{i=1}^{n} C_i = 1$ 的任一组常数，证明：

(1) 样本的线性函数 $\sum_{i=1}^{n} C_i X_i$ 是总体均值 μ 的无偏估计量；

(2) 总体均值 μ 的无偏估计量 $\overline{X} = \frac{1}{n}\sum_{i=1}^{n} X_i$ 较 $\sum_{i=1}^{n} C_i X_i$ 有效.

证　(1) 因为

$$E\left(\sum_{i=1}^{n}C_iX_i\right)=\sum_{i=1}^{n}C_iE(X_i)=\mu\sum_{i=1}^{n}C_i=\mu\cdot 1=\mu,$$

所以 $\sum_{i=1}^{n}C_iX_i$ 是 μ 的无偏估计量.

(2) 由柯西 — 施瓦茨不等式,有

$$1=\left(\sum_{i=1}^{n}C_i\right)^2<\sum_{i=1}^{n}1^2\cdot\sum_{i=1}^{n}C_i^2=n\sum_{i=1}^{n}C_i^2,$$

即

$$\sum_{i=1}^{n}C_i^2>\frac{1}{n}.$$

从而

$$\begin{aligned}D\left(\sum_{i=1}^{n}C_iX_i\right)&=\sum_{i=1}^{n}C_i^2D(X_i)\\&=\sigma^2\sum_{i=1}^{n}C_i^2>\frac{\sigma^2}{n}=D(\overline{X}),\end{aligned}$$

故 μ 的估计量 $\overline{X}$ 较 $\sum_{i=1}^{n}C_iX_i$ 有效,亦即在 μ 的所有线性无偏估计量中,样本均值 $\overline{X}=\frac{1}{n}\sum_{i=1}^{n}X_i$ 最有效.

7.3.3 一致性

无偏性、有效性都是样本容量 n 确定的情况下讨论的.但我们在讨论估计量的优良性时,总希望当样本容量 n 无限增大时估计量能在某种意义下充分接近于被估计参数的真值,这一性质称为一致性.

定义 7.5 设对每个自然数 n,$\hat{\theta}_n=\hat{\theta}_n(X_1,X_2,\cdots,X_n)$ 是未知参数 θ 的一个估计量,如果对任意的 $\varepsilon>0$,有

$$\lim_{n\to\infty}P(|\hat{\theta}_n-\theta|<\varepsilon)=1, \tag{7.9}$$

即 $\hat{\theta}_n$ 依概率收敛于 θ,则称 $\hat{\theta}_n$ 为 θ 的**一致估计量**或**相合估计量**.

例 7.13　设总体 X 的 k 阶原点矩 $E(X^k)=\mu_k$ 存在，$(X_1, X_2, \cdots, X_n)$ 是 X 的样本，证明：样本 k 阶原点矩 $A_k=\frac{1}{n}\sum_{i=1}^{n}X_i^k$ 是参数 μ_k 的一致估计量.

证　因为 $X_1, X_2, \cdots, X_n$ 相互独立且与 X 同分布，所以 $X_1^k, X_2^k, \cdots, X_n^k$ 相互独立且与 X^k 同分布，即

$$E(X_1^k)=E(X_2^k)\cdots=E(X_n^k)=E(X^k)=\mu_k,$$

$$E(A_k)=\frac{1}{n}\sum_{i=1}^{n}E(X_i^k)=\frac{1}{n}\cdot n\mu_k=\mu_k.$$

由辛钦大数定律知，对任意 $\varepsilon>0$ 有

$$\lim_{n\to\infty}P\left(\left|\frac{1}{n}\sum_{i=1}^{n}X_i^k-\mu_k\right|<\varepsilon\right)=1$$

故样本 k 阶原点矩 A_k 是参数 μ_k 的一致估计量.

下面给出一个判断无偏估计量是否具有一致性的充分条件.

定理 7.1　设 $\hat{\theta}(X_1, X_2, \cdots, X_n)$ 未知参数 θ 的一个无偏估计量，如果

$$\lim_{n\to\infty}D[\hat{\theta}(X_1, X_2, \cdots, X_n)]=0, \tag{7.10}$$

则 $\hat{\theta}$ 是 θ 的一致估计量.

证　由于 $E(\hat{\theta})=\theta$，因此由切比雪夫不等式推得，对任意 $\varepsilon>0$ 有

$$P(|\hat{\theta}-\theta|<\varepsilon)\geqslant 1-\frac{D(\hat{\theta})}{\varepsilon^2}.$$

于是由 $\lim\limits_{n\to\infty}D(\hat{\theta})=0$ 得

$$\lim_{n\to\infty}P(|\hat{\theta}-\theta|<\varepsilon)=1.$$

例 7.14　设总体 X 的概率密度为

$$f(x;\theta)=\begin{cases}\dfrac{6x}{\theta^3}(\theta-x), 0<x<\theta;\\ 0,\text{其他}.\end{cases}$$

θ 是未知参数，$X_1, X_2, \cdots, X_n$ 是取自 X 的样本.

(1) 求 θ 的矩估计量 $\hat{\theta}$；

(2) 求 $\hat{\theta}$ 的方差 $D(\hat{\theta})$；

(3) 讨论 $\hat{\theta}$ 的无偏性和一致性.

解(1) 因为

$$E(X) = \int_{-\infty}^{+\infty} x f(x) \mathrm{d}x = \int_0^{\theta} \frac{6x^2}{\theta^3}(\theta - x) \mathrm{d}x = \frac{1}{2}\theta,$$

令 $\frac{1}{2}\theta = \overline{X}$，得 θ 的矩估计量为

$$\hat{\theta} = 2\overline{X}.$$

(2) $$D(\hat{\theta}) = D(2\overline{X}) = 4D(\overline{X}) = \frac{4}{n}D(X),$$

而 $$E(X^2) = \int_{-\infty}^{+\infty} x^2 f(x) \mathrm{d}x = \int_0^{\theta} \frac{6x^3}{\theta^3}(\theta - x) \mathrm{d}x = \frac{6}{20}\theta^2,$$

故 $$D(X) = E(X^2) - E^2(X) = \frac{\theta^2}{20},$$

于是 $$D(\hat{\theta}) = \frac{1}{5n}\theta^2.$$

(3) 因为

$$E(\hat{\theta}) = E(2\overline{X}) = 2E(\overline{X}) = 2E(X) = 2 \times \frac{1}{2}\theta = \theta,$$

故 $\hat{\theta} = 2\overline{X}$ 是 θ 的无偏估计量.

又因为

$$\lim_{n \to \infty} D(\hat{\theta}) = \lim_{n \to \infty} \frac{1}{5n}\theta^2 = 0,$$

由定理 7.1 知，$\hat{\theta} = 2\overline{X}$ 是 θ 的一致估计量.

以上讨论了三种评价估计量好坏的标准：无偏性，有效性和一致性. 从统计方法来看，自然要求一个估计量具有一致性，然而用一致性来评价估计量好坏时，要求样本容量适当地大，但这在实际中有时是难以做到的；无偏性在直观上比较合理，有效性无论在直

观上还是在理论上都比较合理，所以它是用得较多的标准.

7.4　单个正态总体均值与方差的置信区间

7.4.1　置信区间的概念

参数的点估计，是用估计量 $\hat{\theta}$ 的值作为未知参数 θ 的估计，它能给人们一个明确的数量，但未能给出估计值 $\hat{\theta}$ 与 θ 真值的偏差，区间估计就弥补了这一点，下面给出置信区间有关概念.

定义 7.6　设 θ 是总体 X 的未知参数，$(X_1, X_2, \cdots, X_n)$ 是取自 X 的样本，对于给定值 $\alpha(0 < \alpha < 1)$，若统计量 $\underline{\theta}(X_1, X_2, \cdots, X_n)$ 和 $\overline{\theta}(X_1, X_2, \cdots, X_n)$ 满足

$$P(\underline{\theta} < \theta < \overline{\theta}) = 1 - \alpha, \tag{7.11}$$

则称随机区间 $(\underline{\theta}, \overline{\theta})$ 是 θ 的置信水平为 $1-\alpha$ 的**双侧置信区间**（简称为**置信区间**），$\underline{\theta}, \overline{\theta}$ 分别称为**置信下限**和**置信上限**.

$1-\alpha$ 的置信区间的本义是：设法构造一个随机区间 $(\underline{\theta}, \overline{\theta})$，它能盖住未知参数 θ 的概率为 $1-\alpha$. 这个区间会随样本观测值的不同而不同，但 100 次运用这个区间估计，约有 $100(1-\alpha)$ 个区间能盖住 θ，或者说 $100(1-\alpha)$ 个区间含有 θ，而 100α 个区间不含 θ. 例如 $\alpha = 0.05$，反复抽样 100 次，则在 100 个区间中包含 θ 的约有 95 个，不包含 θ 的约有 5 个. 而对每个样本观测值确定的具体区间而言，它属于包含 θ 的区间的置信概率为 0.95，而不能说一个具体的区间以 0.95 的概率包含 θ.

下面着重介绍正态总体的均值和方差的区间估计问题.

7.4.2　单个正态总体均值的置信区间

设 $X_1, X_2, \cdots, X_n$ 是正态总体 $N(\mu, \sigma^2)$ 的样本，$\overline{X}, S^2$ 分别是样本均值和样本方差，对总体均值 μ 进行区间估计，将区分总体方差 σ^2 已知和未知两种情况.

7.4.2.1　σ^2 已知的情形

由于 $\overline{X}=\frac{1}{n}\sum_{i=1}^{n}X_i$ 是 μ 的无偏估计量，且 $\overline{X}\sim N\left(\mu,\frac{\sigma^2}{n}\right)$，所以 随机变量

$$U=\frac{\overline{X}-\mu}{\sigma/\sqrt{n}}\sim N(0,1). \tag{7.12}$$

对于给定的 $\alpha(0<\alpha<1)$，查 $N(0,1)$ 分布表得 $u_{\frac{\alpha}{2}}$，使得

$$P_{(}\,|\,U\,|\geqslant u_{\frac{\alpha}{2}}\,)=\alpha, \tag{7.13}$$

即 $\Phi_{(}u_{\frac{\alpha}{2}}\,)=1-\frac{\alpha}{2}$（见图 7.1）.（7.13）式等价于

$$P\left(\overline{X}-\frac{\sigma}{\sqrt{n}}u_{\frac{\alpha}{2}}<\mu<\overline{X}+\frac{\sigma}{\sqrt{n}}u_{\frac{\alpha}{2}}\right)=1-\alpha.$$

由此得到：σ^2 已知时 μ 的置信水平为 $1-\alpha$ 的置信区间

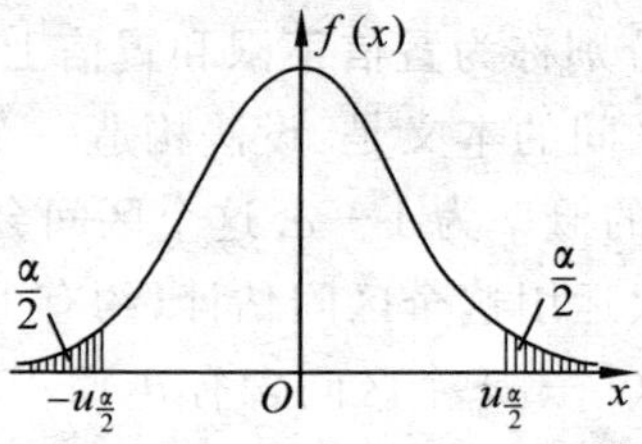

图 7.1

$$\left(\overline{X}-\frac{\sigma}{\sqrt{n}}u_{\frac{\alpha}{2}},\overline{X}+\frac{\sigma}{\sqrt{n}}u_{\frac{\alpha}{2}}\right). \tag{7.14}$$

例 7.15　某乡农民在联产承包责任制前，人均纯收入 X（单位:元），且 $X\sim N(300,25^2)$，推行联产承包责任制后，在该乡抽得 $n=16$ 的样本得 $\overline{x}=325$ 元，假设 $\sigma^2=25^2$ 没有变化，求 μ 的置信水平为 0.95 的置信区间.

解　由于 $1-\alpha=0.95$，$\alpha=0.05$，所以查 $N(0,1)$ 分布表得，

$u_{\frac{\alpha}{2}} = u_{0.025} = 1.96$，又 $n = 16, \sigma = 25, \overline{x} = 325$，故由(7.14)式得 μ 的置信水平为 0.95 的置信区间：

$$\left(325 - 1.96\frac{25}{\sqrt{16}}, 325 + 1.96\frac{25}{\sqrt{16}}\right),$$

即

$$(312.75, 337.25).$$

设置信区间(7.14)的长为 l，则

$$l = \frac{2\sigma}{\sqrt{n}} u_{\frac{\alpha}{2}}.$$

由此可知，l 与 n, α 有如下关系：

1° 对于给定的样本容量 n，区间长度 l 随 α 的减少而增大；

2° 对于给定的 α，区间长度 l 随 n 的增加而减少.

需要指出的是，在同一置信水平下，置信区间的选取不惟一. 如在例 7.15 中，令 $\alpha = 0.01 + 0.04$，由

$$P\left(-u_{0.04} < \frac{\overline{X} - \mu}{\sigma/\sqrt{n}} < u_{0.01}\right) = 0.95,$$

查 $N(0,1)$ 分布表得 $u_{0.01} = 2.33, u_{0.04} = 1.75$，所以 μ 的另一个置信水平为 0.95 的置信区间为

$$\left(\overline{X} - 2.33\frac{\sigma}{\sqrt{n}}, \overline{X} + 1.75\frac{\sigma}{\sqrt{n}}\right).$$

其区间长度为 $l_2 = 4.08\frac{\sigma}{\sqrt{n}} = 25.5$，而置信区间(312.75,337.25)的长度 $l_1 = 24.5$，故 $l_2 > l_1$.

在同一置信水平下，置信区间的长度越小，表示估计的精度越高. 如果随机变量 U 的概率密度函数的图形是单峰且对称的，则当样本容量 n 固定时，(7.14)式所示的置信区间是置信水平为 $1-\alpha$ 的所有置信区间中长度最短的，因此我们用它作为 μ 的置信水平为 $1-\alpha$ 的置信区间.

7.4.2.2 σ^2 未知的情形

此时不能采用(7.14)式给出的区间,因为其中含未知参数 σ,由于 S^2 是 σ^2 的无偏估计,将(7.12)式中的 σ 换成 $S=\sqrt{S^2}$,则

$$T=\frac{\overline{X}-\mu}{S/\sqrt{n}}\sim t(n-1). \tag{7.15}$$

对于给定的 $\alpha(0<\alpha<1)$,查 t 分布表(附表6),可得 $t(n-1)$ 分布的上侧 $\frac{\alpha}{2}$ 分位数 $t_{\frac{\alpha}{2}}(n-1)$,使得(见图 7.2)

$$P\left(|T|<t_{\frac{\alpha}{2}}(n-1)\right)=P\left(\left|\frac{\overline{X}-\mu}{S/\sqrt{n}}\right|<t_{\frac{\alpha}{2}}(n-1)\right)=1-\alpha,$$

即 $P\left(\overline{X}-\frac{S}{\sqrt{n}}t_{\frac{\alpha}{2}}(n-1)<\mu<\overline{X}+\frac{S}{\sqrt{n}}t_{\frac{\alpha}{2}}(n-1)\right)=1-\alpha.$

由此得到:σ^2 未知时,μ 的置信水平为 $1-\alpha$ 的置信区间

$$\left(\overline{X}-\frac{S}{\sqrt{n}}t_{\frac{\alpha}{2}}(n-1),\overline{X}+\frac{S}{\sqrt{n}}t_{\frac{\alpha}{2}}(n-1)\right). \tag{7.16}$$

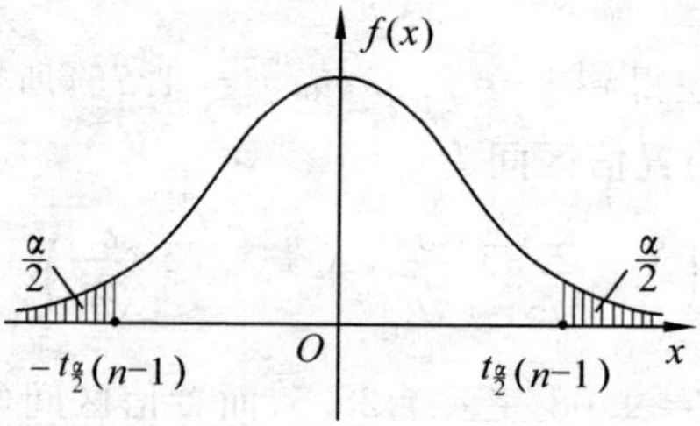

图 7.2

例 7.16 为确定某种溶液中甲醛浓度,取样得 4 个独立测定值的平均值 $\overline{x}=8.34\%$,样本标准差 $s=0.03\%$,被测定总体服从正态分布.求总体均值 μ 的置信水平为 0.95 的置信区间.

解 由于 $1-\alpha=0.95$,$\alpha=0.05$,自由度 $n-1=3$,所以查

t 分布表得 $t_{\frac{\alpha}{2}}(n-1)=t_{0.025}(3)=3.182$，又 $\bar{x}=8.34\%$，$S=0.03\%$. 故由(7.16)式得 μ 的置信水平为 0.95 的置信区间为

$$\left(\left(8.34-3.182\frac{0.03}{\sqrt{4}}\right)\%,\left(8.34+3.182\frac{0.03}{\sqrt{4}}\right)\%\right),$$

即

$$(8.292\%,8.388\%).$$

7.4.3　单个正态总体方差的置信区间

设 $X_1,X_2,\cdots,X_n$ 是正态总体 $N(\mu,\sigma^2)$ 的样本，S^2 是样本方差，对总体方差 σ^2 进行区间估计，同样区分总体均值 μ 已知和未知两种情况，这里只讨论 μ 未知的情况.

由第 6 章定理 6.2 知，随机变量

$$\chi^2=\frac{(n-1)S^2}{\sigma^2}\sim\chi^2(n-1).$$

对于给定的 $\alpha(0<\alpha<1)$，由 χ^2 分布上侧分位数的定义，查 $\chi^2(n-1)$ 分布表得 χ^2 分布上侧分位数 $\chi^2_{\frac{\alpha}{2}}(n-1)$ 和 $\chi^2_{1-\frac{\alpha}{2}}(n-1)$，使得(见图 7.3)

$$P\left(\chi^2_{1-\frac{\alpha}{2}}(n-1)<\frac{(n-1)S^2}{\sigma^2}<\chi^2_{\frac{\alpha}{2}}(n-1)\right)=1-\alpha,$$

即

$$P\left(\frac{(n-1)S^2}{\chi^2_{\frac{\alpha}{2}}(n-1)}<\sigma^2<\frac{(n-1)S^2}{\chi^2_{1-\frac{\alpha}{2}}(n-1)}\right)=1-\alpha.$$

从而方差 σ^2 的一个置信水平为 $1-\alpha$ 的置信区间为

$$\left(\frac{(n-1)S^2}{\chi^2_{\frac{\alpha}{2}}(n-1)},\frac{(n-1)S^2}{\chi^2_{1-\frac{\alpha}{2}}(n-1)}\right).\tag{7.17}$$

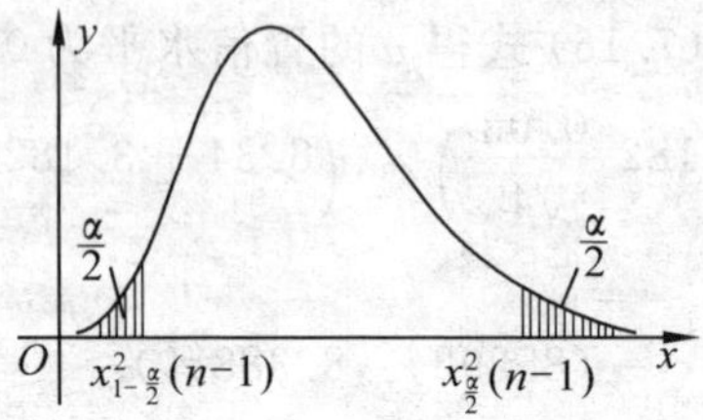

图 7.3

由(7.17)式,可以得到标准差σ的一个置信水平为$1-\alpha$的置信区间

$$\left(\frac{\sqrt{n-1}S}{\sqrt{\chi^2_{\frac{\alpha}{2}}(n-1)}},\frac{\sqrt{n-1}S}{\sqrt{\chi^2_{1-\frac{\alpha}{2}}(n-1)}}\right). \tag{7.18}$$

值得注意的是,当概率密度曲线的图形不对称时,如χ^2分布和F分布,习惯上仍取对称的分位点(如图7.3中的上分位$\chi^2_{1-\frac{\alpha}{2}(n-1)}$与$\chi^2_{\frac{\alpha}{2}}(n-1)$)来确定置信区间.但这样确定的置信区间的长度并不最短,由于求最短置信区间计算太繁杂,通常采用(7.17)式与(7.18)式来估计方差与标准差的置信水平为$1-\alpha$的置信区间.

例 7.17 根据例7.16的抽样结果,求总体方差σ^2及标准差σ的置信水平为0.95的置信区间.

解 由例7.16可知,$n=4,s^2=0.0009,s=0.03$,查自由度为3的χ^2分布表,得$\chi^2_{\frac{\alpha}{2}}(n-1)=\chi^2_{0.025}(3)=9.348$,$\chi^2_{1-\frac{\alpha}{2}}(n-1)=\chi^2_{0.975}(3)=0.216$.将这些数值分别代入(7.17)式和(7.18)式,得σ^2和σ的置信水平为0.95的置信区间分别为

(0.00029%,0.0125%)和(0.017%,0.112%).

7.5　两个正态总体均值差与方差比的置信区间

在实际问题中，往往要知道两个正态总体均值之间或方差之间是否有差异，这就需要考虑两个正态总体均值差或方差比的置信区间问题.

7.5.1　两个正态总体均值差的置信区间

设 $X_1, X_2, \cdots, X_m$ 是总体 $X \sim N(\mu_1, \sigma_1^2)$ 的样本，$Y_1, Y_2, \cdots, Y_n$ 是总体 $Y \sim N(\mu_2, \sigma_2^2)$ 的样本，且这两个样本相互独立，$\overline{X}, Y$ 分别是总体 X 和 Y 的样本均值，S_1^2 和 S_2^2 分别是总体 X 和 Y 的样本方差，对两总体均值差 $\mu_1 - \mu_2$ 作区间估计，分如下两种情况讨论.

7.5.1.1　σ_1^2 与 σ_2^2 都已知的情形

由于 $\overline{X}$ 和 $\overline{Y}$ 分别是 μ_1 和 μ_2 的无偏估计. 故 $\overline{X} - \overline{Y}$ 是 $\mu_1 - \mu_2$ 的无偏估计. 由 $\overline{X}$ 与 $\overline{Y}$ 相互独立及 $\overline{X} \sim N\left(\mu_1, \dfrac{\sigma_1^2}{m}\right)$，$\overline{Y} \sim N\left(\mu_2, \dfrac{\sigma_2^2}{n}\right)$ 得

$$\overline{X} - \overline{Y} \sim N\left(\mu_1 - \mu_2, \frac{\sigma_1^2}{m} + \frac{\sigma_2^2}{n}\right).$$

将 $\overline{X} - \overline{Y}$ 标准化得

$$U = \frac{\overline{X} - \overline{Y} - (\mu_1 - \mu_2)}{\sqrt{\dfrac{\sigma_1^2}{m} + \dfrac{\sigma_2^2}{n}}} \sim N(0,1).$$

若令 $\overline{X} - \overline{Y} = \overline{Z}$，$\mu_1 - \mu_2 = \mu$，将常量看作 $\sqrt{\dfrac{\sigma_1^2}{m} + \dfrac{\sigma_2^2}{n}}$ 看作 $\dfrac{\sigma}{\sqrt{l}}$，则

上式变为

$$\frac{\overline{Z}-\mu}{\sigma/\sqrt{l}} \sim N(0,1).$$

由单个正态总体方差已知时，μ 的区间估计知，μ 的置信水平为 $1-\alpha$ 的置信区间为

$$\left(\overline{Z}-u_{\frac{\alpha}{2}}\frac{\sigma}{\sqrt{l}},\overline{Z}+u_{\frac{\alpha}{2}}\frac{\sigma}{\sqrt{l}}\right),$$

将 $\overline{Z}=\overline{X}-\overline{Y},\frac{\sigma}{\sqrt{l}}=\sqrt{\frac{\sigma_1^2}{m}+\frac{\sigma_2^2}{n}}$ 代入上式，即得两个正态总体均值差 $\mu_1-\mu_2$ 的置信度为 $1-\alpha$ 的置信区间为

$$\left(\overline{X}-\overline{Y}-u_{\frac{\alpha}{2}}\sqrt{\frac{\sigma_1^2}{m}+\frac{\sigma_2^2}{n}},\overline{X}-\overline{Y}+u_{\frac{\alpha}{2}}\sqrt{\frac{\sigma_1^2}{m}+\frac{\sigma_2^2}{n}}\right).\tag{7.19}$$

7.5.1.2　σ_1^2 与 σ_2^2 都未知，但 $\sigma_1^2=\sigma_2^2=\sigma^2$ 的情形

由第 6 章定理 6.5(1) 知

$$\frac{\overline{X}-\overline{Y}-(\mu_1-\mu_2)}{S_w\sqrt{\frac{1}{m}+\frac{1}{n}}} \sim t(m+n-2),$$

其中 $S_w^2=\frac{(m-1)S_1^2+(n-1)S_2^2}{m+n-2}, S_w=\sqrt{S_w^2}$，可得 $\mu_1-\mu_2$ 的一个置信水平为 $1-\alpha$ 的置信区间

$$\left(\overline{X}-\overline{Y}-t_{\frac{\alpha}{2}}(m+n-2)S_w\sqrt{\frac{1}{m}+\frac{1}{n}},\right.$$

$$\left.\overline{X}-\overline{Y}+t_{\frac{\alpha}{2}}(m+n-2)S_w\sqrt{\frac{1}{m}+\frac{1}{n}}\right).\tag{7.20}$$

若置信下限大于零，则可认为 $\mu_1>\mu_2$；若置信上限小于零，则可认为 $\mu_1<\mu_2$；若置信区间含零，则认为 μ_1 和 μ_2 没有显著差别.

例 7.18　1986 年在某地区分行业调查职工平均工资情况：已知体育、卫生、社会福利事业职工工资 X(单元：元) $\sim N(\mu_1, 218^2)$；文教、艺术、广播事业职工工资 Y(单位：元) $\sim N(\mu_2, 227^2)$. 从总体 X 中调查 25 人，平均工资 1286 元，从总体 Y 中调查 30 人，平均工资 1272 元. 求这两大类行业职工平均工资之差的置信水平为 0.99 的置信区间.

解　由于两总体方差已知，所以可用(7.19) 式求 $\mu_1 - \mu_2$ 的置信区间.

由 $1-\alpha = 0.99, \alpha = 0.01$，查正态分布表得 $u_{\frac{\alpha}{2}} = u_{0.005} = 2.57$，又 $m = 25, n = 30, \sigma_1^2 = 218^2, \sigma_2^2 = 227^2, \overline{x} = 1286, \overline{y} = 1272$，将这些值代入(7.19) 式得 $\mu_1 - \mu_2$ 的置信水平为 0.99 的置信区间为：

$$(-140.96, 168.96).$$

即，两大类行业职工平均工资相差在 $-140.96 \sim 168.96$ 之间. 这个估计的置信概率为 0.99.

例 7.19　用甲、乙两种电子仪器测量两个测地站 A, B 之间的直线距离(单位：米). 用仪器甲独立地测量了 $m=10$ 次，算得测量值的平均值 $\overline{x} = 45479.431, s_1 = 0.0440$. 用仪器乙独立地测量了 $n = 15$ 次，算得测量值的平均值 $\overline{y} = 45479.398, s_2 = 0.0308$. 假定这两种仪器的测量值 X 与 Y 都服从正态分布，且它们的方差相同(即仪器的测量精度相同). 试求这两种仪器的平均测量值之差的置信水平为 0.99 的置信区间.

解　设 $X \sim N(\mu_1, \sigma^2), Y \sim N(\mu_2, \sigma^2)$. 由于 σ^2 未知，所以可用(7.20) 式求 $\mu_1 - \mu_2$ 的置信区间.

由 $1-\alpha = 0.99, \alpha = 0.01, m = 10, n = 15, m+n-2 = 23$，查 t 分布表得，$t_{\frac{\alpha}{2}}(m+n-2) = t_{0.005}(23) = 2.8073$，又 $\overline{x} = 45479.431$，$s_1 = 0.0440, \overline{y} = 45479.398, s_2 = 0.0308$，将这些值代入(7.20) 式，得 $\mu_1 - \mu_2$ 的置信水平为 0.99 的置信区间为

$$(-0.009, 0.075).$$

这个结果表明,可以认为甲、乙两种仪器的测量值之间没有显著性差异,因为原点落在这个区间之中.

7.5.2 两个正态总体方差比的置信区间

设$(X_1, X_2, \cdots, X_m)$是总体$X \sim N(\mu_1, \sigma_1^2)$的样本,$(Y_1, Y_2, \cdots, Y_n)$是总体$Y \sim N(\mu_2, \sigma_2^2)$的样本,且这两个样本相互独立,$\overline{X}$和$\overline{Y}$分别是总体$X$和$Y$的样本均值,$S_1^2$和$S_2^2$分别是总体$X$和$Y$的样本方差.对两总体方差比$\dfrac{\sigma_1^2}{\sigma_2^2}$作区间估计,我们讨论$\mu_1$和$\mu_2$未知的情况.

由第6章定理6.4(3)知,随机变量

$$F = \frac{S_1^2/\sigma_1^2}{S_2^2/\sigma_2^2} \sim F(m-1, n-1),$$

因此,对于给定的α,查F分布表可得满足条件

$$P\left(F_{1-\frac{\alpha}{2}}(m-1, n-1) < \frac{S_1^2/\sigma_1^2}{S_2^2/\sigma_2^2} < F_{\frac{\alpha}{2}}(m-1, n-1)\right) = 1-\alpha$$

的上侧分位数$F_{1-\frac{\alpha}{2}}(m-1, n-1)$和$F_{\frac{\alpha}{2}}(m-1, n-1)$(见图7.4).故有

$$P\left(\frac{S_1^2}{S_2^2} \cdot \frac{1}{F_{\frac{\alpha}{2}}(m-1, n-1)} < \frac{\sigma_1^2}{\sigma_2^2} < \frac{S_1^2}{S_2^2} \cdot \frac{1}{F_{1-\frac{\alpha}{2}}(m-1, n-1)}\right)$$

$$= 1-\alpha.$$

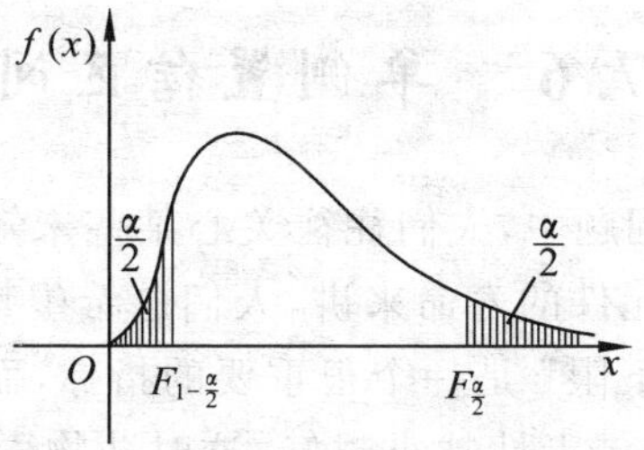

图 7.4

故$\frac{\sigma_1^2}{\sigma_2^2}$的置信水平为$1-\alpha$的一个置信区间为

$$\left(\frac{S_1^2}{S_2^2}\frac{1}{F_{\frac{\alpha}{2}}(m-1,n-1)},\frac{S_1^2}{S_2^2}\frac{1}{F_{1-\frac{\alpha}{2}}(m-1,n-1)}\right) \tag{7.21}$$

例 7.20 某厂用两条流水线生产番茄酱小包装,假设所装番茄酱的重量 X 与 Y 分别从服止态分布 $N(\mu_1,\sigma_1^2)$ 和 $N(\mu_2,\sigma_2^2)$,现从两条流水线上各随机抽取一个样本,容量分别为 $m=6,n=7$,称重后算得样本方差分别为 $s_1^2=0.0125$ 和 $s_2^2=0.01$. 求两总体方差比$\frac{\sigma_1^2}{\sigma_2^2}$的置信水平为 0.90 的置信区间.

解 由 $1-\alpha=0.90,\alpha=0.10,m=6,n=7$,查 F 分布表得

$$F_{\frac{\alpha}{2}}(m-1,n-1)=F_{0.05}(5,6)=4.39,$$

$$F_{1-\frac{\alpha}{2}}(m-1,n-1)=F_{0.95}(5,6)=\frac{1}{F_{0.05}(6,5)}=\frac{1}{4.95},$$

又 $s_1^2=0.0125,s_2^2=0.001$,将这些值代入(7.21)式得$\frac{\sigma_1^2}{\sigma_2^2}$的置信水平为 0.90 的置信区间是

$$(0.2847,6.1875).$$

7.6 单侧置信区间

在一些实际问题中,人们往往关心某些未知参数的上限或下限.例如对设备、元件的寿命来讲,人们总希望其平均寿命越长越好,这时寿命的"下限"是一个很重要的指标,而对某种药物的毒性来讲,人们总希望毒性越小越好,这时药物毒性的"上限"便成了一个很重要的指标.这些问题都可以归结为求未知参数的单侧置信限问题.

定义 7.7 设总体 X 的分布函数为 $F(x;\theta)$,θ 是未知参数,$X_1,X_2,\cdots,X_n$ 是 X 的样本,对于给定的 $\alpha(0<\alpha<1)$,若统计量 $\underline{\theta}=\underline{\theta}(X_1,X_2,\cdots,X_n)$ 满足

$$P(\theta>\underline{\theta})=1-\alpha, \tag{7.22}$$

则称随机区间 $(\underline{\theta},+\infty)$ 是 θ 的置信水平为 $1-\alpha$ 的**单侧置信区间**,$\underline{\theta}$ 称为**单侧置信下限**.若统计量 $\overline{\theta}=\overline{\theta}(X_1,X_2,\cdots,X_n)$ 满足

$$P(\theta<\overline{\theta})=1-\alpha, \tag{7.23}$$

则称随机区间 $(-\infty,\overline{\theta})$ 是 θ 的置信水平为 $1-\alpha$ 的**单侧置信区间**,$\overline{\theta}$ 称为**单侧置信上限**.

求单侧置信区间的方法与求置信区间的方法类似,下面通过举例来说明.

例 7.21 从一批汽车轮胎中随机地取16只作磨损试验,记录其用磨坏时所行驶路程(单位:公里),算得样本均值 $\overline{x}=41116$,标准差 $s=6346$.若设此样本来自正态总体 $N(\mu,\sigma^2)$,μ,σ^2 均未知,问该种轮胎平均行驶路程 μ 至少是多少($\alpha=0.05$)?

解 由于正态总体中 σ^2 未知,而随机变量

$$T=\frac{\overline{X}-\mu}{S/\sqrt{n}}\sim t(n-1),$$

对给定的 α，查 t 分布表，可得满足条件

$$P\left(\frac{\overline{X}-\mu}{S/\sqrt{n}}<t_\alpha(n-1)\right)=1-\alpha$$

的上侧分位数 $t_\alpha(n-1)$，于是 μ 的置信水平为 $1-\alpha$ 的单侧置信区间为

$$\left(\overline{X}-t_\alpha(n-1)\frac{S}{\sqrt{n}},+\infty\right),\tag{7.24}$$

μ 的置信度为 $1-\alpha$ 的单侧置信下限为

$$\underline{\mu}=\overline{X}-t_\alpha(n-1)\cdot\frac{S}{\sqrt{n}}.\tag{7.25}$$

由题设知 $\alpha=0.05$，$n=16$，查 t 分布表得 $t_{0.05}(15)=1.7531$，又 $\overline{x}=41116$，$s=6346$，将这些值代入(7.25)式得 μ 的置信水平为 0.95 的单侧置信下限为 38334.

故这批轮胎的平均行驶路程不少于 38334 公里，其置信概率为0.95.

例 7.22　用仪器间接测量炉子的温度，其测量值服从正态分布 $N(\mu,\sigma^2)$，其中 μ,σ^2 未知，现用该仪器重复测 5 次，测得数据如下：

$$1250,1265,1245,1260,1275.$$

求 σ 的置信水平为 0.95 的置信上限.

解　由于该正态总体中 μ 未知，而随机变量

$$\chi^2=\frac{(n-1)S^2}{\sigma^2}\sim\chi^2(n-1),$$

对给定的 α，查 χ^2 分布表，可得满足条件

$$P\left(\frac{(n-1)S^2}{\sigma^2}>\chi^2_{1-\alpha}(n-1)\right)=1-\alpha$$

的上侧分位数 $\chi^2_{1-\alpha}(n-1)$，从而 σ^2 的置信水平为 $1-\alpha$ 的单侧置信区间为

$$\left(0, \frac{(n-1)S^2}{\chi^2_{1-\alpha}(n-1)}\right). \tag{7.26}$$

α^2 的置信水平为 1 α 的单侧置信上限为

$$\bar{\sigma}^2 = \frac{(n-1)S^2}{\chi^2_{1-\alpha}(n-1)}. \tag{7.27}$$

σ 的单侧置信上限为

$$\bar{\sigma} = \frac{\sqrt{(n-1)}S}{\sqrt{\chi^2_{1-\alpha}(n-1)}}. \tag{7.28}$$

由题设知 $\alpha = 0.05$，$n = 5$，查 χ^2 分布表得 $\chi^2_{0.95}(4) = 0.711$，由样本可求得 $s = 11.9$，将这些数值代入(7.28) 式得 σ 的置信水平为 0.95 的单侧置信上限为 28.2.

对于两正态总体的均值差或方差比的单侧置信区间可类似求得.至于对参数是作单侧区间估计还是作双侧区间估计，要由实际需要来决定.

为了方便读者查找，将正态总体参数的区间估计结果列在表 7.2 中.

表 7.2 正态总体下未知参数的区间估计表

总体	待估参数	条件		随机变量及其分布	置信区间
$N(\mu,\sigma^2)$	μ	σ^2 已知	双侧	$U=\dfrac{\overline{X}-\mu}{\sigma/\sqrt{n}}\sim N(0,1)$	$\left(\overline{X}-u_{\frac{\alpha}{2}}\dfrac{\sigma}{\sqrt{n}},\overline{X}+u_{\frac{\alpha}{2}}\dfrac{\sigma}{\sqrt{n}}\right)$
			单侧		$\left(\overline{X}-u_{\alpha}\dfrac{\sigma}{\sqrt{n}},+\infty\right),\left(-\infty,\overline{X}+u_{\alpha}\dfrac{\sigma}{\sqrt{n}}\right)$
		σ^2 未知	双侧	$T=\dfrac{\overline{X}-\mu}{S/\sqrt{n}}\sim t(n-1)$	$\left(\overline{X}-t_{\frac{\alpha}{2}}(n-1)\dfrac{S}{\sqrt{n}},\overline{X}+t_{\frac{\alpha}{2}}(n-1)\dfrac{S}{\sqrt{n}}\right)$
			单侧		$\left(\overline{X}-t_{\alpha}(n-1)\dfrac{S}{\sqrt{n}},+\infty\right),\left(-\infty,\overline{X}+t_{\alpha}(n-1)\dfrac{S}{\sqrt{n}}\right)$
	σ^2	μ 已知	双侧	$\chi^2=\dfrac{\sum\limits_{i=1}^{n}(X_i-\mu)^2}{\sigma^2}\sim\chi^2(n)$	$\left(\dfrac{\sum\limits_{i=1}^{n}(X_i-\mu)^2}{\chi^2_{\frac{\alpha}{2}}(n)},\dfrac{\sum\limits_{i=1}^{n}(X_i-\mu)^2}{\chi^2_{1-\frac{\alpha}{2}}(n)}\right)$
			单侧		$\left(\dfrac{\sum\limits_{i=1}^{n}(X_i-\mu)^2}{\chi^2_{\alpha}(n)},+\infty\right),\left(0,\dfrac{\sum\limits_{i=1}^{n}(X_i-\mu)^2}{\chi^2_{1-\alpha}(n)}\right)$
		μ 未知	双侧	$\chi^2=\dfrac{(n-1)S^2}{\sigma^2}\sim\chi^2(n-1)$	$\left(\dfrac{(n-1)S^2}{\chi^2_{\frac{\alpha}{2}}(n-1)},\dfrac{(n-1)S^2}{\chi^2_{1-\frac{\alpha}{2}}(n-1)}\right)$
			单侧		$\left(\dfrac{(n-1)S^2}{\chi^2_{\alpha}(n-1)},+\infty\right),\left(0,\dfrac{(n-1)S^2}{\chi^2_{1-\alpha}(n-1)}\right)$

续表 7.2

总体	待估参数	条件		随机变量及其分布	置信区间
$N(\mu_1,\sigma_1^2)$ $N(\mu_2,\sigma_2^2)$	$\mu_1-\mu_2$	σ_1^2，σ_2^2 均已知	双侧	$U=\dfrac{(\overline{X}-\overline{Y})-(\mu_1-\mu_2)}{\sqrt{\dfrac{\sigma_1^2}{m}+\dfrac{\sigma_2^2}{n}}}\sim N(0,1)$	$\left((\overline{X}-\overline{Y})-u_{\frac{\alpha}{2}}\sqrt{\dfrac{\sigma_1^2}{m}+\dfrac{\sigma_2^2}{n}},\ (\overline{X}-\overline{Y})+u_{\frac{\alpha}{2}}\sqrt{\dfrac{\sigma_1^2}{m}+\dfrac{\sigma_2^2}{n}}\right)$
			单侧		$\left((\overline{X}-\overline{Y})-u_\alpha\sqrt{\dfrac{\sigma_1^2}{m}+\dfrac{\sigma_2^2}{n}},+\infty\right)$ $\left(-\infty,(\overline{X}-\overline{Y})+u_\alpha\sqrt{\dfrac{\sigma_1^2}{m}+\dfrac{\sigma_2^2}{n}}\right)$
		$\sigma_1^2=\sigma_2^2=\sigma^2$ 但未知	双侧	$T=\dfrac{(\overline{X}-\overline{Y})-(\mu_1-\mu_2)}{S_w\sqrt{\dfrac{1}{m}+\dfrac{1}{n}}}\sim t(m+n-2)$ $S_w^2=\dfrac{(m-1)S_1^2+(n-1)S_2^2}{m+n-2}$	$\left((\overline{X}-\overline{Y})-t_{\frac{\alpha}{2}}(m+n-2)S_w\sqrt{\dfrac{1}{m}+\dfrac{1}{n}},\ (\overline{X}-\overline{Y})+t_{\frac{\alpha}{2}}(m+n-2)S_w\sqrt{\dfrac{1}{m}+\dfrac{1}{n}}\right)$
			单侧		$\left((\overline{X}-\overline{Y})-t_\alpha(m+n-2)S_w\sqrt{\dfrac{1}{m}+\dfrac{1}{n}},+\infty\right)$ $\left(-\infty,(\overline{X}-\overline{Y})+t_\alpha(m+n-2)S_w\sqrt{\dfrac{1}{m}+\dfrac{1}{n}}\right)$

续表 7.2

总体	待估参数	条件		随机变量及其分布	置信区间
$N(\mu_1,\sigma_1^2)$ $N(\mu_2,\sigma_2^2)$	$\dfrac{\sigma_1^2}{\sigma_2^2}$	μ_1,μ_2 均已知	双侧	$F=\dfrac{\sum_{i=1}^{m}(X_i-\mu_1)^2\Big/m\sigma_1^2}{\sum_{i=1}^{n}(Y_i-\mu_2)^2\Big/n\sigma_2^2}\sim F(m,n)$	$\left(\dfrac{n\sum_{i=1}^{m}(X_i-\mu_1)^2}{m\sum_{i=1}^{n}(Y_i-\mu_2)^2}\dfrac{1}{F_{\frac{\alpha}{2}}(m,n)},\dfrac{n\sum_{i=1}^{m}(X_i-\mu_1)^2}{m\sum_{i=1}^{n}(Y_i-\mu_2)^2}\dfrac{1}{F_{1-\frac{\alpha}{2}}(m,n)}\right)$
			单侧		$\left(\dfrac{n\sum_{i=1}^{m}(X_i-\mu_1)^2}{m\sum_{i=1}^{n}(Y_i-\mu_2)^2}\dfrac{1}{F_{\alpha}(m,n)},+\infty\right)$，$\left(0,\dfrac{n\sum_{i=1}^{m}(X_i-\mu_1)^2}{m\sum_{i=1}^{n}(Y_i-\mu_2)^2}\dfrac{1}{F_{1-\alpha}(m,n)}\right)$
		μ_1,μ_2 均未知	双侧	$F=\dfrac{S_1^2/\sigma_1^2}{S_2^2/\sigma_2^2}\sim F(m-1,n-1)$	$\left(\dfrac{S_1^2}{S_2^2}\dfrac{1}{F_{\frac{\alpha}{2}}(m-1,n-1)},\dfrac{S_1^2}{S_2^2}\dfrac{1}{F_{1-\frac{\alpha}{2}}(m-1,n-1)}\right)$
			单侧		$\left(\dfrac{S_1^2}{S_2^2}\dfrac{1}{F_{\alpha}(m-1,n-1)},+\infty\right)$ $\left(0,\dfrac{S_1^2}{S_2^2}\dfrac{1}{F_{1-\alpha}(m-1,n-1)}\right)$

习题 7

1. 设总体 X 的分布列为

X	0	1	2
p_k	θ^2	$2\theta(1-\theta)$	$(1-\theta)^2$

其中 $0<\theta<\frac{1}{2}$ 为未知参数，对总体抽取容量为 10 的一组样本，其中 5 个取 1，3 个取 2，2 个取 0，求 θ 的矩估计值和极大似然估计值.

2. 设总体 X 的分布列为

$$P(X=k)=(1-p)^{k-1}p, k=1,2,\cdots,$$

其中 p 是未知参数($0<p<1$)，$X_1,X_2,\cdots,X_n$ 为取自总体 X 的样本，求 p 的矩估计和极大似然估计.

3. 设总体 X 的概率密度为

$$f(x)=\frac{1}{2\sigma}\mathrm{e}^{-\frac{|x|}{\sigma}}, \quad -\infty<x<+\infty,$$

$x_1,x_2,\cdots,x_n$ 为 X 的 n 次观测值，试求 σ 的极大似然估计.

4. 设总体 X 的概率密度为

$$f(x)=\begin{cases}(\theta+1)x^{\theta}, 0<x<1; \\ 0, 其他.\end{cases}$$

其中 $\theta>-1$ 是未知参数，$X_1,\cdots,X_n$ 是来自总体 X 的样本，分别用矩估计法和极大似然估计法求 θ 的估计量.

5. 已知总体 X 的概率密度函数为

$$f(x)=\begin{cases}\mathrm{e}^{-(x-\theta)}, x>\theta, \\ 0, x\leqslant\theta,\end{cases} \theta 为未知参数,$$

$X_1,X_2,\cdots,X_n$ 为 X 的样本，求 θ 的极大似然估计量.

6. 设总体 X 的概率密度为

$$f(x)=\begin{cases}\dfrac{1}{\theta}\mathrm{e}^{-\frac{x-\mu}{\theta}}, x\geqslant\mu;\\ 0,其他.\end{cases}$$

其中 $\theta>0$，θ,μ 为未知参数，$X_1,\cdots,X_n$ 为取自 X 的样本，试求 θ，μ 的极大似然估计量.

7. 设离散型随机变量 X 的分布列为

$$P(X=k)=\frac{1}{m},\quad k=1,2,\cdots,m,$$

其中参数 m 未知，$X_1,\cdots,X_n$ 是取自总体 X 的一个样本，求参数 m 的矩估计量与极大似然估计量.

8. 设总体 $X\sim B(m,p)$，p 为未知参数，$X_1,\cdots,X_n$ 为 X 的样本.

(1) 求 p 的矩估计量；

(2) 求 p 的极大似然估计量；

(3) 上面求出的估计量是不是 p 的无偏估计量?说明理由.

9. 设总体 X 服从参数为 λ 的泊松分布，$X_1,\cdots,X_n$ 为取自 X 的样本，求 λ 的矩估计和极大似然估计.

10. 已知总体 X 服从瑞利分布，概率密度为

$$f(x)=\begin{cases}\dfrac{x}{\theta}\mathrm{e}^{-\frac{x^2}{2\theta}}, x>0,\\ 0, x\leqslant 0,\end{cases}\quad \theta>0 \text{ 为未知参数},$$

$X_1,\cdots,X_n$ 为 X 的样本.

(1) 求 θ 的极大似然估计量；

(2) 所求估计量是不是 θ 的无偏估计量?说明理由.

11. 设随机变量 X 服从对数正态分布，即概率密度为

$$f(x)=\frac{1}{\sqrt{2\pi}\sigma x}\mathrm{e}^{-\frac{(\ln x-\mu)^2}{2\sigma^2}},\quad x>0,$$

$X_1,\cdots,X_n$ 是取自 X 的样本，求未知参数 μ 与 σ^2 的极大似然估计量.

12. 设总体 X 服从参数为 λ 的泊松分布，$X_1,\cdots,X_n$ 是 X 的样本，其样本均值为 $\overline{X}$，样本方差为 S^2，已知 $\hat{\lambda}=a\overline{X}+(2-3a)S^2$ 为 λ 的无偏估计，则 a 等于(　　).

(A) -1　　(B) 0　　(C) $\frac{1}{2}$　　(D) 1

13. 已知总体 X 的期望 $E(X)=0$，方差 $D(X)=\sigma^2$，从总体抽取容量为 n 的样本，其样本均值为 $\overline{X}$，样本方差为 S^2，则 σ^2 的无偏估计量为(　　).

(A) $n\overline{X}^2+S^2$　　(B) $\frac{1}{2}n\overline{X}^2+\frac{1}{2}S^2$

(C) $\frac{1}{3}n\overline{X}^2+S^2$　　(D) $\frac{1}{4}n\overline{X}^2+\frac{1}{4}S^2$

14. 设 $\hat{\theta}$ 是未知参数 θ 的无偏、一致估计，且 $D(\hat{\theta})>0$，证明：$\hat{\theta}^2$ 是 θ^2 的有偏一致估计.

15. 已知总体 $X\sim N(\mu,\sigma^2)$，$X_1,\cdots,X_n$ 是 X 的样本，用某种方法得出 σ^2 的估计量为

$$\hat{\sigma}^2=C\sum_{i=1}^{n-1}(X_{i+1}-X_i)^2.$$

试确定 C 使之成为 σ^2 的无偏估计量.

16. 设总体 X 的期望为 μ，方差为 σ^2，分别抽取容量为 n_1,n_2 的两个独立样本，$\overline{X}_1,\overline{X}_2$ 为两个样本的均值. 试证：对任何常数 a,b，如果 $a+b=1$，则 $Y=a\overline{X}_1+b\overline{X}_2$ 都是 μ 的无偏估计量，并确定使 $D(Y)$ 达到最小时的 a,b.

17. 总体均值 μ 置信水平为 95% 的置信区间为 $(\underline{\theta},\overline{\theta})$，其含意是(　　).

(A) 总体均值 μ 的真值以 95% 的概率落入区间 $(\underline{\theta},\overline{\theta})$

(B) 样本均值 $\overline{X}$ 以 95% 的概论落入区间 $(\underline{\theta},\overline{\theta})$

(C) 区间 $(\underline{\theta},\overline{\theta})$ 含总体均值 μ 的概率为 95%

(D) 区间$(\underline{\theta},\overline{\theta})$ 含样本均值 $\overline{X}$ 的概率为 95%

18. 设总体 X 服从正态分布 $N(\mu,\sigma^2)$，其中 σ^2 已知，当样本容量固定时，则总体均值 μ 的置信区间长度 L 与置信水平 $1-\alpha$ 的关系是(　　).

(A) 当 $1-\alpha$ 减小时，L 变小

(B) 当 $1-\alpha$ 减小时，L 增大

(C) 当 $1-\alpha$ 减小时，L 不变

(D) 当 $1-\alpha$ 减小时，L 增减不定

19. 设随机变量 $X\sim N(\mu,1)$，$X_1,\cdots,X_n$ 是来自 X 的样本，如果关于置信水平是 0.95 的 μ 的置信区间是(9.02,10.98)，则样本容量 $n=$ ________.

20. 已知总体 $X\sim N(\mu,8^2)$，抽取 $n=100$ 的样本，现确定 μ 的估计区间为(43.88,46.52)，试问这个估计区间的置信水平是多少？

21. 从一批钉子中抽取 16 枚，测得其长度(单位:cm) 为

2.14　2.10　2.13　2.15　2.13　2.12　2.13　2.10

2.15　2.12　2.14　2.10　2.13　2.11　2.14　2.11

假设钉子的长度 X 服从正态分布 $N(\mu,\sigma^2)$，在下列两种情况下分别求总体均值 μ 的置信水平为 0.90 的置信区间.

(1) 已知 $\sigma=0.01$；

(2) σ 未知.

22. 某自动包装机包装洗衣粉，其重量服从正态分布 $N(\mu,\sigma^2)$，随机抽查 12 袋，测得重量(单位:克) 分别为：

1001　1004　1003　1000　997　999　1004

1000　996　1002　998　999

(1) 求 μ 的 0.95 的置信区间；

(2) 求 σ^2 的 0.95 的置信区间.

23. 随机地取某种炮弹 9 发作试验，测得炮口速度的样本标

准差 $s=11$(米/秒),设炮口速度 X 服从 $N(\mu,\sigma^2)$,求这种炮弹的炮口速度的标准差 σ 的置信水平为 0.95 的置信区间.

24. 研究两种燃料的燃烧率,设两者分别服从正态分布 $N(\mu_1,0.05^2)$ 和 $N(\mu_2,0.05^2)$,取样本容量各为 20 的两组独立样本,求得燃烧率的样本均值分别为 18,24,求两种燃料燃烧率总体均值差 $\mu_1-\mu_2$ 的置信水平为 0.99 的置信区间.

25. 某车间用两台型号相同的机器生产同一种产品,欲比较两台机器所生产的产品的长度.机器 A 的产品的长度 $X\sim N(\mu_1,\sigma_1^2)$,机器 B 的产品的长度 $Y\sim N(\mu_2,\sigma_2^2)$,$X,Y$ 相互独立,由实践经验可认为 $\sigma_1^2=\sigma_2^2$.现从 A 的产品中抽取 10 件,测出长度值,求出长度的平均值 $\overline{x}=49.83\text{cm}$,标准差 $s_1=1.09\text{cm}$,从 B 的产品中抽取 15 件,求得长度平均值 $\overline{y}=52.24\text{cm}$,标准差 $s_2=1.18\text{cm}$,求两总体 X,Y 的均值差 $\mu_1-\mu_2$ 的置信水平为 0.95 的置信区间.

26. 甲、乙两位化验员各自独立地用相同的方法对某种聚合物的含氯量各做 10 次测量,分别求得测定值的样本方差 $s_1^2=0.5419$,$s_2^2=0.6065$,设测定值总体分别服从正态分布 $N(\mu_1,\sigma_1^2)$,$N(\mu_2,\sigma_2^2)$,试求方差比 $\dfrac{\sigma_1^2}{\sigma_2^2}$ 的置信水平为 0.95 的置信区间.

27. 设 $X_1,\cdots,X_{2n}$ 为总体 $X\sim N(\mu_1,18)$ 的样本,$Y_1,\cdots,Y_n$ 为总体 $Y\sim N(\mu_2,16)$ 的样本,X,Y 相互独立,要使 $\mu_1-\mu_2$ 的置信水平为 0.95 的置信区间的长度不超过 l,问 n 至少要取多大?

28. 设某种清漆的干燥时间(单位:小时)服从正态分布 $N(\mu,\sigma^2)$,现测得 9 个样品的干燥时间为:

5.8　5.9　6.0　6.5　7.0　6.3　5.6　6.1　5.0

若 $\sigma=0.6$(小时),求 μ 的置信水平为 0.95 的单侧置信上限.

29. 从一批灯泡中随机地抽取 5 个做寿命试验,测得寿命值(单位:小时)分别为

150　105　125　250　280

假设灯泡寿命 $T \sim N(\mu,\sigma^2)$，求灯泡寿命均值 μ 的置信水平为 0.95 的单侧置信下限.

第8章　假设检验

本章将介绍统计推断的另一类重要问题——假设检验. 主要介绍假设检验的基本概念,给出参数的假设检验与非参数的假设检验. 参数的假设检验将讨论单个、两个正态总体参数的假设检验及大样本下总体均值的假设检验. 非参数的假设检验将简要介绍分布的 χ^2 拟合检验.

8.1　假设检验的基本概念

8.1.1　问题的提出

参数估计是统计推断的一个重要方面,但在实际应用问题中,还存在着许多与参数估计不同的问题,它们要求对总体的分布类型、参数的性质等作出结论性的判断,先看以下几个实例.

例 8.1　某化学日用品有限责任公司用包装机包装洗衣粉,包装机在正常工作时,装包量(单位:g)$X \sim N(500, 2^2)$. 每天开工后,需先检验包装机工作是否正常,某天开工后,在装好的洗衣粉中任取 9 袋,称得重量的平均值 $\bar{x}=502(g)$,假设总体方差 σ^2 不变,试问这天包装机工作是否正常?

该例中,这天包装机的工作正常与否并不完全知道,需要由上述抽样结果来判断,由题意,设这天装包重量 $X \sim N(\mu, 2^2)$,若包装机工作正常,则这天与以往装包量服从的分布应该一样,即 X

$\sim N(500,2^2)$. 于是检验包装机工作是否正常就转化为由抽样结果来判断假设"$\mu=\mu_0=500$"是否成立的问题.

例 8.2　从高二年级随机地抽取两个小组,在化学教学中,实验组使用启发式教学法,对照组使用传统讲授法. 后期统一测验,实验组的成绩为 64,58,65,56,58,45,55,63,66,69;对照组的成绩为 60,59,57,41,38,52,46,51,49,58. 问两种教学法是否有差异?(根据过去的经验知道启发式数学法优于传统讲授法).

本问题关心的是启发式教学法是否优于传统讲授法. 设 μ_1,μ_2 分别为实验组和对照组学习成绩的均值,若启发式教学法优于传统教学法,则实验组学习成绩 μ_1 应高于对照组的学习成绩 μ_2. 于是,问题就转化为由抽样结果来判断假设"$\mu_1>\mu_2$"是否正确的问题.

例 8.3　自动车床加工中轴,从成品中抽取 11 根,测定它们的直径(单位:mm)为:10.52,10.41,10.32,10.18,10.64,10.77,10.82,10.67,10.59,10.38,10.49. 问这批零件的直径 X 服从正态分布吗?

设该批零件直径 X 的分布函数为 F(x),对于已知的正态分布 $N(\mu_0,\sigma_0^2)$(由于分布类型已知为正态分布,故当 μ_0,σ_0^2 未知时,可以估计),设其分布函数为 $F_0(x)$,若 X 服从 $N(\mu_0,\sigma_0^2)$,则必有 $F(x)=F_0(x)$,于是零件直径 X 是否服从正态分布 $N(\mu_0,\sigma_0^2)$ 就转化为由抽样结果来判断假设"$F(x)=F_0(x)$"是否成立的问题.

上述例子,它们共同的特点就是根据问题的题意或者对总体分布的未知参数作出假设(如例 8.1:$\mu=500$;例 8.2:$\mu_1>\mu_2$)、或者对总体分布的形式作出假设(如例 8.3:$F(x)=F_0(x)$),然后由抽样结果来检验对总体的假设是否成立. 在数理统计学中,称根据样本提供的信息,来检验总体的分布参数或分布形式是否具有指定的特征的过程为**假设检验**.

在假设检验中，通常把所作的那个需要判断是否为真的假设称为**原假设**或**零假设**，用 H_0 表示. 事实上，当我们提出零假设时，也同时给出了另外一个假设，即提供给我们选择的**备择假设**，用 H_1 表示. H_0 与 H_1 是互不相容的. 如果原假设 H_0 是关于总体参数的，则称它为**参数假设**，检验参数假设的问题称为**参数检验**. 一般地，对一个未知参数 θ 考虑假设检验时，经常遇到下列三种类型的假设：

(1) $H_0:\theta=\theta_0, H_1:\theta\neq\theta_0$；

(2) $H_0:\theta\leqslant\theta_0, H_1:\theta>\theta_0$；

(3) $H_0:\theta\geqslant\theta_0, H_1:\theta<\theta_0$，

其中 θ_0 是已知常数. 称前一类假设为**双侧假设**，称后两类假设为**单侧假设**，对其所作的检验分别叫做**双侧检验**和**单侧检验**. 如何原假设 H_0 是关于总体分布类型的，则称它为**分布假设**，检验分布假设的问题称为**分布检验**或**非参数检验**.

8.1.2 假设检验的基本原理

如何对零假设 H_0 进行检验？假设检验的基本原理是什么？下面通过例 8.1 来说明.

在例 8.1 中，把机器工作是否正常已归结为检验假设

$$H_0:\mu=\mu_0=500, H_1:\mu\neq\mu_0$$

是否成立的问题. 当天机器装包量均值 μ 是否为 500g 不知道，仅是假设它为 $\mu_0=500$g 而已. 对于未知的 μ，我们已熟知它可以通过样本来估计，并且样本均值 $\bar{X}$ 是它的无偏估计. 故当 H_0 成立时，$\bar{X}$ 集中在 μ_0 的附近，因此 $\bar{X}$ 与 μ_0 的偏差 $|\bar{X}-\mu_0|$ 应比较小，或等价地 $\left|\frac{\bar{X}-\mu_0}{\sigma/\sqrt{n}}\right|$ 较小，若偏差 $\left|\frac{\bar{X}-\mu_0}{\sigma/\sqrt{n}}\right|$ 较大，我们就认为 $\bar{X}$ 与 μ_0 有显著差异，从而应当怀疑 H_0 是不正确的而拒绝 H_0. 那么如何给出一个明确的数量界限，以便确认偏差 $\left|\frac{\bar{X}-\mu_0}{\sigma/\sqrt{n}}\right|$ 较大呢？

当 H_0 成立时，$\overline{X}\sim N\left(\mu_0,\frac{\sigma^2}{n}\right)$（这里 $\mu_0=500,\sigma^2=2^2$ 是已知常数），所以统计量

$$U=\frac{\overline{X}-\mu_0}{\sigma/\sqrt{n}}\sim N(0,1).$$

对于给定的小概率 α（为什么给定的是小概率，后面做出解释），查附表 4 可得标准正态分布双侧分位数 $u_{\frac{\alpha}{2}}$，使得

$$P\left(\left|\frac{\overline{X}-\mu_0}{\sigma/\sqrt{n}}\right|>u_{\frac{\alpha}{2}}\right)=\alpha,$$

由于 α 是一个较小的数，所以事件

$$\{|U|>u_{\frac{\alpha}{2}}\}=\left\{\left|\frac{\overline{X}-\mu_0}{\sigma/\sqrt{n}}\right|>u_{\frac{\alpha}{2}}\right\}$$

是一个由样本 $(X_1,X_2,\cdots,X_n)$ 构成的小概率事件，$u_{\frac{\alpha}{2}}$ 就是根据样本观测值确认小概率事件是否已发生的数量界限.

将统计量 U 的观测值 $U_0=\frac{\overline{x}-\mu_0}{\sigma/\sqrt{n}}$ 与 $u_{\frac{\alpha}{2}}$ 比较，当 $|U_0|>u_{\frac{\alpha}{2}}$ 时，说明小概率事件发生了，这与小概率事件在一次试验中实际不可能发生的原理相矛盾，这就不能不对假设 H_0 的成立表示怀疑，在这种情况下，拒绝 H_0 是比较合理的；若 $|U_0|\leqslant u_{\frac{\alpha}{2}}$，则一次试验的结果与 H_0 为真并无矛盾，因此没有理由拒绝 H_0，于是接受 H_0.

若给定 $\alpha=0.05$，查 N(0,1) 分布表得 $u_{\frac{\alpha}{2}}=1.96$，由于 $\overline{x}=502,n=9,\sigma=2$，因而

$$|U_0|=\left|\frac{\overline{x}-\mu_0}{\sigma/\sqrt{n}}\right|=\left|\frac{502-500}{2/3}\right|=3>1.96,$$

故应否定 H_0，即当日包装机工作不正常.

在上述对 H_0 作出的判断中，实际上运用了人们在实践中总结出来又被普遍应用的一条概率原理：在一次试验中，小概率事件

实际上不可能发生.在判断过程中的基本思想包含了反证法的思想,但它不同于一般的反证法,是带有概率性质的反证法.一般的反证法要求在原假设下导出的结论是绝对成立的,如果事实与之矛盾,则可以认为原假设确实不真.而我们在原假设下导出的结论只是一个很大的概率事件,它几乎必然成立,但也还有很小的概率不成立(如例 8.1,事件$\left\{\left|\frac{\overline{X}-500}{2/3}\right|\leqslant 1.96\right\}$发生的概率为 0.95,即 $\overline{X}$ 落入区间[498.7,501.3]内几乎必然发生,但也还有 0.05 的概率不成立).由小概率原理,小概率事件竟然在一次试验中发生了,只能归结到原假设不成立,即否定原假设.

8.1.3 两类错误

在例 8.1 中,由于 $P(|U|>1.96)=0.05$,故把$\{|U|>1.96\}$看作小概率事件,而得出了检验法:如果 $\overline{X}$ 的观测值 x 使 U 的值 U_0 落入区域$|U|>1.96$ 时,就拒绝 H_0,否则接受 H_0.一般地,构造小概率事件用的统计量称为**检验统计量**,记为 Q.当统计量的观测值取某个区域 W 中值时,我们拒绝 H_0,则称区域 W 为**拒绝域**,称区域 $\overline{W}(\overline{W}=R-W)$为**接受域**.拒绝域的边界点称为**临界点**.在检验中确立小概率事件的数 α 称为**显著性水平**或简称**水平**,通常 α 取 0.01,0.05 或 0.1.

根据检验法则作出判断的依据是一个样本,由于样本的随机性和局限性,不可避免地出现误判而犯错误.当 H_0 为真时,仍可能作出拒绝 H_0 的判断,因而犯了错误,称为**第一类错误**,也称为"弃真"错误,显然犯第一类错误的概率就是显著性水平 α,即 $P(Q\in W|H_0$ 为真$)=\alpha$;当 H_0 不真时,也可能作出接受 H_0 的判断,这样所犯的错误称为第二类错误,也称为"取伪"错误,犯第二类错误的概率为 $P(Q\in\overline{W}|H_0$ 不真$)=\beta$.人们自然希望犯这两类错误的概率 α 与 β 同时都很小.然而,当样本容量 n 固定时,犯两类错误的概率是相互制约的,因为若 α 小,则拒绝域 W 范围小,于

是接受域 $\overline{W}$ 范围就大，从而 β 增大；反过来若 β 小，则接受域 $\overline{W}$ 范围小，于是拒绝域 W 范围增大，从而 α 增大，所以同时减小 α，β 是不可能的. 若要想 α，β 同时减小，只有增大样本容量，而这在实际中既不经济又不现实. 因此作检验时，通常是控制犯第一类错误的概率 α，而不考虑犯第二类错误的概率 β，这样的检验称为**显著性检验**，本章所讨论的检验都是显著性检验.

在实际问题中，由于显著性检验仅仅控制犯第一类错误的概率，那么在选用哪个假设为零假设 H_0 时，必须谨慎. 一般地应掌握以下原则：一是当我们的目的是希望从样本观测值取得对某一论断强有力的支持，把这论断的否定作为零假设 H_0；二是尽量使后果严重的错误成为第一类错误；三是把历史资料所提供的论断作为零假设 H_0. 这样，当检验的结论为拒绝 H_0 时，由于犯第一类错误被控制而显得有说服力或危害小.

8.1.4　假设检验的基本步骤

由上述假设检验的基本原理，可概括出假设检验的步骤如下：

(1) 根据问题的性质和要求，提出零假设 H_0 和备择假设 H_1.

(2) 构造一个合适的统计量 Q，它必须与假设有关，而且在 H_0 成立的情况下，统计量 Q 的分布是已知的.

(3) 给定显著性水平 α，确定 H_0 的拒绝域 W.

(4) 由样本观测值计算出统计量 Q 的值 Q_0.

(5) 对假设 H_0 作出判断：若统计量的值 Q_0 落入拒绝域 W 内，则拒绝 H_0，否则接受 H_0.

8.2　单个正态总体参数的假设检验

参数假设检验是最常见的一类假设检验问题，而正态总体参数的假设检验又是最重要且最常见的. 本节讨论单个正态总体参数的检验方法.

8.2.1　单个正态总体均值的假设检验

设$(X_1, X_2 \cdots, X_n)$是来自正态总体$N(\mu, \sigma^2)$的样本,$\overline{X}, S^2$分别是样本均值和样本方差.对总体均值进行检验,将区分总体方差σ^2已知和未知两种情况.

8.2.1.1　σ^2已知的情形

先讨论如何检验双侧假设

$$H_0: \mu = \mu_0, H_1: \mu \neq \mu_0.$$

由例 8.1 的讨论可知,当H_0成立时,检验统计量为

$$U = \frac{\overline{X} - \mu_0}{\sigma/\sqrt{n}} \sim N(0,1). \tag{8.1}$$

对于给定的水平α,H_0的拒绝域为(见图 8.1)

$$W = (-\infty, -u_{\alpha/2}) \cup (u_{\alpha/2}, +\infty).$$

若由样本观测值计算出U的值$U_0 = \frac{\overline{x} - \mu_0}{\sigma/\sqrt{n}}$落入W内,即$|U_0| > u_{\alpha/2}$,则拒绝$H_0$(这意味着接受$H_1$),否则接受$H_0$(即拒绝$H_1$).

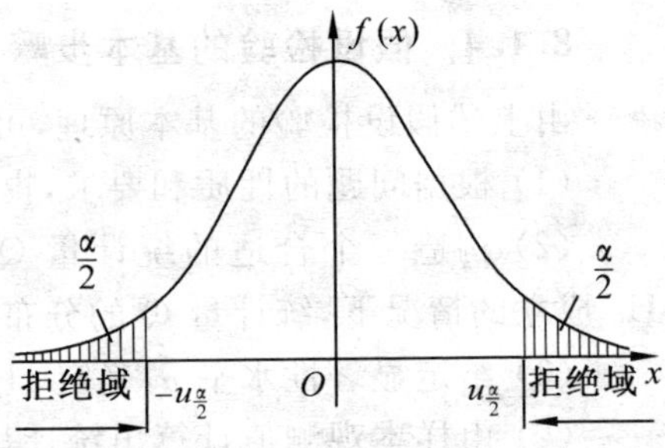

图 8.1

再讨论如何检验单侧假设

$$H_0: \mu \leqslant \mu_0, H_1: \mu > \mu_0.$$

由于$\overline{X}$是μ的具有最小方差的无偏估计量,故当H_0成立时,$\overline{X}$应接近于μ_0或小于μ_0,从而$U = \frac{\overline{X} - \mu_0}{\sigma/\sqrt{n}}$不应太大,而当U偏大时应拒绝$H_0$.由于此时U的分布未知,所以我们考虑$\frac{\overline{X} - \mu}{\sigma/\sqrt{n}}$.

因为

$$\frac{\overline{X}-\mu}{\sigma/\sqrt{n}} \sim N(0,1),$$

对给定的水平 α,查附表 4,可得标准正态分布上侧 α 分位数 u_α,使得

$$P\left(\frac{\overline{X}-\mu}{\sigma/\sqrt{n}} > u_\alpha\right) = \alpha.$$

由于在 H_0 成立条件下,有

$$\mu \leqslant \mu_0, \quad \frac{\overline{X}-\mu_0}{\sigma/\sqrt{n}} \leqslant \frac{\overline{X}-\mu}{\sigma/\sqrt{n}},$$

故

$$\left\{\frac{\overline{X}-\mu_0}{\sigma/\sqrt{n}} > u_\alpha\right\} \subset \left\{\frac{\overline{X}-\mu}{\sigma/\sqrt{n}} > u_\alpha\right\},$$

因此

$$P\left(\frac{\overline{X}-\mu_0}{\sigma/\sqrt{n}} > u_\alpha\right) \leqslant P\left(\frac{\overline{X}-\mu}{\sigma/\sqrt{n}} > u_\alpha\right) = \alpha.$$

这说明事件 $\left\{\frac{\overline{X}-\mu_0}{\sigma/\sqrt{n}} > u_\alpha\right\}$ 是一个概率不超过 α 的小概率事件. 如果由样本观测值算出 U 的值 $U_0 = \frac{\overline{x}-\mu_0}{\sigma/\sqrt{n}} > u_\alpha$,则应拒绝 H_0,否则接受 H_0. 因此检验统计量为

$$U = \frac{\overline{X}-\mu_0}{\sigma/\sqrt{n}},$$

H_0 的拒绝域为(见图 8.2(1))

$$W = (u_\alpha, +\infty).$$

类似地,对单侧假设

$$H_0: \mu \geqslant \mu_0, H_1: \mu < \mu_0,$$

检验统计量仍为

$$U=\frac{\overline{X}-\mu_0}{\sigma/\sqrt{n}},$$

H_0 的拒绝域为(见图 8.2(2))

$$W=(-\infty,-u_\alpha).$$

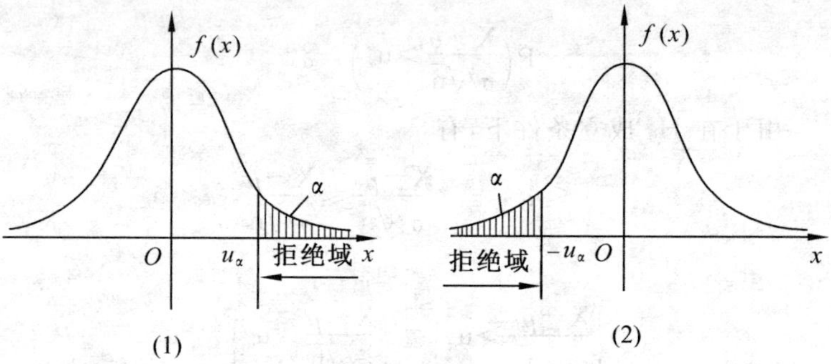

图 8.2

即由样本观测值算出 U 的值 $U_0=\frac{\bar{x}-\mu_0}{\sigma/\sqrt{n}}<-u_\alpha$ 时,拒绝 H_0,否则接受 H_0.

对于单个正态总体,当 σ^2 已知时,不论对总体的均值作双侧还是单侧假设检验,检验统计量都是 U((8.1)式),称这种用正态变量作为检验统计量的假设检验方法为 ***U* 检验法**.

8.2.1.2 σ^2 未知的情形

先讨论如何检验双侧假设

$$H_0:\mu=\mu_0, H_1:\mu\neq\mu_0.$$

由于 σ^2 未知,这时 U 已不是统计量,因此很自然地用 σ^2 的无偏估计量 S^2 去估计 σ^2. 当 H_0 成立时,统计量

$$T=\frac{\overline{X}-\mu_0}{S/\sqrt{n}}\sim t(n-1), \tag{8.2}$$

且 T 应在 0 附近摆动，否则就认为 H_0 不成立. 对给定的水平 α，查附表 6 可得 t 分布上侧分位数 $t_{\alpha/2}(n-1)$，使得

$$P(|T|>t_{\alpha/2}(n-1))=\alpha,$$

从而 H_0 的拒绝域为(见图 8.3)

$$W=(-\infty,-t_{\alpha/2}(n-1))\cup(t_{\alpha/2}(n-1),+\infty).$$

若由样本观测值算出的

$$|T_0|=\left|\frac{\bar{x}-\mu_0}{s/\sqrt{n}}\right|>t_{\alpha/2}(n-1),$$

则拒绝 H_0，否则接受 H_0.

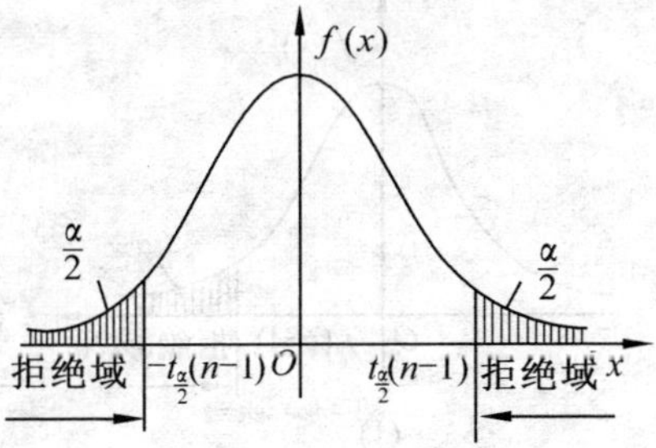

图 8.3

再讨论如何检验单侧假设

$$H_0:\mu\leqslant\mu_0,H_1:\mu>\mu_0.$$

在 H_0 成立时，用于检验 H_0 的统计量仍为

$$T=\frac{\overline{X}-\mu_0}{S/\sqrt{n}}.$$

由于

$$\frac{\overline{X}-\mu_0}{S/\sqrt{n}}\leqslant\frac{\overline{X}-\mu}{S/\sqrt{n}}\sim t(n-1),$$

对于给定水平 α，查附表 6 可得 t 分布上侧分位数 $t_\alpha(n-1)$，使得

$$P\left(\frac{\overline{X}-\mu}{S/\sqrt{n}}>t_\alpha(n-1)\right)=\alpha.$$

因为

$$P\left(\frac{\overline{X}-\mu_0}{S/\sqrt{n}}>t_\alpha(n-1)\right)\leqslant P\left(\frac{\overline{X}-\mu}{S/\sqrt{n}}>t_\alpha(n-1)\right)=\alpha,$$

所以 H_0 的拒绝域为(见图 8.4(1))

$$W=(t_\alpha(n-1),+\infty).$$

类似地，对单侧假设

$$H_0:\mu\geqslant\mu_0, H_1:\mu<\mu_0,$$

检验统计量仍为

$$T=\frac{\overline{X}-\mu_0}{S/\sqrt{n}},$$

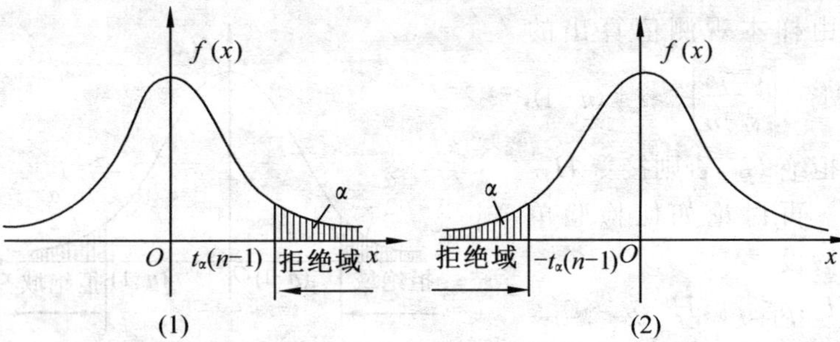

图 8.4

H_0 的拒绝域为(见图 8.4(2))

$$W=(-\infty,-t_\alpha(n-1)).$$

由于上述检验的检验统计量服从 t 分布,故称此检验法为 **t 检验法**.

例 8.4 微波炉在炉门关闭时的辐射量是一个重要的质量指标.某厂生产的微波炉该指标服从正态分布 $N(\mu,\sigma^2)$,长期以来 $\sigma=0.1$,且均值都符合要求不超过 0.12.为检验近期产品的质量抽查了 25 台,得其炉门关闭时辐射量的均值 $\bar{x}=0.1203$,试问 $\alpha=0.05$ 水平上该厂炉门关闭时辐射量是否升高?

解 依题意,是要判断正态总体均值 μ 是否高于 0.12.由于长期以来该厂 $\mu\leqslant0.12$,故将其作为原假设 $H_0:\mu\leqslant0.12$,备择假设为 $H_1:\mu>0.12$.由于总体方差 σ^2 已知,应用 U 检验法,查标准正态分布表,得临界值 $u_\alpha=u_{0.05}=1.65$,于是 H_0 的拒绝域 W 为

$$(1.65,+\infty).$$

将样本观测值 $\overline{x}=0.1203$ 及 $\mu_0=0.12,\sigma=0.1,n=25$ 代入检验统计量 U 算得

$$U_0=\frac{\overline{x}-\mu_0}{\sigma/\sqrt{n}}=0.015<1.65,$$

即 $U_0\overline{\in}W$，因而在 $\alpha=0.05$ 水平下，不能拒绝 H_0，即认为当前生产的微波炉关门时的辐射量无明显升高.

例 8.5　抽取某班级 28 名学生的语文考试成绩，得样本均值为 80 分，样本标准差为 8.147 分，若全年级语文平均成绩是 85 分，试问该班学生语文的平均成绩与全年级的语文平均成绩有无差异?（假定该年级语文考试成绩服从正态分布. $\alpha=0.05$）

解　依题意，是要判断正态总体均值 μ 是否等于 85. 即检验双侧假设

$$H_0:\mu=85,H_1:\mu\neq85.$$

由于总体方差 σ^2 未知，故用 t 检验法，查 t 分布表得临界值 $t_{\frac{\alpha}{2}}(n-1)=t_{0.025}(27)=2.0518$，故 H_0 的拒绝域为

$$(-\infty,-2.0518)\cup(2.0518,+\infty).$$

将 $\overline{x}=80,s=8.147,\mu_0=85,n=28$ 代入检验统计量 T 算得

$$|T_0|=\left|\frac{\overline{x}-\mu_0}{S/\sqrt{n}}\right|\approx3.248>2.0518,$$

故拒绝 H_0. 这表明该班学生的语文平均成绩与全年级平均成绩存在差异.

例 8.6　某饲养厂规定，屠宰的肉用鸡体重不得少于 3kg，现从该饲养厂的鸡群中，随机抓 16 只，称得且计算平均体重 $\overline{x}=2.8$kg，标准差 $s=0.2$kg，设肉用鸡重量 X 服从正态分布，试以 $\alpha=0.025$ 的显著水平作出该批鸡可否屠宰的判断.

解　据题意，是判断正态总体均值 μ 是否不小于 3kg. 即检验单侧假设

$$H_0:\mu\geqslant 3, H_1:\mu<3.$$

由于总体方差 σ^2 未知，所以用 t 检验法，查 t 分布表，得临界值 $-t_\alpha(n-1)=-t_{0.025}(15)=-2.1315$，故 H_0 的拒绝域为：

$$(-\infty,-2.1315).$$

又 $\mu_0=3, \bar{x}=2.8, s=0.2, n=16$，代入检验统计量 T 计算得

$$T_0=\frac{\bar{x}-\mu_0}{S/\sqrt{n}}=-4<-2.1315,$$

故在 $\alpha=0.025$ 水平下否定 H_0，即认为这批鸡不可屠宰.

8.2.2 单个正态总体方差的假设检验

设 $(X_1, X_2, \cdots, X_n)$ 是来自正态总体 $N(\mu,\sigma^2)$ 的样本，$\bar{X}, S^2$ 分别是样本均值和样本方差. 以下只讨论 μ 未知的情况.

先讨论如何检验双侧假设

$$H_0:\sigma^2=\sigma_0^2, H_1:\sigma^2\neq\sigma_0^2.$$

由于 S^2 是 σ^2 的无偏估计量，所以 $\frac{S^2}{\sigma^2}$ 接近 1，当 H_0 成立时，$\frac{S^2}{\sigma_0^2}$ 应接近 1，过大或过小都可认为 H_0 不成立. 由第 6 章定理 6.2(2) 知，当 H_0 成立时，统计量

$$\chi^2=\frac{(n-1)S^2}{\sigma_0^2}\sim\chi^2(n-1) \tag{8.3}$$

可作为检验统计量.

对给定的水平 α，查附表 5 可得 χ^2 分布上侧分位数 $\chi^2_{\alpha/2}(n-1)$ 和 $\chi^2_{1-\alpha/2}(n-1)$，使得

$$P(\chi^2\leqslant\chi^2_{1-\alpha/2}(n-1))=P(\chi^2>\chi^2_{\alpha/2}(n-1))=\frac{\alpha}{2},$$

这里将 α 二等分只是为简单方便(见图 8.5). 从而拒绝域为

$$W=(0,\chi^2_{1-\alpha/2}(n-1))\cup(\chi^2_{\alpha/2}(n-1),+\infty).$$

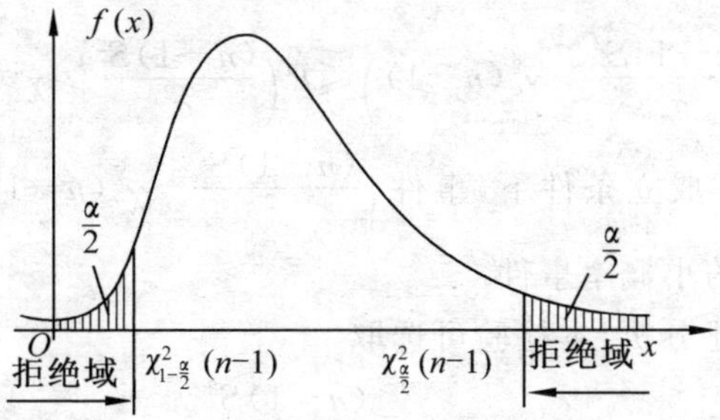

图 8.5

再讨论如何检验单侧假设

$$H_0:\sigma^2\leqslant\sigma_0^2,H_1:\sigma^2>\sigma_0^2.$$

由于 S^2 是 σ^2 的无偏估计量，故当 H_0 成立时，$\frac{S^2}{\sigma_0^2}$接近或小于 1，从而$\frac{(n-1)S^2}{\sigma_0^2}$不应太大，当它偏大时应拒绝 H_0. 由于当 H_0 成立时$\frac{(n-1)S^2}{\sigma_0^2}$的分布未知，所以考虑$\frac{(n-1)S^2}{\sigma^2}$. 因为

$$\frac{(n-1)S^2}{\sigma^2}\sim\chi^2(n-1),$$

对于给定的水平 α，查附表 5 可得 χ^2 分布上侧分位数 $\chi^2_\alpha(n-1)$，使得

$$P\left(\frac{(n-1)S^2}{\sigma^2}>\chi^2_\alpha(n-1)\right)=\alpha.$$

由于在 H_0 成立条件下，有

$$\sigma^2\leqslant\sigma_0^2,\qquad \frac{(n-1)S^2}{\sigma_0^2}\leqslant\frac{(n-1)S^2}{\sigma^2},$$

故

$$\left\{\frac{(n-1)S^2}{\sigma_0^2}>\chi^2_\alpha(n-1)\right\}\subset\left\{\frac{(n-1)S^2}{\sigma^2}>\chi^2_\alpha(n-1)\right\},$$

因此

$$P\left(\frac{(n-1)S^2}{\sigma_0^2}>\chi_\alpha^2(n-1)\right)\leqslant P\left(\frac{(n-1)S^2}{\sigma^2}>\chi_\alpha^2(n-1)\right).$$

那么在 H_0 成立条件下，事件 $\left\{\frac{(n-1)S^2}{\sigma_0^2}>\chi_\alpha^2(n-1)\right\}$ 是一个概率不超过 α 的小概率事件.

由上述分析，本检验可选取

$$\chi^2=\frac{(n-1)S^2}{\sigma_0^2}$$

作为检验统计量，H_0 的拒绝域为(见图 8.6(1))

$$W=(\chi_\alpha^2(n-1),+\infty).$$

类似地，对单侧假设

$$H_0:\sigma^2\geqslant\sigma_0^2,H_1:\sigma^2<\sigma_0^2,$$

检验统计量仍为 χ^2((8.3)式)，H_0 的拒绝域为(见图 8.6(2))

$$W=(0,\chi_{1-\alpha}^2(n-1).$$

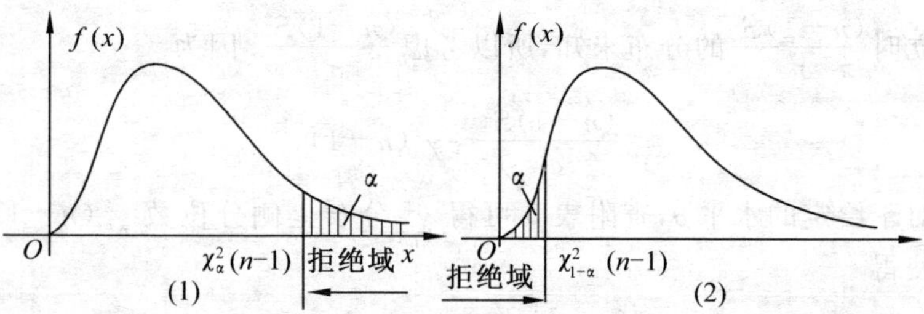

图 8.6

由于以上检验统计量服从 χ^2 分布，故此检验法也称为 $\boldsymbol{\chi^2}$ **检验法**.

例 8.7 设某厂生产的维尼纶纤度 $X\sim N(\mu,\sigma^2)$，μ 未知，$\sigma=0.048$. 某日抽取 5 根纤维，测得其纤度为 1.32，1.55，1.36，1.40，1.44，问在显著性水平 $\alpha=0.1$ 下，该厂这天生产的维尼纶纤度的

方差是否正常?

解　由题意,问题归结为检验双侧假设

$$H_0:\sigma^2=0.048^2,H_1:\sigma^2\neq 0.048^2.$$

用 χ^2 检验法,查 χ^2 分布表,得临界值 $\chi^2_{\alpha/2}(n-1)=\chi^2_{0.05}(4)=9.488$,$\chi^2_{1-\alpha/2}(n-1)=\chi^2_{0.95}(4)=0.711$,于是 H_0 的拒绝域为

$$(0,0.711)\cup(9.488,+\infty).$$

由样本观测值可算得

$$\bar{x}=1.414,\sum_{i=1}^{5}(x_i-\bar{x})^2=0.03112,\text{又 }\sigma_0^2=0.048^2,$$

故

$$\chi_0^2=\frac{(n-1)S^2}{\sigma_0^2}=\frac{1}{\sigma_0^2}\sum_{i=1}^{5}(x_i-\bar{x})^2=13.5.$$

由于 $\chi_0^2=13.5>9.488$,所以拒绝 H_0,即认为这天生产的维尼纶纤度的方差不正常.

例 8.8　某种导线的电阻服从 $N(\mu,\sigma^2)$,μ 未知,其中一个质量指标是电阻标准差不得大于 0.005Ω. 现从中抽取了 9 根导线测其电阻,测得样本标准差 $s=0.0066$,试问在 $\alpha=0.05$ 水平上能否认为这批导线的电阻波动合格?

解　依题意,问题归结为检验单侧假设

$$H_0:\sigma^2\leqslant 0.005^2,H_1:\sigma^2>0.005^2.$$

用 χ^2 检验法,查 χ^2 分布表,得临界值 $\chi^2_{\alpha}(n-1)=\chi^2_{0.05}(8)=15.507$,于是 H_0 的拒绝域为

$$(15.507,+\infty).$$

将 $s^2=0.0066^2,n=9,\sigma_0^2=0.005^2$ 代入检验统计量 χ^2 得

$$\chi_0^2=\frac{(9-1)\times 0.0066^2}{0.005^2}=13.94.$$

由于 $\chi_0^2=13.94<15.507$,故在 $\alpha=0.05$ 水平上认为这批导线的电阻波动合格.

顺便指出，在均值 μ 已知的情况下，对于单个正态总体方差 σ^2 的假设检验，不论是双侧还是单侧检验，检验统计量都是

$$\chi^2=\frac{\sum_{i=1}^{n}(X_i-\mu)^2}{\sigma_0^2}\sim\chi^2(n), \tag{8.4}$$

此时，对于零假设 $H_0:\sigma^2=\sigma_0^2$，$H_0:\sigma^2\leqslant\sigma_0^2$，$H_0:\sigma^2\geqslant\sigma_0^2$ 的拒绝域分别为

$$W=(0,\chi_{1-\alpha/2}^2(n))\cup(\chi_{\alpha/2}^2(n),+\infty),$$

$$W=(\chi_\alpha^2(n),+\infty),$$

$$W=(0,\chi_{1-\alpha}^2(n)).$$

综上，将关于单个正态总体均值、方差检验的有关结果列在表 8.1 中，以便查找.

表 8.1　单个正态总体 $N(\mu,\sigma^2)$ 均值、方差的检验法（显著性水平为 α）

条件	原假设 H_0	备择假设 H_1	H_0 成立时统计量及分布	H_0 的拒绝域
σ^2 已知	$\mu=\mu_0$ $\mu\leqslant\mu_0$ $\mu\geqslant\mu_0$	$\mu\neq\mu_0$ $\mu>\mu_0$ $\mu<\mu_0$	$U=\dfrac{\overline{X}-\mu_0}{\sigma/\sqrt{n}}\sim N(0,1)$	$\lvert U\rvert>u_{\frac{\alpha}{2}}$ $U>u_\alpha$ $U<-u_\alpha$
σ^2 未知	$\mu=\mu_0$ $\mu\leqslant\mu_0$ $\mu\geqslant\mu_0$	$\mu\neq\mu_0$ $\mu>\mu_0$ $\mu<\mu_0$	$T=\dfrac{\overline{X}-\mu_0}{S/\sqrt{n}}\sim t(n-1)$	$\lvert T\rvert>t_{\frac{\alpha}{2}}(n-1)$ $T>t_\alpha(n-1)$ $T<-t_\alpha(n-1)$
μ 已知	$\sigma^2=\sigma_0^2$ $\sigma^2\leqslant\sigma_0^2$ $\sigma^2\geqslant\sigma_0^2$	$\sigma^2\neq\sigma_0^2$ $\sigma^2>\sigma_0^2$ $\sigma^2<\sigma_0^2$	$\chi^2=\dfrac{\sum_{i=1}^{n}(X_i-\mu)^2}{\sigma_0^2}\sim\chi^2(n)$	$\chi^2<\chi_{1-\frac{\alpha}{2}}^2(n)$ 或 $\chi^2>\chi_{\frac{\alpha}{2}}^2(n)$ $\chi^2>\chi_\alpha^2(n)$ $\chi^2<\chi_{1-\alpha}^2(n)$
μ 未知	$\sigma^2=\sigma_0^2$ $\sigma^2\leqslant\sigma_0^2$ $\sigma^2\geqslant\sigma_0^2$	$\sigma^2\neq\sigma_0^2$ $\sigma^2>\sigma_0^2$ $\sigma^2<\sigma_0^2$	$\chi^2=\dfrac{(n-1)S^2}{\sigma_0^2}\sim X^2(n-1)$	$\chi^2<\chi_{1-\frac{\alpha}{2}}^2(n)$ 或 $\chi^2>\chi_{\frac{\alpha}{2}}^2(n)$ $\chi^2>\chi_\alpha^2(n-1)$ $\chi^2<\chi_{1-\alpha}^2(n-1)$

8.3　两个正态总体参数的假设检验

设有两个正态总体 $X \sim N(\mu_1, \sigma_1^2)$，$Y \sim N(\mu_2, \sigma_2^2)$，$(X_1, X_2, \cdots, X_m)$ 和 $(Y_1, Y_2, \cdots, Y_n)$ 分别是取自 X 和 Y 的两个相互独立的样本，样本均值分别为 $\overline{X}$ 和 $\overline{Y}$，样本方差分别为 S_1^2 和 S_2^2. 下面就均值的差异性与方差的差异性分别予以讨论.

8.3.1　两个正态总体均值的差异性检验

8.3.1.1　σ_1^2 与 σ_0^2 均已知的情形

对于双侧假设检验问题

$$H_0: \mu_1 = \mu_2, H_1: \mu_1 \neq \mu_2,$$

由于 $\overline{X} - \overline{Y}$ 是 $\mu_1 - \mu_2$ 的无偏估计量，因此，在 H_0 成立条件下，由第 6 章定理 6.4(1) 知，统计量

$$U = \frac{\overline{X} - \overline{Y}}{\sqrt{\dfrac{\sigma_1^2}{m} + \dfrac{\sigma_2^2}{n}}} \sim N(0, 1), \tag{8.5}$$

对于给定水平 α，查标准正态分布表，得临界值 $u_{\frac{\alpha}{2}}$，使得

$$P(|U| > u_{\alpha/2}) = \alpha,$$

从而 H_0 的拒绝域为(见图 8.1)

$$W = (-\infty, -u_{\alpha/2}) \cup (u_{\alpha/2}, +\infty).$$

对于单侧假设检验问题 $H_0: \mu_1 \leqslant \mu_2$ 及 $H_0: \mu_1 \geqslant \mu_2$，用于检验 H_0 成立与否的检验统计量仍为 U，此时 H_0 的拒绝域分别为(见图 8.2(1)，(2))

$$W = (u_\alpha, +\infty), W = (-\infty, -u_\alpha).$$

例 8.9　某卷烟厂向化验室送去 A，B 两种烟草，化验尼古丁的含量是否相同. 从 A，B 中各随机抽取重量相同的 5 例进行化验，测得尼古丁的含量(单位：mg) 为：

$$A:24,27,26,21,24;$$
$$B:27,28,23,31,26.$$

根据检验知，尼古丁含量服从正态分布，且 A 种的方差为 5，B 种的方差为 8，取 $\alpha=0.05$，问两种烟草的尼古丁含量是否有显著差异？

解　设 A,B 两种烟草尼古丁的平均含量分别为 μ_1 与 μ_2，此题属于两个方差均已知的正态总体均值的双侧检验问题. 于是提出假设

$$H_0:\mu_1=\mu_2,H_1:\mu_1\neq\mu_2.$$

用 U 检验法. 由于 $\alpha=0.05$，查标准正态分布表，将临界值 $u_{\frac{\alpha}{2}}=u_{0.025}=1.96$，又 $m=5,n=5,\sigma_1^2=5,\sigma_2^2=8$，计算得 $\bar{x}=24.4$，$\bar{y}=27$，从而算得统计量 U 的值

$$U_0=\frac{\bar{x}-\bar{y}}{\sqrt{\frac{\sigma_1^2}{m}+\frac{\sigma_2^2}{n}}}=-1.612.$$

由于 $|U_0|=1.612<1.96$，故接受 H_0，即认为两种烟草的尼古丁平均含量无显著差异.

8.3.1.2　σ_1^2 和 σ_2^2 均未知但相等的情形

对于双侧假设检验问题

$$H_0:\mu_1=\mu_2,H_1:\mu_1\neq\mu_2,$$

在 H_0 成立条件下，由第 6 章定理 6.5(1) 知，统计量

$$T=\frac{\bar{X}-\bar{Y}}{\sqrt{(m-1)S_1^2+(n-1)S_2^2}}\cdot\sqrt{\frac{mn(m+n-2)}{m+n}}\sim t(m+n-2).\tag{8.6}$$

对于给定水平 α，查 t 分布表，得临界值 $t_{\alpha/2}(m+n-2)$，使得

$$P(|T|>t_{\alpha/2}(m+n-2))=\alpha,$$

从而 H_0 的拒绝域为(见前图 8.3)

$W=(-\infty,-t_{\alpha/2}(m+n-2))\cup(t_{\alpha/2}(m+n-2),+\infty)$.

对于单侧假设检验问题 $H_0:\mu_1\leqslant\mu_2$ 及 $H_0:\mu_1\geqslant\mu_2$，用于检验 H_0 的检验统计量仍为 T，此时，H_0 的拒绝域分别为（见前图 8.4(1)，(2)）

$W=(t_\alpha(m+n-2),+\infty)$，$W=(-\infty,-t_\alpha(m+n-2))$.

例 8.10　调查两个邻近城市每户居民一周内的食品支出情况.在第一个城市随机抽取 12（户）的样本，得 $\bar{x}=38.25$ 元，$s_1=10.30$ 元；在第二个城市中随机抽取 15（户）的样本，得 $\bar{y}=32.50$ 元，$s_2=8.65$ 元.能否根据两个样本检验第一个城市每户居民一周内食品支出高于第二个城市？假定两个城市每户居民一周内食品支出都服从正态分布，并且方差相等.取 $\alpha=0.05$.

解　设第一、二城市每户居民一周内食品支出的均值分别为 μ_1 与 μ_2.此题属于两个方差均未知但相等的正态总体均值的单侧检验问题，提出假设

$$H_0:\mu_1\leqslant\mu_2,H_1:\mu_1>\mu_2.$$

用 t 检验法.由于 $\alpha=0.05$，自由度 $m+n-2=25$，查 t 分布表，得临界值 $t_{0.05}(25)=1.7081$，又 $m=12$，$n=15$，$\bar{x}=38.25$，$\bar{y}=32.50$，$s_1=10.30$，$s_2=8.65$，从而算得检验统计量 T 的值 $T_0=1.578$.由于 $T_0<t_{0.05}(25)$，故接受 H_0，即不能认为第一个城市每户居民一周内食品支出比第二个城市高.

8.3.1.3　$\sigma_1^2\neq\sigma_2^2$ 且都未知，但 $m=n$（配对问题）

对于双侧假设检验问题

$$H_0:\mu_1=\mu_2,H_1:\mu_1\neq\mu_2,$$

令 $Z_i=X_i-Y_i$，$i=1,2,\cdots,n$.记

$$E(Z_i)=E(X_i-Y_i)=\mu_1-\mu_2=\mu,$$

$$D(Z_i)=D(X_i-Y_i)=\sigma_1^2+\sigma_2^2=\sigma^2,$$

则 $(Z_1,Z_2,\cdots,Z_n)$ 是正态总体 $Z\sim N(\mu,\sigma^2)$ 的样本，于是上述检验假设就等价于检验假设

$$H_0:\mu=0, H_1:\mu\neq 0.$$

于是用 t 检验法，在 H_0 成立时，检验统计量为

$$T=\frac{\overline{Z}}{S/\sqrt{n}}\sim t(n-1), \tag{8.7}$$

其中 $\overline{Z}=\frac{1}{n}\sum_{i=1}^{n}Z_i, S^2=\frac{1}{n-1}\sum_{i=1}^{n}(Z_i-\overline{Z})^2$，$H_0$ 的拒绝域为

$$W=(-\infty,-t_{\alpha/2}(n-1))\cup(t_{\alpha/2}(n-1),+\infty).$$

类似地，对于单侧假设检验的讨论可归结为对单个正态总体均值的单侧假设检验问题的讨论，这里不再赘述.

例 8.11　为比较甲、乙两种橡胶轮胎的耐磨性，从两种轮胎中各随机抽取 8 个，组成 8 对. 再随机地选取 8 架飞机，将 8 对轮胎随机地分配给 8 架飞机作耐磨试验，测得轮胎磨损量(单位:mg)数据如下:

甲	4900	5220	5500	6020	6340	7660	8650	4870
乙	4930	4900	5140	5700	6110	6880	7930	5010

设甲、乙两种轮胎磨损量 X,Y 都服从正态分布，问这两种轮胎的耐磨性有无显著差别($\alpha=0.05$)?

解　因是配对数据，令 $Z=X-Y$，则由题意得 Z 的 8 个观测数据为 $-30,320,360,320,230,780,720,-140$，故原检验问题化为

$$H_0:\mu=0, H_1:\mu\neq 0.$$

由于 $\alpha=0.05$，查 t 分布表，得临界值 $t_{\alpha/2}(n-1)=t_{0.025}(7)=2.365$，又经计算得 $\bar{z}=320, s^2=10200$，从而算得检验统计量 T 的值

$$|T_0|=\left|\frac{\bar{z}}{S/\sqrt{8}}\right|=2.832>2.365,$$

故拒绝 H_0. 即在显著性水平 0.05 下，认为两种轮胎的耐磨性有显著的差别.

8.3.2　两个正态总体方差的差异性检验

假设两个正态总体均值 μ_1,μ_2 均未知，检验两个总体方差的差异性. 对于双侧假设

$$H_0:\sigma_1^2=\sigma_2^2, H_1:\sigma_1^2\neq\sigma_2^2,$$

由于 S_1^2 和 S_2^2 分别是 σ_1^2 和 σ_2^2 的无偏估计，当 H_0 成立时，$\dfrac{S_1^2}{S_2^2}$ 应在 1 附近摆动，否则就认为 H_0 不成立. 由第 6 章定理 6.5(2) 知，当 H_0 成立时，

$$F=\frac{S_1^2}{S_2^2}\sim F(m-1,n-1). \tag{8.8}$$

因此，取 F 作为检验统计量. 对给定水平 α，查附表 7，可得 F 分布分位数

$$F_{\alpha/2}(m-1,n-1), F_{1-\alpha/2}(m-1,n-1),$$

使得

$$P(F>F_{\alpha/2}(m-1,n-1))=P(F<F_{1-\alpha/2}(m-1,n-1))=\frac{\alpha}{2},$$

从而拒绝域为(见图 8.7)

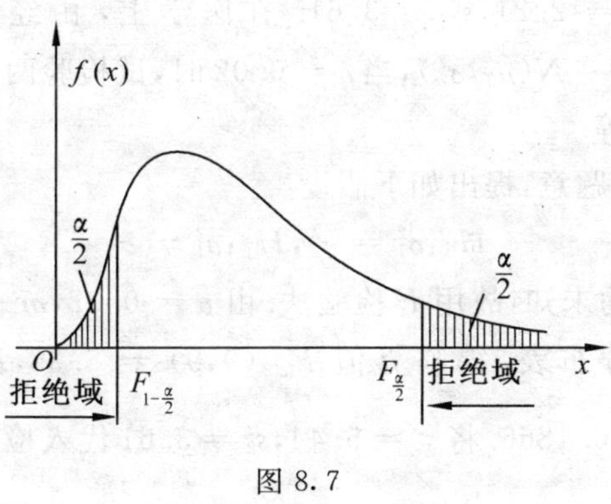

图 8.7

$$W=(0,F_{1-\alpha/2}(m-1,n-1))\cup(F_{\alpha/2}(m-1,n-1),+\infty).$$

关于单侧假设 $H_0:\sigma_1^2\leqslant\sigma_2^2$ 及 $H_0:\sigma_1^2\geqslant\sigma_2^2$，类似于上述双侧检验及单个正态总体方差的单侧检验的分析，可得检验统计量仍为 F，H_0 的拒绝域分别为(见图 8.8(1)，(2))

$W=(F_\alpha(m-1,n-1),+\infty)$，　　$W=(0,F_{1-\alpha}(m-1,n-1))$.

由于以上检验统计量服从 F 分布，故称此检验法为 **F 检验法**.

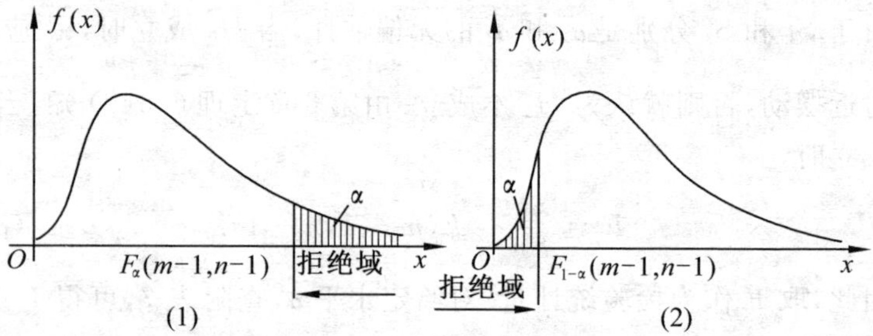

图 8.8

例 8.12　为了比较甲乙两种安眠药的疗效，以 X，Y 分别表示患者服用甲、乙两种药后睡眠时间延长的时数，今独立观察 20 名患者，其中 10 人服甲药，测得 $\bar{x}=2.33$，$s_1^2=5.44$；服用乙药的 10 人，测得 $\bar{y}=2.21$，$s_2^2=3.61$. 在医学上，由经验可知，$X\sim N(\mu_1,\sigma_1^2)$，$Y\sim N(\mu_2,\sigma_2^2)$，当 $\alpha=0.02$ 时，试检验两个正态总体的方差是否相等.

解　由题意，提出如下假设

$$H_0:\sigma_1^2=\sigma_2^2,H_1:\sigma_1^2\neq\sigma_2^2$$

由于 μ_1，μ_2 均未知，故用 F 检验法. 由 $\alpha=0.02$，$m-1=9$，$n-1=9$，查 F 分布表，得临界值 $F_{\alpha/2}(9,9)=5.35$，$F_{1-\alpha/2}(9,9)=\dfrac{1}{F_{\alpha/2}(9,9)}=0.1866$. 将 $s_1^2=5.44$，$s_2^2=3.61$ 代入检验统计量 F 得

$$F_0=\frac{S_1^2}{S_2^2}=\frac{5.44}{3.61}=1.5069.$$

由于 $F_{1-\alpha/2}(9,9)<F_0<F_{\alpha/2}(9,9)$，故在 $\alpha=0.02$ 的水平上接受 H_0，即认为两个正态总体的方差是相等的.

综上，将关于两个正态总体均值、方差的差异性检验的有关结果列在表 8.2 中，以便查找.

表 8.2　两个正态总体均值、方差的差异性检验法(显著性水平为 α)

条件	原假设 H_0	备择假设	H_0 成立时统计量及分布	H_0 的拒绝域
σ_1^2,σ_2^2 已知	$\mu_1=\mu_2$ $\mu_1\leqslant\mu_2$ $\mu_1\geqslant\mu_2$	$\mu_1\neq\mu_2$ $\mu_1>\mu_2$ $\mu_1<\mu_2$	$U=\dfrac{\overline{X}-\overline{Y}}{\sqrt{\dfrac{\sigma_1^2}{m}+\dfrac{\sigma_2^2}{n}}}\sim N(0,1)$	$\lvert U\rvert>u_{\alpha/2}$ $U>u_\alpha$ $U<-u_\alpha$
$\sigma_1^2=\sigma_2^2$ 未知	$\mu_1=\mu_2$ $\mu_1\leqslant\mu_2$ $\mu_1\geqslant\mu_2$	$\mu_1\neq\mu_2$ $\mu_1>\mu_2$ $\mu_1<\mu_2$	$T=\dfrac{\overline{X}-\overline{Y}}{S_w\sqrt{\dfrac{1}{m}+\dfrac{1}{n}}}\sim t(m+n-2)$ 其中 $S_w^2=\dfrac{(m-1)S_1^2+(n-1)S_2^2}{m+n-2}$	$\lvert T\rvert>t_{\alpha/2}(m+n-2)$ $T>t_\alpha(m+n-2)$ $T<-t_\alpha(m+n-2)$
$\sigma_1^2\neq\sigma_2^2$ 未知(成对数据)	$\mu_1=\mu_2$ $\mu_1\leqslant\mu_2$ $\mu_1\geqslant\mu_2$	$\mu_1\neq\mu_2$ $\mu_1>\mu_2$ $\mu_1<\mu_2$	$T=\dfrac{\overline{Z}}{S/\sqrt{n}}\sim t(n-1)$	$\lvert T\rvert>t_{\alpha/2}(n-1)$ $T>t_\alpha(n-1)$ $T<-t_\alpha(n-1)$
μ_1,μ_2 已知	$\sigma_1^2=\sigma_2^2$ $\sigma_1^2\leqslant\sigma_2^2$ $\sigma_1^2\geqslant\sigma_2^2$	$\sigma_1^2\neq\sigma_2^2$ $\sigma_1^2>\sigma_2^2$ $\sigma_1^2<\sigma_2^2$	$T=\dfrac{n\sum\limits_{i=1}^{m}(X_i-\mu_1)^2}{m\sum\limits_{i=1}^{n}(Y_i-\mu_2)^2}\sim F(m,n)$	$F<F_{1-\alpha/2}(m,n)$ 或 $F>F_{\alpha/2}(m,n)$ $F>F_\alpha(m,n)$ $F<F_{1-\alpha}(m,n)$
μ_1,μ_2 未知	$\sigma_1^2=\sigma_2^2$ $\sigma_1^2\leqslant\sigma_2^2$ $\sigma_1^2\geqslant\sigma_2^2$	$\sigma_1^2\neq\sigma_2^2$ $\sigma_1^2>\sigma_2^2$ $\sigma_1^2<\sigma_2^2$	$F=\dfrac{S_1^2}{S_2^2}\sim F(m-1,n-1)$	$F<F_{1-\alpha/2}(m-1,n-1)$ 或 $F>F_{\alpha/2}(m-1,n-1)$ $F>F_\alpha(m-1,n-1)$ $F<F_{1-\alpha}(m-1,n-1)$

8.4　大样本下均值的假设检验

对于非正态总体均值的检验，当样本容量充分大时，由中心极限定理可以把它们看作近似服从正态分布，从而利用 U 检验法对其参数进行检验. 以下讨论大样本情况下一个、两个总体均值的假设检验问题.

8.4.1　一个总体均值的假设检验

设总体 X 的分布未知，但存在均值 $E(X)=\mu$ 和方差 $D(X)=\sigma^2$，$(X_1, X_2 \cdots, X_n)$ 为 X 的一个样本. 欲检验双侧或单侧假设：

(1) $H_0:\mu=\mu_0, H_1:\mu\neq\mu_0$；

(2) $H_0:\mu\leqslant\mu_0, H_1:\mu>\mu_0$；

(3) $H_0:\mu\geqslant\mu_0, H_1:\mu<\mu_0$.

其中 μ_0 为已知常数.

根据总体方差 σ^2 是否已知，分为两种情形：

(1) σ^2 已知时，选择检验统计量

$$U=\frac{\overline{X}-\mu_0}{\sigma/\sqrt{n}}. \tag{8.9}$$

(2) σ^2 未知时，选择检验统计量

$$U=\frac{\overline{X}-\mu_0}{S/\sqrt{n}}. \tag{8.10}$$

则由定理 6.6，当 H_0 成立时，总有

$$U \overset{\text{近似地}}{\sim} N(0,1).$$

因此，只要样本容量 n 充分大($n\geqslant 50$)，就可以近似地使用 U 检验法. 检验结论完全与前述 U 检验结论相同，这里不再赘述.

例 8.13 有一批木材设其小头直径为 X，按规格要求，当它的平均小头直径大于12cm时才能算这批木材为一等品，已知这批木

材小头直径的方差为 2.6^2，现随机抽测 100 根，计算得小头的平均直径为 $\overline{x} = 12.8\text{cm}$，问能否认为这批木材属一等品($\alpha = 0.05$)？

解　设这批木材的小头直径的均值为 μ. 由题意：$n = 100$，这是大样本情形下总体分布未知、方差已知的均值检验问题，此题可归结为检验假设

$$H_0:\mu \leqslant 12, H_1:\mu > 12.$$

由于 $\alpha = 0.05$，查标准正态分布表，得临界值 $u_{\alpha/2} = u_{0.05} = 1.65$ 将 $\overline{x} = 12.8, \sigma^2 = 2.6^2, n = 100$ 代入检验统计量 U 得

$$U_0 = \frac{\overline{x} - \mu_0}{\sigma/\sqrt{n}} = \frac{12.8 - 12}{2.6/10} = 3.077.$$

由于 $U_0 > u_{0.05}$，故否定 H_0，即该批木材属一等品.

8.4.2　两个总体均值的差异性检验

设有两个独立的总体 X, Y，其均值分别为 μ_1, μ_2，方差分别为 σ_1^2 与 σ_2^2，均值与方差均未知，$(X_1, X_2, \cdots, X_m)$ 与 $(Y_1, Y_2, \cdots, Y_n)$ 分别是取自 X 与 Y 的样本，欲检验如下假设：

(1) $H_0:\mu_1 = \mu_2, H_1:\mu_1 \neq \mu_2$;

(2) $H_0:\mu_1 \leqslant \mu_2, H_1:\mu_1 > \mu_2$;

(3) $H_0:\mu_1 \geqslant \mu_2, H_1:\mu_1 < \mu_2$.

若 $\sigma_1^2 \neq \sigma_2^2$，选择检验统计量

$$U = \frac{\overline{X} \quad \overline{Y}}{\sqrt{\dfrac{S_1^2}{m} + \dfrac{S_2^2}{n}}}. \tag{8.11}$$

若 $\sigma_1^2 = \sigma_2^2$，选择检验统计量

$$U = \frac{\overline{X} - \overline{Y}}{\sqrt{(m-1)S_1^2 + (n-1)S_2^2}} \sqrt{\frac{mn(m+n-2)}{m+n}}. \tag{8.12}$$

则由中心极限定理，当 H_0 为真时，总有

$$U \xrightarrow{\text{近似地}} N(0,1).$$

因此，当样本容量充分大（m,n 均大于 100），可以近似地使用 U 检验法. 检验结论完全与前述 U 检验结论相同.

例 8.14 为比较两种小麦植株的高度（单位：cm），在相同条件下进行高度测定，算得样本均值与样本方差分别如下：

甲小麦：$m = 100, \bar{x} = 28, s_1^2 = 35.8$；

乙小麦：$n = 100, \bar{y} = 26, s_2^2 = 32.3$.

在显著性水平 $\alpha = 0.05$ 下，这两种小麦株高之间有无显著差异（假设两个总体方差相等）？

解 设甲、乙小麦植株高度的均值分别为 μ_1,μ_2. 由题意 $m = 100, n = 100$，这属于大样本情形下两个总体分布未知、方差未知且相等的均值的差异性检验问题，此题可归结为检验假设

$$H_0:\mu_1 = \mu_2, H_1:\mu_1 \neq \mu_2.$$

由于 $\alpha = 0.05$，查标准正态分布表，得临界值 $u_{\alpha/2} = u_{0.025} = 1.96$，将 $\bar{x} = 28, \bar{y}26, s_1^2 = 35.8, s_2^2 = 32.3, m = n = 100$ 代入检验统计量 U 得

$$U_0 = \frac{\bar{x} - \bar{y}}{\sqrt{(m-1)S_1^2 + (n-1)S_2^2}} \sqrt{\frac{mn(m+n-2)}{m+n}} = 24.2.$$

由于 $|U_0| > u_{0.025}$，故否定 H_0，即在显著性水平 $\alpha = 0.05$ 下可认为两种小麦株高之间有显著差异.

8.5 总体分布的假设检验

前面介绍的各种检验法，几乎都是在正态总体的假设下进行的，并且只是对总体的均值或方差进行检验. 但是在实际遇到的许多问题中，总体的分布类型往往是未知的. 在这种情况下，我们需要根据样本来对总体分布的种种假设进行检验，这就是非参数假设检验要解决的问题. 非参数假设检验问题的内容十分丰富，本节只介绍关于分布的 χ^2 拟合检验法.

设总体 X 的分布函数 $F(x)$ 未知，$(X_1,X_2,\cdots X_n)$ 为 X 的样本，χ^2 拟合检验法是根据样本来检验关于总体分布的假设

$$H_0:F(x)=F_0(x),H_1:F(x)\neq F_0(x) \tag{8.13}$$

(其中 $F_0(x)$ 是某个已知的分布函数) 的一种方法.

注意，若总体 X 为离散型，则假设(8.13) 相当于

H_0：总体 X 的分布列 $P(X=x_i)=p_i,i=1,2,\cdots$(其中 p_i 是已知常数，$i=1,2,\cdots$).

若总体 X 为连续型，则假设(8.13) 相当于

H_0：总体 X 的概率密度为 $f(x)=f_0(x)$(其中 $f_0(x)$ 是某个已知的概率密度函数).

χ^2 拟合检验的基本思想如下：将随机试验可能结果的全体 Ω 分为 m 个互不相容的事件 $A_1,A_2,\cdots A_m$. 于是在假设 H_0 成立时，可以计算 $P(A_i)=p_i,i=1,2,\cdots,m$. 在 n 次试验中，若事件 A_i 出现的频数为 $n_i(\sum_{i=1}^{m}n_i=n)$，则 A_i 出现的频率 $\frac{n_i}{n}$ 与 p_i 往往有差异，但一般来说，当 H_0 成立且试验次数 n 较大时，这种差异不应该很大，即 $\left(\frac{n_i}{n}-p_i\right)^2$ 应该较小，从而

$$\chi^2=\sum_{i=1}^{m}\left(\frac{n_i}{n}-p_i\right)^2\cdot\frac{n}{p_i}=\sum_{i=1}^{m}\frac{(n_i-np_i)^2}{np_i} \tag{8.14}$$

也应该比较小，否则 H_0 就值得怀疑. 基于这种想法，皮尔逊将(8.14) 式给出的 χ^2 作为检验统计量，并证明了以下定理.

皮尔逊定理　当 H_0 成立时，不论 $F_0(x)$ 是什么分布，由(8.14) 式给出的统计量 χ^2 的极限分布为 $\chi^2(m-1)$. 即当 n 充分大时，

$$\chi^2=\sum_{i=1}^{m}\frac{(n_i-np_i)^2}{np_i}\overset{\text{近似地}}{\sim}\chi^2(m-1).$$

于是对于给定水平 α，由 χ^2 分布表可得临界值 $\chi_\alpha^2(m-1)$，使得

$$P(\chi^2 > \chi_\alpha^2(m-1)) = \alpha,$$

从而 H_0 的拒绝域为

$$W = (\chi_\alpha^2(m-1), +\infty).$$

χ^2 拟合检验法是基于上述定理得到的，所以在使用时，必须注意样本容量 n 要足够大，以及 np_i 不太小. 一般地，$n \geqslant 50$，$np_i \geqslant 5, i = 1,2,\cdots,m$. 否则应适当地合并 A_i，以满足这个要求.

值得注意的是，当用皮尔逊 χ^2 统计量作为检验假设 $H_0: F(x) = F_0(x)$ 的统计量时，$F_0(x)$ 必须是完全已知的. 若 $F_0(x)$ 中含有 r 个未知参数，那么计算不出(8.14) 式中的诸 p_i 值，此时，必须由样本用极大似然法估计给出，然后才可以通过 $F_0(x)$ 得到 p_i 的相应估计量 $\hat{p}_i$. 在这种情况下，费歇尔推广了皮尔逊定理，证明了，当 n 充分大时，

$$\chi^2 = \sum_{i=1}^{m} \frac{(n_i - n\hat{p}_i)^2}{n\hat{p}_i} \overset{\text{近似地}}{\sim} \chi^2(m-r-1). \tag{8.15}$$

例 8.15 某大公司的人事部门希望了解公司职工的病假是否均匀分布在周一到周五，以便合理安排工作. 如今抽取了 100 名病假职工，其病假日分布如下：

工作日	周一	周二	周三	周四	周五
频　数	17	27	10	28	18

试问该公司职工病假是否均匀分布在一周五个工作日中($\alpha = 0.05$)?

解 设 A_i 表示“病假在周 i”$i = 1,2,\cdots,5$. 由题意这是检验该公司职工病假是否均匀分布问题，即检验假设

$$H_0: P(A_i) = \frac{1}{5}, i = 1,2,\cdots,5.$$

因为分布列中不含未知参数，故选用由(8.14)式给出的统计量 χ^2. 由 $\alpha = 0.05, m = 5$，查 χ^2 分布表得临界值 $\chi^2_\alpha(m-1) = \chi^2_{0.05}(4) = 9.488$. 为计算统计量 χ^2 的值，可列成表 8.3.

表 8.3　　例 8.15 的 χ^2 计算表

工作日	n_i	np_i	$(n_i - np_i)^2/np_i$
周一	17	20	0.45
周二	27	20	2.45
周三	10	20	5.00
周四	28	20	3.20
周五	18	20	0.20
合计	100		11.30

由表 8.3 知 $\chi_0^2 = \sum\limits_{i=1}^{5} \frac{(n_i - np_i)^2}{np_i} = 11.30$.

由于 $\chi_0^2 > \chi^2_\alpha(m-1)$，故拒绝 H_0，即在 $\alpha = 0.05$ 水平上认为该公司职工病假日在五个工作日中不是均匀分布的.

例 8.16　某电话交换台100 分钟内记录了每分钟被呼叫的次数 x_i，整理后其结果如下(n_i 是出现 x_i 值的次数)：

x_i	0	1	2	3	4	5	6	7	8	9
n_i	0	7	12	18	17	20	13	6	3	4

问可否认为被呼叫次数 X 的分布为泊松分布($\alpha = 0.05$)？

解　假设

$$H_0:X \sim P(\lambda).$$

由于泊松分布中参数 λ 未知，用极大似然估计法得 $\hat{\lambda}=\bar{x}=\frac{1}{100}\sum_{i=1}^{10}x_in_i=4.33$，于是

$$\hat{P}(X=x_i)=\hat{p}_i=\frac{\hat{\lambda}^i}{i!}\mathrm{e}^{-\hat{\lambda}}=\frac{4.33^i}{i!}\mathrm{e}^{-4.33},i=0,1,\cdots$$

由 $\hat{p}_i$ 算得 $n\hat{p}_i$ 如下表：

x_i	0	1	2	3	4	5	6	7	8	9
$\hat{p}_i$	0.013	0.057	0.123	0.178	0.193	0.167	0.121	0.074	0.040	0.034
$n\hat{p}_i$	1.3	5.7	12.3	17.8	19.3	16.7	12.1	7.4	4.0	3.4
n_i	0	7	12	18	17	20	13	6	3	4

由于 $x=0$ 组，$x=8$ 组及 $x=9$ 组中的 $n\hat{p}_i$ 均小于5，故将它们与相邻组合并，合并后为 $x\leqslant 1x=2,\cdots,x\geqslant 8$，共8组，将其代入由(8.15)式给出的统计量得 χ^2 的值

$$\chi_0^2=\sum_{i=1}^{8}\frac{(n_i-n\hat{p}_i)^2}{n\hat{p}_i}=1.289.$$

$\alpha=0.05,m=8,r=1$ 查 χ^2 分布表得临界值 $\chi_\alpha^2(m-r-1)=\chi_{0.05}^2(6)=12.592$. 由于 $\chi_0^2<\chi_{0.05}^2(6)$，故接受 H_0，即认为 X 服从参数为 $\lambda=4.33$ 的泊松分布.

例 8.17 下面列出了84个伊特拉斯坎人男子的头颅的最大宽度(mm)，试检验这些数据是否来自正态总体($\alpha=0.1$).

141 148 132 138 154 142 150 146 155 158
150 140 147 148 144 150 149 145 149 158
143 141 144 144 126 140 144 142 141 140
145 135 147 146 141 136 140 146 142 137
148 154 137 139 143 140 131 143 141 149
148 135 148 152 143 144 141 143 147 146

150　132　142　142　143　153　149　146　149　138
142　149　142　137　134　144　146　147　140　142
140　137　152　145

解　为了粗略了解这些数据的分布情况，我们先根据所给数据画出直方图. 下面就先来介绍直方图.

上述数据的最小值、最大值分别为 126,158，即所有数据落在区间[126,158]上，现取区间[124.5,159.5]，它能覆盖区间[126,158]. 将区间[124.5,159.5] 等分为 7 个小区间[1]，小区间的长度记为 Δ，$\Delta = \dfrac{159.5-124.5}{7} = 5$，$\Delta$ 称为**组距**. 小区间的端点称为**组限**. 数出落在每个小区间的数据的频数 n_i，算出频率 $f_i = \dfrac{n_i}{n}$ $(n = 84, i = 1,2,\cdots,7)$ 如下表：

组限	频数 n_i	频率 f_i	累计频率
124.5 ～ 129.5	1	0.0119	0.0119
129.5 ～ 134.5	4	0.0476	0.0595
134.5 ～ 139.5	10	0.1191	0.1786
139.5 ～ 144.5	33	0.3929	0.5715
144.5 ～ 149.5	24	0.2857	0.8572
149.5 ～ 154.5	9	0.1071	0.9524
154.5 ～ 159.5	3	0.0357	1

① 作直方图时，先取一个区间，其下限比最小的数据稍小，其上限比最大的数据稍大。然后将这一区间分为 m 个小区间(这种小区间的长度可以不相等)，通常当 n 较大时 m 取 10 ～ 20，当 $n < 50$ 时，则 m 取 5 ～ 6，m 取得过大会出现某些小区间的频数为零的情况(一般应设法避免). 分点通常取比数据稍高一位，以免数据落在分点上.

现在自左至右依次在各个小区间上作以$\frac{f_i}{\Delta}$为高的小矩形，如图 8.9 所示（如诸小区间长度不等，记第 i 个小区间的长度为 Δ_i，则对第 i 个小区间作高为$\frac{f_i}{\Delta_i}$，$i=1,2,\cdots,m$ 的矩形），这样的图形叫直方图. 显然这种小矩形的面积就等于数据落在该小区间的频率 f_i. 由于当 n 很大时，频率接近于概率，因而一般来说，每个小区间上的小矩形面积接近于概率密度曲线之下该小区间之上的曲边梯形的面积. 于是，一般来说，直方图的外廓曲线接近于总体 X 的概率密度曲线. 从本例的直方图（见图 8.9）看，它有一个峰，中间高，两头低，比较对称. 看起来样本很像来自正态总体.

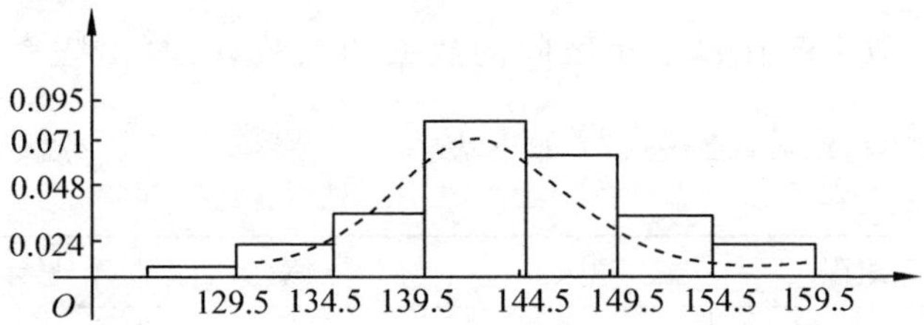

图 8.9

现在作 χ^2 检验如下. 即需检验假设

H_0：X 的概率密度为

$$f(x)=\frac{1}{\sqrt{2\pi}\sigma}e^{-\frac{(x-\mu)^2}{2\sigma^2}},(-\infty<x<+\infty).$$

因为 H_0 中含有未知参数 μ,σ^2，用极大似然估计法得 μ,σ^2 的估计值分别为 $\hat{\mu}=143.8,\hat{\sigma}^2=6.0^2$. 我们将 x 可能取值的区间 $(-\infty,+\infty)$ 分为 7 个小区间，并取事件 A_i 如表 8.4 中第一列所示. 若 H_0 为真，X 的概率密度的估计为

$$\hat{f}(x)=\frac{1}{\sqrt{2\pi}\times 6}e^{-\frac{(x-143.8)^2}{2\times 6^2}},-\infty<x<+\infty,$$

按上式并查标准正态分布表可得概率 $P(A_i)$ 的估计. 例如

$$\begin{aligned}\hat{p}_2 &= P(A_2) = \hat{P}(129.5 \leqslant x < 134.5)\\ &= \Phi\left(\frac{134.5-143.8}{6}\right)-\Phi\left(\frac{129.5-143.8}{6}\right)\\ &= \Phi(-1.55)-\Phi(-2.38)=0.0519\end{aligned}$$

将计算结果列成表 8.4.

表 8.4　　例 8.17 的 χ^2 计算表

A_i	n_i	$\hat{p}_i$	$n\hat{p}_i$	$(n_i-n\hat{p}_i)^2/n\hat{p}_i$
$A_1: x < 129.5$	1	0.087	0.73	
$A_2: 129.5 \leqslant x < 134.5$	4	0.0519	4.36	0.00
$A_3: 134.5 \leqslant x < 139.5$	10	0.1752	14.72	1.51
$A_4: 139.5 \leqslant x < 144.5$	33	0.3120	26.21	1.76
$A_5: 144.5 \leqslant x < 149.5$	24	0.2811	23.61	0.01
$A_6: 149.5 \leqslant x < 154.5$	9	0.1336	11.23	0.39
$A_7: 154.5 \leqslant x < +\infty$	3	0.0375	3.15	
合　计	84			3.67

由 $\alpha=0.1, m=5, r=2$, 查 χ^2 分布表得临界值 $\chi^2_\alpha(m-r-1)=\chi^2_{0.1}(2)=4.605$. 由于 $\chi^2_0<\chi^2_{0.1}(2)$, 故接受 H_0, 即在水平 $\alpha=0.1$ 下, 认为数据来自参数为 $\mu=143.8, \sigma^2=6.0^2$ 的正态分布.

习题 8

1. 假设检验可分为两类, 它们是__________和__________.

2. 在一个确定的假设检验问题中, 与判断结果有关的因素有(　　).

(A) 样本值及样本容量　　　　(B) 显著性水平 α

(C) 检验的统计量　　　　　　(D) (A) 和(B) 同时成立

3. 在假设检验中，如果待检验的原假设为 H_0，那么犯第二类错误是指(　　).

(A) H_0 成立，接受 H_0　　　　(B) H_0 不成立，接受 H_0

(C) H_0 成立，拒绝 H_0　　　　(D) H_0 不成立，拒绝 H_0

4. 在假设检验中，用 α 和 β 分别表示犯第一类错误和第二类错误的概率，则当样本容量一定时，下列说法正确的是(　　).

(A) α 减小 β 也减小

(B) α 增大 β 也增大

(C) α 与 β 不能同时减小，减小其中一个，另一个往往就会增大

(D) (A) 和(B) 同时成立

5. 某车间用一台包装机包装精盐，额定标准每袋净重 500g，设包装机包装出的盐每袋重量 $X \sim N(\mu,\sigma^2)$，为检验包装机的工作情况，随机地抽取 9 袋，称得重量为(单位：g)：

$$497,506,518,524,488,511,510,515,512.$$

问此时包装机工作是否正常($\alpha = 0.05$)?

(1) 已知 $\sigma = 15\text{g}$；　　(2) σ^2 未知.

6. 某厂生产一种金属线，抗拉强度的测定值总体 $X \sim N(\mu,\sigma^2)$，且知 $\mu = 105.6 \times 10^7\,\text{Pa}$. 现经过改进，生产了一批新的金属线，从中随机地抽取 10 根做试验，测出抗拉强度值. 算得平均值 $\bar{x} = 106.3\times10^7\,\text{Pa}$，标准差 $s = 0.8\times10^7\,\text{Pa}$，问这批新线的抗拉强度是否比原来金属线的抗拉强度高($\alpha = 0.05$)?

7. 某地区从 2000 年出生的女孩中随机地抽取 20 个，测量体重，算得这 20 个女孩的平均体重为 3160g，样本标准差为 300g，而根据 2000 年以前的统计资料知，新生女孩的平均体重为 3140g. 问 2000 年的新生女孩与以前的新生女孩比较，平均体重有无显著差异?假设新生女孩体重服从正态分布，检验水平 $\alpha = 0.05$.

8. 某市居民上月平均伙食费为235.5元，随机抽取49个居民，他们本月的伙食费平均为236.5元. 由这49个样本算出的标准差 $s=3.5$ 元，假定该市居民月伙食费 X 服从正态分布，试分别在水平 $\alpha=0.05$ 和 $\alpha=0.01$ 之下，检验"本月该市居民平均伙食费较上月无变化"的假设.

9. 在正常的生产条件下，某产品的测试指标总体 $X\sim N(\mu_0,\sigma_0^2)$，其中 $\sigma_0=0.23$，后来改变了生产工艺，出了新产品，假设新产品的测试指标总体 $X\sim N(\mu,\sigma^2)$，从新产品中随机地抽出10件，测得样本值为 $x_1,x_2,\cdots,x_{10}$，算得样本标准差 $s=0.33$，试在检验水平 $\alpha=0.05$ 的情况下，检验：

(1) 方差 σ^2 有没有显著变化？

(2) 方差 σ^2 是否变大？

10. 机器包装砂糖，规定每袋糖的标准重量为500g，标准差不得超过10g，假设每袋糖的重量 $X\sim N(\mu,\sigma^2)$，现从包装好的各袋中随机地抽出9袋，测得净重(单位:g)为：

507,497,510,475,484,488,524,491,515.

问这时包装机工作是否正常($\alpha=0.05$)？

11. 某种溶液要求其中水分的标准差要低于0.04%，现取10个测定值，求得样本均值 $\bar{x}=0.452\%$，样本标准差 $s=0.037\%$，设被测总体 $X\sim N(\mu,\sigma^2)$，问这种溶液中水分含量是否合乎标准($\alpha=0.05$)？

12. 设总体 $X\sim N(\mu,\sigma^2)$，σ^2 未知，$x_1,x_2,\cdots,x_n$ 为来自 X 的样本值，现对 μ 进行假设检验. 若在显著性水平 $\alpha=0.05$ 下拒绝了 $H_0:\mu=\mu_0$，则当显著性水平 $\alpha=0.01$ 时下列结论正确的是(　　).

(A) 必拒绝 H_0

(B) 必接受 H_0

(C) 第一类错误的概率变大

(D) 可能接受,也可能拒绝 H_0

13. 已知总体 X 在区间 $[0,\theta]$ 上服从均匀分布,(未知参数 $\theta > 0$),$X_1, X_2, \cdots, X_n$ 是来自总体 X 的样本,记 $X_{(n)} = \max\{X_1, X_2, \cdots, X_n\}$.

(1) 求 $X_{(n)}$ 的分布函数 $F_n(x)$ 与密度函数 $f_{(n)}(x)$;

(2) 若对检验问题 $H_0:\theta = 2, H_1:\theta < 2$,取 H_0 的否定域 $C = \{X_{(n)} \leqslant 1.5\}$,求犯第一类错误的概率 α.

14. 从甲、乙两个厂生产的钢丝总体 X,Y 中各取 50 段 1 米长的钢丝作拉力强度试验,得 $\bar{x} = 1208, \bar{y} = 1282$. 设钢丝的抗拉强度服从正态分布,且 $\sigma_x^2 = 80^2, \sigma_y^2 = 94^2$,问甲、乙两厂钢丝的抗拉强度是否有显著差别($\alpha = 0.05$)?

15. 假设有 A,B 两种药,试验者欲比较它们在服用 2 小时后血液中的含量是否一样. 对药品 A,随机抽取 8 个病人,他们服药 2 小时后,测得血液中药的浓度(用适当的单位)为

$$1.23, 1.42, 1.41, 1.62, 1.55, 1.51, 1.60, 1.76.$$

对药品 B,随机抽取 6 个病人,他们服药 2 小时后,测得血液中的药的浓度为

$$1.76, 1.41, 1.87, 1.49, 1.67, 1.81.$$

假定这两组观察值服从具有公共方差的正态分布,问在显著性水平 $\alpha = 0.10$ 下,病人血液中这两种药的浓度是否有显著不同?

16. 一工厂的两个化验室每天同时从工厂的冷却水中取样,测量水中含氯量(ppm) 一次,下面是 7 天的记录.

日　期	1	2	3	4	5	6	7
化验室 A(x_i)	1.15	1.86	0.75	1.82	1.14	1.65	1.90
化验室 B(y_i)	1.00	1.90	0.90	1.80	1.20	1.70	1.95

设各对数据的差 $d_i = x_i - y_i, i = 1,2,\cdots,7$ 来自正态总体，问两化验室测定的结果之间有无显著差异($\alpha = 0.01$)？

17. 为了比较用来做鞋子后跟的两种材料的质量，选取了 15 个男子(他们的生活条件各不相同)，每人穿着一双新鞋，其中一只是以材料 A 做后跟，另一只以材料 B 做后跟，其厚度均为 10mm. 过了一个月再测量厚度，得到如下数据：

男子	1	2	3	4	5	6	7	8	9	10	11	12	13	14	15
材料 A(x_i)	6.6	7.0	8.3	8.2	5.2	9.3	7.9	8.5	7.8	7.5	6.1	8.9	6.1	9.4	9.1
材料 B(y_i)	7.4	5.4	8.8	8.0	6.8	9.1	6.3	7.5	7.0	6.5	4.4	7.7	4.2	9.4	9.1

设 $d_i = x_i - y_i(i = 1,2,\cdots,15)$ 来自正态总体，问是否可以认为以材料 A 制成的后跟比材料 B 的耐穿($\alpha = 0.05$)？

18. 两箱中分别装有甲、乙两厂生产的产品，欲比较它们的重量. 甲厂产品重量 $X \sim N(\mu_1, \sigma_1^2)$，乙厂产品重量 $Y \sim N(\mu_2, \sigma_2^2)$，现从 X 中取出 10 件，测得重量的标准差 $s_1 = 0.07$kg；从 Y 中取出 15 件，测得重量的标准差 $s_2 = 0.12$kg，试检验甲、乙两厂产品重量的方差有没有显著差异($\alpha = 0.05$).

19. 用两种方法 A，B 研究冰的潜热，样本都取自 -0.72℃ 的冰. 用方法 A 做，取 $m = 13$，算得样本均值 $\overline{x}_A = 80.02$，标准差 $s_A^2 = 5.75 \times 10^{-4}$；用方法 B 做，取 $n = 8$，测算得均值 $\overline{x}_B = 79.98$，样本标准差 $s_B^2 = 9.86 \times 10^{-4}$，设两种方法测得数据总体分别服从正态分布 $N(\mu_1, \sigma_1^2)$，$N(\mu_2, \sigma_2^2)$，试问：

(1) 两种方法的测量总体的方差是否相等($\alpha = 0.05$)？

(2) 两种方法的测量总体的均值是否相等($\alpha = 0.05$)？

20. 甲、乙两厂生产同一种电阻，现从甲、乙两厂的产品中分别随机抽取 12 个和 10 个样品，测得它们的电阻值后，计算出样本方差分别为 $s_1^2 = 1.40$，$s_2^2 = 4.38$. 假设电阻值服从正态分布，在显

著性水平 $\alpha = 0.10$ 下，判断下列电阻值方差的关系式是否成立.

(1) $\sigma_1^2 = \sigma_2^2$；　　(2) $\sigma_1^2 \leqslant \sigma_2^2$.

21. 一个小学校长在报纸上看到这样的报道："这一城市的初中学生平均每周看 8 小时电视"，她认为她所领导的学校，学生看电视的时间明显小于该数字. 为此她向 100 个学生作了调查，得知平均每周看电视的时间 $\bar{x} = 6.5$ 小时，样本标准差为 $s = 2$ 小时，问是否可以认为这位校长的看法是对的(取 $\alpha = 0.05$)?

22. 某厂使用两种不同的原料 A,B 生产同一类型产品. 在同一周内生产的产品中各自取样进行分析比较. 取使用原料 A 生产的产品 220 件，测得平均重量 $\bar{x}_A = 2.46$kg，样本标准差为 $s_A = 0.57$kg；取使用原料 B 生产的产品 205 件，测得平均重量 $\bar{x}_B = 2.55$kg，样本标准差为 $s_B = 0.48$kg，设两总体分别服从正态分布 $N(\mu_1, \sigma_1^2)$，$N(\mu_2, \sigma_2^2)$，两样本独立，问使用不同原料生产的产品的平均重量有无显著差别($\alpha = 0.05$)?

23. 某厂使用两种不同的原料 A,B 生产同一类型产品，各在一周的产品中取样进行分析比较，取使用原料 A 生产的样品 220 件，测得平均重量为 2.46(kg)，样本标准差 $s = 0.57$(kg). 取使用原料 B 生产的样品 205 件，测得平均重量为 2.55(kg)，样本标准差为 0.48(kg)，设这两个样本独立. 问在水平 0.05 下能否认为使用原料 B 的产品平均重量较使用原料 A 为大?

24. 检查了一本书的 100 页，记录各页中的印刷错误的个数，其结果如下：

错误个数 x_i	0	1	2	3	4	5	6	$\geqslant 7$
含 x_i 个错误的页数	36	40	19	2	0	2	1	0

能否认为一页的印刷错误个数服从泊松分布($\alpha = 0.05$)?

25. 为检验棉纱的拉力强度 X(单位：kg) 服从正态分布，从一批棉纱中随机抽取 300 条进行拉力试验，结果列在下表中：

i	x	n_i	i	x	n_i
1	0.5 ～ 0.64	1	8	1.48 ～ 1.62	53
2	0.64 ～ 0.78	2	9	1.62 ～ 1.76	25
3	0.78 ～ 0.92	2	10	1.76 ～ 1.90	19
4	0.92 ～ 1.06	25	11	1.90 ～ 2.04	16
5	1.06 ～ 1.20	37	12	2.04 ～ 2.18	3
6	1.20 ～ 1.34	53	13	2.18 ～ 2.38	1
7	1.34 ～ 1.48	56			

检验假设 H_0：拉力强度 $X \sim N(\mu, \sigma^2)$ $(\alpha = 0.01)$.

第9章　方差分析与回归分析初步

方差分析与回归分析是数理统计中具有广泛应用价值的两类统计分析方法，是工农业生产和科学研究的重要工具.本章简要介绍它们最基本的部分，即单因素方差分析和一元线性回归分析.

9.1　单因素方差分析

我们知道，一个事物往往受着多种因素的影响.例如，在某种化工产品的生产中，原料配方、催化剂、反应温度、压力、机器设备及操作人员的技术水平等对产品的质量都可能有影响.在这些因素中，可能有些因素影响较大，有些影响较小.为了使生产过程得以稳定，保证产品质量，就有必要找出对产品质量有显著影响的那些因素.为此，需要进行试验.方差分析就是对试验所得到的数据进行分析，鉴别各有关因素对试验结果的影响程度的有效方法.

9.1.1　基本概念

在试验中，我们将要考察的指标称为**试验指标**.影响试验指标的条件称为**因素**.因素可分为两类，一类是人们可以控制的(**可控因素**)，例如原料配方、催化剂、机器设备等；另一类是人们不可控制的，例如气象条件、测量误差等.本章所说的因素都是可控因素.因素所处的状态称为**水平**.为了考察某一个因素对试验指标的影响，往往把影响试验指标的其他因素(如果还有的话)固定，而把要考察的那个因素严格控制在几个不同水平上进行试验，这样的试验称为**单因素试验**. 处理单因素试验结果的统计推断问题叫做**单因素方差分析**.

例 9.1　某食品公司对一种食品设计了四种新包装,为了考察哪种包装最受欢迎,选了十个有近似相同销售量的商店作试验. 其中两种包装各指定两个商店销售,另两种包装各指定三个商店销售. 在试验期中各商店的货架排放位置、空间都尽量一致、营业员的促销方法也基本相同. 观察在一定时期的销售量,数据如表 9.1 所示.

表 9.1

包装类型	商店			商店数 n_i
	1	2	3	
A_1	12	18		2
A_2	14	12	13	3
A_3	19	17	21	3
A_4	24	30		2

这里,我们要比较的是四种包装的销售量是否一致,试验指标是销售量,包装类型为因素,这一因素有 4 个水平,这是一个单因素 4 水平试验.

由于商店间的差异已被控制在最小的范围内,因此一种包装在不同商店里的销售量可看作为一种包装的若干次重复观察,所以可把一种包装看作一个总体,且根据经验和常识可假定各总体服从同方差的正态分布. 为比较四种包装的销售量是否相同,相当于要比较这四个总体的均值是否一致. 由此可见,单因素方差分析就是对多个正态总体在假定它们的方差相等的条件下,检验它们的均值是否相等的一种统计方法. 这种方法是由因素的方差同重复试验的误差项方差之比,建立 F 分布的检验统计量,因而称作方差分析.

9.1.2 统计模型

设在单因素试验中，所考察的因素 A 有 m 个水平 $A_1,A_2,\cdots,A_m$，在水平 A_i 下的总体为 X_i，$i=1,2,\cdots,m$. 假定 $X_1,\cdots,X_m$ 相互独立且 $X_i\sim N(\mu_i,\sigma^2)$，$i=1,2,\cdots,m$，其中 μ_i 和 σ^2 均未知. 对于总体 X_i，选取容量为 n_i 的样本 $x_{i1},x_{i2},\cdots,x_{in_i}$，$i=1,2,\cdots,m$. 记 $\varepsilon_{ij}=x_{ij}-\mu_i$，由于 $x_{ij}\sim N(\mu_i,\sigma^2)$，故 ε_{ij} 可看成一随机误差，$\varepsilon_{ij}\sim N(0,\sigma^2)$，且诸 ε_{ij} 相互独立. 此时 x_{ij} 可写成

$$\begin{cases} x_{ij}=\mu_i+\varepsilon_{ij}, & i=1,2,\cdots,m;j=1,2,\cdots,n_i, \\ \varepsilon_{ij}\sim N(0,\sigma^2), & \text{各 } \varepsilon_{ij} \text{ 相互独立}, \end{cases} \tag{9.1}$$

其中 μ_i 与 σ^2 均为未知参数. (9.1) 称为单因素方差分析的统计模型.

由于因素 A 在不同水平下对我们关心的某项指标值的影响通过 m 个均值 $\mu_1,\mu_2,\cdots,\mu_m$ 来表现，因此，要考察这种影响究竟是否显著，需要检验假设

$$H_0:\mu_1=\mu_2=\cdots=\mu_m. \tag{9.2}$$

为了检验假设(9.2)，必须构造相应的检验统计量，为此还需引出所谓因素水平效应的概念，并且给出一个与假设(9.2) 等价的关于因素水平效应的统计假设. 记

$$n=n_1+n_2+\cdots+n_m,$$

$$\mu=\frac{1}{n}\sum_{i=1}^{m}n_i\mu_i,$$

$$\delta_i=\mu_i-\mu.$$

称 μ 为一般平均，δ_i 为水平 A_i 的效应(它反映了水平 A_i 下的总体均值与一般平均间的差异)，显然，

$$n_1\delta_1+n\delta_2+\cdots+n_m\delta_m=0.$$

利用上述记号,单因素方差分析的统计模型(9.1)可改写为

$$\begin{cases} x_{ij} = \mu + \delta_i + \varepsilon_{ij}, \ i = 1,2,\cdots,m; j = 1,2,\cdots,n_i, \\ \sum_{i=1}^{m} n_i \delta_i = 0, \\ \varepsilon_{ij} \sim N(0,\sigma^2),\text{各 } \varepsilon_{ij} \text{ 相互独立}. \end{cases} \tag{9.3}$$

而假设(9.2)等价于假设

$$H_0 : \delta_1 = \delta_2 = \cdots = \delta_m. \tag{9.4}$$

9.1.3　检验方法

从(9.3)式可看出,引起 x_{ij} 间的波动不外乎两个原因,一是随机误差 ε_{ij} 引起的,另一则是水平 A_i 的效应 δ_i 所引起的. 这启发了我们如下的想法,找一个衡量 x_{ij} 间的总波动的量,它自然地取为

$$S_T = \sum_{i=1}^{m} \sum_{j=1}^{n_i} (x_{ij} - \bar{x})^2, \text{其中 } \bar{x} = \frac{1}{n} \sum_{i=1}^{m} \sum_{j=1}^{n_i} x_{ij}.$$

然后,设法把 S_T 分解为两部分,一部分表示随机误差所引起的波动;另一部分表示因素 A 的不同水平所引起的波动. 最后通过比较得到检验统计量. 为此,记

$$\bar{x}_i = \frac{1}{n_i} \sum_{j=1}^{n_i} x_{ij}, i = 1,2,\cdots,m.$$

从而

$$\begin{aligned} S_T &= \sum_{i=1}^{m} \sum_{j=1}^{n_i} (x_{ij} - \bar{x}_i + \bar{x}_i - \bar{x})^2 \\ &= \sum_{i=1}^{m} \sum_{j=1}^{n_i} (x_{ij} - \bar{x}_i)^2 + \sum_{i=1}^{m} \sum_{j=1}^{n_i} (\bar{x}_i - \bar{x})^2 \\ &\quad + 2 \sum_{i=1}^{m} \sum_{j=1}^{n_i} (x_{ij} - \bar{x}_i)(\bar{x}_i - \bar{x}). \end{aligned}$$

由于

$$\sum_{i=1}^{m}\sum_{j=1}^{n_i}(x_{ij}-\overline{x}_i)(\overline{x}_i-\overline{x})=\sum_{i=1}^{m}(\overline{x}_i-\overline{x})\sum_{j=1}^{n_i}(x_{ij}-\overline{x}_i)$$

$$=\sum_{i=1}^{m}(\overline{x}_i-\overline{x})(n_i\overline{x}_i-n_i\overline{x}_i)=0,$$

故

$$S_T=S_e+S_A. \tag{9.5}$$

其中

$$S_e=\sum_{i=1}^{m}\sum_{j=1}^{n_i}(x_{ij}-\overline{x}_i)^2,$$

$$S_A=\sum_{i=1}^{m}\sum_{j=1}^{n_i}(\overline{x}_i-\overline{x})^2=\sum_{i=1}^{m}n_i(\overline{x}_i-\overline{x})^2.$$

为了看清 S_e,S_A 的意义,记

$$\bar{\varepsilon}_i=\frac{1}{n_i}\sum_{j=1}^{n_i}\varepsilon_{ij},i=1,2,\cdots,m,$$

$$\bar{\varepsilon}=\frac{1}{n}\sum_{i=1}^{m}\sum_{j=1}^{n_i}\varepsilon_{ij}=\frac{1}{n}\sum_{i=1}^{m}n_i\bar{\varepsilon}_i.$$

则由(9.3)式知:

$$\overline{x}_i=\mu+\delta_i+\bar{\varepsilon}_i,\overline{x}=\mu+\bar{\varepsilon}.$$

于是

$$S_e=\sum_{i=1}^{m}\sum_{j=1}^{n_i}(\varepsilon_{ij}-\bar{\varepsilon}_i)^2, \tag{9.6}$$

$$S_A=\sum_{i=1}^{m}n_i(\delta_i+\bar{\varepsilon}_i-\bar{\varepsilon})^2. \tag{9.7}$$

这表明 S_e 反映了由随机误差所引起的波动,而 S_A 除随机误差外主要由水平的效应 δ_i 所决定,因此它反映了因素 A 的不同水平所引起的波动,故(9.5)式正是我们想要得到的分解式,此式称为**离差平方和分解式**,而 S_e 与 S_A 分别称为**误差平方和**与**组间平方和**.

从离差平方和分解式及(9.7)式可知,若 H_0 为真,则各水平

的效应为零，因此 S_A 相对来说较小，从而 S_A/S_e 较小. 如果 S_A/S_e 较大，则 S_A 相对来说就较大，这表明因素 A 的不同水平有着明显的效应，从而 H_0 不成立. 基于上述分析，我们可以通过比较 S_A 和 S_e 的大小来建立检验假设 H_0 的方法. 可以证明在模型(9.3) 下，有：

(1) $S_e/\sigma^2 \sim \chi^2(n-m)$；

(2) 当 H_0 成立时，$S_A/\sigma^2 \sim \chi^2(m-1)$；

(3) S_e 与 S_A 相互独立.

于是在 H_0 为真的条件下，

$$F = \frac{S_A/(m-1)}{S_e/(n-m)} \sim F(m-1,n-m). \tag{9.8}$$

前面已指出，若 H_0 为真，则 S_A 与 S_e 相比较不应太大，于是(9.8) 式中的 F 值也不应太大，故可用统计量 F 检验 H_0. 对给定的显著性水平 α，查 F 分布表，得临界值 $F_\alpha(m-1,n-m)$，使得

$$P(F \geqslant F_\alpha(m-1,n-m)) = \alpha.$$

计算 F 的试验值 F_0，若 $F_0 \geqslant F_\alpha(m-1,n-m)$，则拒绝原假设 H_0，否则接受 H_0.

在具体计算时，可列出如表 9.2 所示的方差分析表.

表 9.2　　单因素方差分析表

方差来源	平方和	自由度	平均平方和	F 值	临界值
因素 A 误　差	S_A S_e	$m-1$ $n-m$	$S_A/(m-1)$ $S_e/(n-m)$	$F=\dfrac{S_A/(m-1)}{S_e/(n-m)}$	$F_\alpha(m-1,n-m)$
总　和	S_T	$n-1$			

在实际计算中，为了简化计算可按以下的公式和顺序计算 S_T，S_A 和 S_e：

$$S_T = \sum_{i=1}^{m}\sum_{j=1}^{n_i} x_{ij}^2 - \frac{1}{n}(\sum_{i=1}^{m}\sum_{j=1}^{n_i} x_{ij})^2,$$

$$S_A = \sum_{i=1}^{m}\frac{1}{n_i}(\sum_{j=1}^{n_i} x_{ij})^2, -\frac{1}{n}(\sum_{i=1}^{m}\sum_{j=1}^{n_i} x_{ij})^2,$$

$$S_e = S_T - S_A.$$

实际计算中有时为了简便,还可首先对数据 x_{ij} 施以线性变换 $y_{ij} = b(x_{ij} - a)$,a,b 为适当常数且 $b \neq 0$,使得变换后的数据尽量多出现零或者数据的绝对值尽量小,并尽可能为整数.可证明作线性变换后所计算的 F 值不变.特别地,当 $b = 1$ 时,S_e,S_A 的值不变.

例 9.2 从某校初中二年级的四个平行班各随机抽一个学生先后参加五次年级数学竞赛,其结果如下表.问这四个学生成绩是否存在差异($\alpha = 0.025$)?

水平 \ 数据 \ 试验号	1	2	3	4	5
A_1	81	80	88	85	95
A_2	83	89	85	91	88
A_3	76	92	83	90	95
A_4	70	99	82	80	78

解 用 X_1, X_2, X_3, X_4 分别表示 A_1, A_2, A_3, A_4 四个学生数学竞赛的成绩,且假定 $X_i \sim N(\mu_i, \sigma^2)$,$i = 1,2,3,4$.本题需要检验 $H_0: \mu_1 = \mu_2 = \mu_3 = \mu_4$.

为简化计算,将所有数据都减去 80 得下列数据:

水平＼数据＼试验号	1	2	3	4	5
A_1	1	0	8	5	15
A_2	3	9	5	11	8
A_3	−4	12	3	10	15
A_4	−10	19	2	0	−2

方差分析表为：

方差来源	平方和	自由度	平均平方和	F 值	临界值
因素 A 误差	97.8 875.2	3 16	32.6 54.7	0.5959	$F_{0.025}(3,16)$ $=4.08$
总和	973	19			

由于 $F_0=0.5959<4.08=F_{0.025}(3,16)$，故不能拒绝 H_0，可见在 $\alpha=0.025$ 下四个学生成绩无差异.

9.2　一元线性回归分析

在现实世界中普遍存在着变量之间的关系，一般说来，变量之间的关系可分为两类. 一类是确定性的关系，如电路中的电压 V，电流 I，电阻 R 三者之间的关系为 $V=IR$，在这个关系中，我们只要知道其中任意两个变量的值，另外一个变量的取值也就惟一确定了. 另一类是不确定性的关系. 例如，人的血压 y 与年龄 x 之间有一定的关系. 一般地，人的年龄大一些血压也要相应地高一些，但这种关系并不是确定的，因为即使是同一年龄的人血压也不完全相同. 又如，在土质和耕作条件相同的条件下，农作物的亩产量

y 与播种量 x_1、施肥量 x_2 之间有一定关系. 一般地,施肥量、播种量适宜时,农作物产量较高,但这种关系也不是确定性的,因为在施肥量、播种量相同的条件下,农作物产量也不尽相同,具有某种随机性. 变量之间的不确定性关系在现实世界中普遍存在,其原因主要是由于一些随机因素的干扰. 我们称变量之间的不确定性关系为**相关关系**. 回归分析是研究相关关系的一种数学工具,是数理统计中最常用的方法,在生产实践和科学研究中有广泛的应用. 本节仅介绍一种较简单的情形,即一元线性回归分析,这便于对回归分析作简明的讲解.

9.2.1 一元线性回归模型

首先考察一个实例.

例 9.3 为研究某一化学反应过程中,温度 x 对产量 y 的影响,测得数据如下:

温度 x	-5	-4	-3	-2	-1	0	1	2	3	4	5
产量 y	1	5	4	7	10	8	9	13	14	13	18

这些数据大致反映了 y 和 x 的关系,但 y 和 x 并非有确定性关系,因为产量 y 还要受一些随机因素的干扰,即 y 与 x 有相关关系. 将表中各对数据作为平面直角坐标系中的点描出来(见图 9.1),所绘出的图形称为散点图.

散点图 9.1 中的点散布在某条直线的附近,但又不完全在一直线上,这是由于 y 还受到其他一些随机因素的影响. 这样 y 可看成是由两部分叠加而成的,一部分是 x 的线性函数 $a+bx$,另一部分是由随机因素 ε 所引起的,故有

$$y \doteq a+bx+\varepsilon.$$

对此我们称 y 与 x 间有线性的相关关系. 由于 ε 看成随机误差,因此,通常认为 $\varepsilon \sim N(0,\sigma^2)$,为了研究方便起见,我们还进一步假定

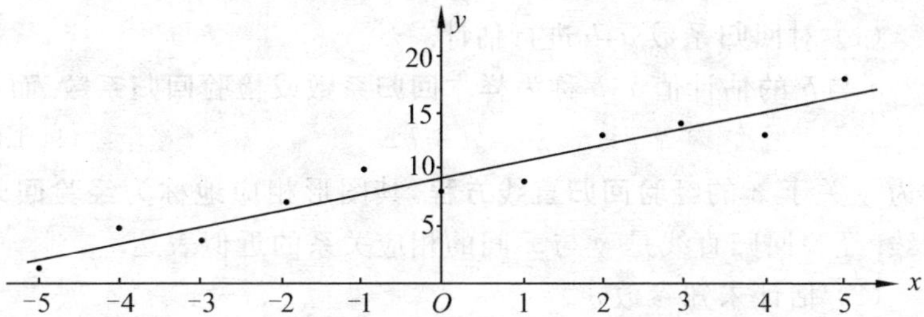

图 9.1

σ^2 与 x 无关.

一般地,假设 x 是一可控制或可精确测量的变量,y 是与 x 有如下线性的相关关系(简称为线性相关关系):

$$y = a + bx + \varepsilon, \tag{9.10}$$

其中 $\varepsilon \sim N(0,\sigma^2)$,$a,b,\sigma^2$ 都是未知参数.

为确定(9.10)式中的参数 a,b,对这一组变量 (x,y) 作 n 次独立观测,设第 i 次观测为 (x_i,y_i),这里 $x_1,x_2,\cdots,x_n$ 不全相同. 由(9.10)式知

$$y_i = a + bx_i + \varepsilon_i, \quad i = 1,2,\cdots,n, \tag{9.11}$$

其中 $\varepsilon_1,\varepsilon_2,\cdots,\varepsilon_n$ 独立同分布于 $N(0,\sigma^2)$. 称(9.10)或(9.11)为**一元线性回归模型**. 建立在一元线性回归模型基础上的统计分析就称为**一元线性回归分析**.

在模型(9.10)下,对于 x 的每个确定值,随机变量 y 有它的分布,y 的数学期望为 $a+bx$,它反映了 y 在 x 处的平均取值,故称方程

$$y = a + bx \tag{9.12}$$

为 y 关于 x 的**一元线性回归方程**,称它所对应的图形为**回归直线**,称 a,b 为**回归系数**.

一元线性回归分析主要是在模型(9.11)下讨论下列问题：

(1) 对回归系数 a,b 进行估计.

a 与 b 的估计值 $\hat{a},\hat{b}$ 称为**样本回归系数或检验回归系数**. 而

$$\hat{y}=\hat{a}+\hat{b}x \tag{9.13}$$

称为 y 关于 x 的**经验回归直线方程**，其图形相应地称为**经验回归直线**. 经验回归直线是 y 与 x 间的相应关系的近似表达.

(2) 估计未知参数 σ^2.

(3) 检验 y 与 x 间是否具有线性相关关系.

(4) 怎样利用求得的线性关系，通过 x 对 y 进行预测或控制.

9.2.2 回归系数的最小二乘估计

求回归系数 a,b 的估计量 $\hat{a},\hat{b}$，也就是要确定一条经验回归直线 $\hat{y}=\hat{a}+\hat{b}x$ 来近似表达 y 与 x 的关系. 一个直观的想法便是使这条直线应最接近已知的 n 个数据点 $(x_1,y_1),\cdots,(x_n,y_n)$. 通常用

$$Q(a,b)=\sum_{i=1}^{n}[y_i-(a+bx_i)]^2$$

作为任一条直线 $y=a+bx$ 与这 n 个数据点偏离程度的定量指标. 我们当然取使得 $Q(\hat{a},\hat{b})$ 为 $Q(a,b)$ 的最小值的 $\hat{a},\hat{b}$ 作为 a,b 的估计. 这样，求 a,b 的估计就转化为求 $Q(a,b)$ 的最小值点问题.

用上述思想方法求得的 $\hat{a},\hat{b}$ 称为 a,b 的**最小二乘估计**. 下面求 a,b 的最小二乘估计.

求 Q 关于 a,b 的偏导数，并令它们分别等于零：

$$\begin{cases}\dfrac{\partial Q}{\partial a}=-2\displaystyle\sum_{i=1}^{n}(y_i-a-bx_i)=0,\\ \dfrac{\partial Q}{\partial b}=-2\displaystyle\sum_{i=1}^{n}(y_i-a-bx_i)x_i=0,\end{cases}$$

整理后得

$$\begin{cases} na + n\bar{x}b = n\bar{y}, \\ n\bar{x}a + b\sum_{i=1}^{n} x_i^2 = \sum_{i=1}^{n} x_i y_i, \end{cases} \tag{9.14}$$

其中 $\bar{x} = \frac{1}{n}\sum_{i=1}^{n} x_i, \bar{y} = \frac{1}{n}\sum_{i=1}^{n} y_i$. 称方程组(9.14) 为**正规方程组**.

由于 $x_1, x_2, \cdots, x_n$ 不全相同,方程组(9.14) 的系数行列式

$$\begin{vmatrix} n & n\bar{x} \\ n\bar{x} & \sum_{i=1}^{n} x_i^2 \end{vmatrix} = n\sum_{i=1}^{n}(x_i - \bar{x})^2 \neq 0,$$

故(9.14) 有惟一解. 方程组(9.14) 的解为

$$\begin{aligned} \hat{b} &= \frac{\sum_{i=1}^{n}(x_i - \bar{x})(y_i - \bar{y})}{\sum_{i=1}^{n}(x_i - \bar{x})^2}, \\ \hat{a} &= \bar{y} - \hat{b}\bar{x}. \end{aligned} \tag{9.15}$$

可以验证(9.15) 式中的 $\hat{a}, \hat{b}$ 使 $Q(a,b)$ 达到最小,故(9.15) 式为 a, b 的最小二乘估计.

为了计算上的方便,引入以下符号:

$$S_{xx} = \sum_{i=1}^{n}(x_i - \bar{x})^2 = \sum_{i=1}^{n} x_i^2 - n\bar{x}^2,$$

$$S_{yy} = \sum_{i=1}^{n}(y_i - \bar{y})^2 = \sum_{i=1}^{n} y_i^2 - n\bar{y}^2,$$

$$S_{xy} = \sum_{i=1}^{n}(x_i - \bar{x})(y_i - \bar{y}) = \sum_{i=1}^{n} x_i y_i - n\bar{x}\bar{y}.$$

则 a, b 的最小二乘估计可写为

$$\hat{a} = \bar{y} - \hat{b}\bar{x},$$

$$\hat{b} = S_{xy}/S_{xx}.$$

例 9.4　在例 9.3 中,求回归系数 a, b 的最小二乘估计 $\hat{a}, \hat{b}$

及 y 关于 x 的经验回归直线方程.

解 这里

$$n=11,\bar{x}=0,\sum_{i=1}^{11}x_i^2=110,\bar{y}=9.273,\sum_{i=1}^{11}x_iy_i=158.$$

$$S_{xx}=\sum_{i=1}^{11}x_i^2-11\bar{x}^2=110,$$

$$S_{yy}=\sum_{i=1}^{11}y_i^2-11\bar{y}^2=248.18,$$

$$S_{xy}=\sum_{i=1}^{11}x_iy_i-11\bar{x}\bar{y}=158.$$

$$\hat{b}=S_{xy}/S_{xx}=158/110=1.436,$$

$$\hat{a}=\bar{y}-\hat{b}\bar{x}=9.273.$$

y 关于 x 的经验回归直线方程为

$$\hat{y}=9.273+1.436x.$$

9.2.3 未知参数 σ^2 的估计

记 $\hat{y}_i=\hat{a}+\hat{b}x_i,i=1,2,\cdots,n.$

$$Q_e=\sum_{i=1}^{n}(y_i-\hat{y}_i)^2=\sum_{i=1}^{n}(y_i-\hat{a}-\hat{b}x_i)^2$$

称 Q_e 为**残差平方和**. Q_e 反映了 n 次试验的累积误差,它含有 σ^2 的信息,可以证明:

$$\frac{Q_e}{\sigma^2}\sim\chi^2(n-2).$$

于是

$$E\left(\frac{Q_e}{\sigma^2}\right)=n-2,$$

因此 $\hat{\sigma}^2=\dfrac{Q_e}{n-2}$ 为 σ^2 的一个无偏估计.

为了便于计算 $\hat{\sigma}^2$,通常利用 Q_e 的如下分解:

$$Q_e = \sum_{i=1}^{n}(y_i - \hat{a} - \hat{b}x_i)^2 = \sum_{i=1}^{n}[y_i - \bar{y} - \hat{b}(x_i - \bar{x})]^2$$
$$= \sum_{i=1}^{n}(y_i - \bar{y})^2 - 2\hat{b}\sum_{i=1}^{n}(x_i - \bar{x})(y_i - \bar{y}) + (\hat{b})^2\sum_{i=1}^{n}(x_i - \bar{x})^2$$
$$= S_{yy} - 2\hat{b}S_{xy} + (\hat{b})^2 S_{xx}$$
$$= S_{yy} - \hat{b}S_{xy}.$$

上面最后一个等式是利用 $\hat{b} = \dfrac{S_{xy}}{S_{xx}}$ 推得.

例 9.3 中 σ^2 的无偏估计为

$$\hat{\sigma}^2 = \frac{Q_e}{n-2} = \frac{1}{n-2}[S_{yy} - (\hat{b})^2 S_{xx}]$$
$$= \frac{1}{9}[248.18 - (1.436)^2 \times 110] = 2.372.$$

9.2.4　预测与控制

下面讨论一元线性回归分析中的预测与控制问题. 假定 y 与 x 满足线性模型(9.10).

所谓预测问题,就是研究在 $x = x_0$ 时,如何估计 y_0. 很自然会想到利用经验回归直线方程 $\hat{y} = \hat{a} + \hat{b}x$. 借助它,当 $x = x_0$ 时,$y_0 = a + bx_0 + \varepsilon_0$ 的估计值是 $\hat{y} = \hat{a} + \hat{b}x_0$,它称为 y_0 的**点预测**. 对于点预测,我们还需知道其精度,为了解决此问题,必须像参数的区间估计一样,给出 y_0 的一个预测区间. 可以证明:

$$y_0 - \hat{y}_0 \sim N(0, d^2\sigma^2),\text{其中 } d = \left[1 + \frac{1}{n} + \frac{(x_0 - \bar{x})^2}{S_{xx}}\right]^{1/2},$$

$$Q_e/\sigma^2 \sim \chi^2(n-2),$$

且 $y_0 - \hat{y}_0$ 与 Q_e/σ^2 相互独立. 因此

$$T = \frac{y_0 - \hat{y}_0}{\sigma d}\bigg/\sqrt{\frac{Q_e}{(n-2)\sigma^2}} = \frac{y_0 - \hat{y}_0}{\hat{\sigma} d} \sim t(n-2),$$

其中 $\hat{\sigma} = \sqrt{\dfrac{Q_e}{n-2}}$.

这样,对于给定的置信水平 $1-\alpha$,查自由度为 $n-2$ 的 t 分布表可得满足

$$P\left(\frac{|y_0-\hat{y}_0|}{\hat{\sigma}d}<t_{\alpha/2}(n-2)\right)=1-\alpha$$

的值 $t_{\alpha/2}$,于是

$$(\hat{y}_0-t_{\alpha/2}(n-2)\hat{\sigma}d,\hat{y}_0+t_{\alpha/2}(n-2)\hat{\sigma}d) \tag{9.16}$$

即为 y_0 的置信水平为 $1-\alpha$ 的预测区间.

易见 x_0 越接近 $\bar{x}$,则预测区间的长度越短,预测精度就越高.另外,当 n 越大且 x_0 较接近于 $\bar{x}$ 时,$d=\sqrt{1+\frac{1}{n}+\frac{(x_0-\bar{x})^2}{S_{xx}}}\approx 1$ 且 $t_{\alpha/2}\approx u_{\alpha/2}$,这时预测区间(9.16)近似为

$$(\hat{y}_0-\hat{\sigma}u_{\alpha/2},\hat{y}_0+\hat{\sigma}u_{\alpha/2}). \tag{9.17}$$

例 9.5 在例9.3中,取 $x_0=3$,求产量 y_0 的置信水平为0.95的预测区间.

解 $\hat{y}_0=9.273+1.436x$.

当 $x_0=3$ 时,$\hat{y}_0=9.273+1.436\times 3=13.581$.

$\alpha=0.05$,查 t 分布表,得 $t_{\alpha/2}(n-2)=t_{0.025}(9)=2.2622$.

$$\hat{\sigma}=\sqrt{2.372}=1.5401,$$

$$d=\sqrt{1+\frac{1}{n}+\frac{(x_0-\bar{x})^2}{S_{xx}}}=\sqrt{1+\frac{1}{11}+\frac{9}{110}}=1.1727,$$

$$t_{\alpha/2}(n-1)\hat{\sigma}d=2.2622\times 1.5401\times 1.1727=4.0857.$$

所求预测区间为

$$(\hat{y}_0-t_{\alpha/2}(n-2)\hat{\sigma}d,\hat{y}_0+t_{\alpha/2}(n-2)\hat{\sigma}d)=(9.4953,17.6667).$$

在实际问题中,经常利用经验回归直线方程进行预测.

所谓控制,实际上是预测问题的反问题.具体地说,为了把 y_0 以不小于 $1-\alpha$ 的概率控制在 (y_1,y_2) 内,即 $P(y_1<y_0<y_2)\geqslant 1-\alpha$,则相应地应如何控制 x_0 在什么范围内.为简单起见,我们只对 n 很大的情况进行讨论.

由(9.17)式,令

$$y_1 = \hat{y} - \hat{\sigma} u_{\alpha/2} = \hat{a} + \hat{b}x - \hat{\sigma} u_{\alpha/2},$$

$$y_2 = \hat{y} + \hat{\sigma} u_{\alpha/2} = \hat{a} + \hat{b}x + \hat{\sigma} u_{\alpha/2}.$$

分别解出 x 来作为控制 x 的上、下限. 但值得注意的是,为了实现控制,区间(y_1, y_2)的长度必须大于 $2\hat{\sigma} u_{\alpha/2}$,即 $y_2 - y_1 > 2\hat{\sigma} u_{\alpha/2}$.

9.2.5　线性假设的显著性检验

经验回归直线方程是建立在假设 y 与 x 有线性相关关系的基础上的,在处理实际问题时,事先我们并不能断定 y 与 x 有线性相关关系,只是通过专业知识和散点图作粗略的判断. 如果 y 与 x 不具有线性相关关系,则所建立的经验回归直线方程也失去了它的应用价值. 因此,我们必须对 y 与 x 之间是否具有线性相关关系进行检验. 若线性假设(9.10)符合实际,则回归系数 b 不应为零. 因为若 $b = 0$,则 y 就不依赖于 x 了,因此,问题归结为对假设

$$H_0: b = 0, H_1: b \neq 0 \tag{9.18}$$

进行检验.

用 t 检验法来检验假设(9.18).

可以证明 $\hat{b} \sim N\left(b, \frac{\sigma^2}{S_{xx}}\right)$,又由

$$\frac{(n-2)\hat{\sigma}^2}{\sigma^2} = \frac{Q_e}{\sigma^2} \sim \chi^2(n-2),$$

以及 $\hat{b}$ 与 Q_e 相互独立知

$$\frac{\hat{b} - b}{\sqrt{\sigma^2 / S_{xx}}} \Bigg/ \sqrt{\frac{(n-2)\hat{\sigma}^2}{\sigma^2} \Big/ (n-2)} \sim t(n-2),$$

即

$$\frac{\hat{b} - b}{\hat{\sigma}} \sqrt{S_{xx}} \sim t(n-2), \tag{9.19}$$

其中 $\hat{\sigma} = \sqrt{\hat{\sigma}^2}$.

当 H_0 为真时，$b=0$，此时检验统计量

$$T=\frac{\hat{b}}{\hat{\sigma}}\sqrt{S_{xx}}\sim t(n-2),$$

且 $E(\hat{b})=b=0$，于是对给定的显著性水平 α，H_0 的拒绝域为

$$|T|=\frac{|\hat{b}|}{\hat{\sigma}}\sqrt{S_{xx}}>t_{\alpha/2}(n-2).$$

当假设 $H_0:b=0$ 被拒绝时，就认为线性假设是显著的，即认为 y 与 x 有线性相关关系. 反之就认为 y 与 x 的关系不能用一元线性回归模型来描述.

当回归效果显著时，我们常需要对回归系数 b 作区间估计. 事实上，可由(9.19)式得到 b 的置信水平为 $1-\alpha$ 的置信区间为

$$\left(\hat{b}-t_{\alpha/2}(n-2)\frac{\hat{\sigma}}{\sqrt{S_{xx}}},\hat{b}+t_{\alpha/2}(n-2)\frac{\hat{\sigma}}{\sqrt{S_{xx}}}\right).$$

例 9.6 在例 9.3 中，进行线性假设的显著性检验($\alpha=0.01$). 若线性假设显著，求 b 的置信区间($\alpha=0.05$).

解 前面已求得

$$S_{xx}=110,\quad \hat{b}=1.4136,\quad \hat{\sigma}^2=2.372.$$

$$|T_0|=\frac{|\hat{b}|}{\hat{\sigma}}\sqrt{S_{xx}}=\frac{1.4136\times\sqrt{110}}{\sqrt{2.372}}=9.6264,$$

而 $t_{\alpha/2}(n-2)=t_{0.005}(9)=3.2498$，由于 $|T_0|>t_{\alpha/2}(n-2)$，故拒绝假设 H_0，即认为线性假设是显著的.

由于 $\alpha=0.05$ 时，$t_{\alpha/2}(n-2)=2.2622$，于是 b 的置信水平为 0.95 的置信区间为

$$\left(\hat{b}-t_{\alpha/2}(n-2)\frac{\hat{\sigma}}{\sqrt{S_{xx}}},\hat{b}+t_{\alpha/2}(n-2)\frac{\hat{\sigma}}{\sqrt{S_{xx}}}\right)=(1.0814,1.745).$$

习题 9

1. 一个年级有三个小班，他们进行了一次数学考试，现从各

个班级随机地抽取一些学生，记录其成绩如下：

A		B		C	
73	66	88	77	68	41
89	60	78	31	79	59
82	45	48	78	56	68
43	93	91	62	91	53
80	36	51	76	71	79
73	77	85	96	71	15
		74	80	87	
		56			

试在显著水平 0.05 下检验各班级的平均分数有无显著差异. 设各个总体服从正态分布，且方差相等.

2. 将抗生素注入人体会产生抗生素与血浆蛋白质结合的现象，以致减少了药效. 下表列出 5 种常用的抗生素注入到牛的体内时，抗生素与血浆蛋白质结合的百分比. 试在水平 $\alpha = 0.05$ 下检验这些百分比的均值有无显著的差异. 设各总体服从正态分布，且方差相同.

青霉素	四环素	链霉素	红霉素	氯霉素
29.6	27.3	5.8	21.6	29.2
24.3	32.6	6.2	17.4	32.8
28.5	30.8	11.0	18.3	25.0
32.0	34.8	8.3	19.0	24.2

3. 设有三台机器，用来生产规格相同的铝合金薄板. 取样，测量薄板的厚度精确至千分之一厘米，得结果如下表所示. 试问这三台机器生产的薄板的厚度有无显著的差异($\alpha = 0.05$)？

机器 A	机器 B	机器 C
0.263	0.257	0.258
0.238	0.253	0.264
0.248	0.255	0.259
0.245	0.254	0.267
0.243	0.261	0.262

4. 在钢线碳含量对于电阻的效应的研究中，得到以下数据：

碳含量 x(%)	0.10	0.30	0.40	0.55	0.70	0.80	0.95
电阻 y(20℃，$\mu\Omega$)	15	18	19	21	22.6	23.8	26

设对于给定的 x，y 为正态变量，且方差与 x 无关．

(1) 画出散点图；

(2) 求 y 关于 x 的经验回归直线方程；

(3) 对线性假设的显著性做检验($\alpha = 0.05$)；

(4) 若线性假设显著，求 b 的置信区间($\alpha = 0.05$)；

(5) 求 $x_0 = 0.50$ 时，电阻 y_0 的置信水平为 0.95 的预测区间．

5. 某种合金的抗拉强度 y(kg/mm^2) 与其中的含碳量 x(%) 有关，今测得 12 对数据如下：

x	0.10	0.11	0.12	0.13	0.14	0.15	0.16	0.17	0.18	0.20	0.21	0.23
y	42.0	43.5	45.0	45.5	45.0	47.5	49.0	53.0	50.0	55.0	55.0	60.0

设对给定的 x，y 为正态变量，且其方差 σ^2 与 x 无关．

(1) 求 y 关于 x 的经验回归直线方程；

(2) 给出 σ^2 的无偏估计；

(3) 检验线性假设的显著性($\alpha = 0.01$);

(4) 求 $x_0 = 0.16$ 时,y_0 的置信水平为 0.95 的预测区间.

附表 1　几种常用的概率分布

分　布	参　数	分布律或概率密度	数学期望	方　差
0—1 分布	$0<p<1$	$P(X=k)=p^k(1-p)^{1-k}$ $k=0,1$	p	$p(1-p)$
二项分布	$n\geqslant 1$ $0<p<1$	$P(X=k)=C_n^k p^k(1-p)^{n-k}$ $k=0,1,\cdots,n$	np	$np(1-p)$
负二项分布	$r\geqslant 1$ $0<p<1$	$P(X=k)=C_{k-1}^{r-1}p^r(1-p)^{k-r}$ $k=r,r+1,\cdots$	$\dfrac{r}{p}$	$\dfrac{r(1-p)}{p^2}$
几何分布	$0<p<1$	$P(X=k)=p(1-p)^{k-1}$ $k=1,2,\cdots$	$\dfrac{1}{p}$	$\dfrac{1-p}{p^2}$
超几何分布	N,M,n $(n\leqslant M)$	$P(X=k)=\dfrac{C_M^k C_{N-M}^{n-k}}{C_N^n}$ $k=0,1,\cdots,n$	$\dfrac{nM}{N}$	$\dfrac{nM}{N}\left(1-\dfrac{M}{N}\right)\left(\dfrac{N-n}{N-1}\right)$
泊松分布	$\lambda>0$	$P(X=k)=\dfrac{\lambda^k e^{-\lambda}}{k!}$ $k=0,1,\cdots,$	λ	λ

续附表 1

分　布	参　数	分布律或概率密度	数学期望	方　差
均匀分布	$a<b$	$f(x)=\begin{cases}\dfrac{1}{b-a}, a\leqslant x\leqslant b\\ 0, \text{其他}\end{cases}$	$\dfrac{a+b}{2}$	$\dfrac{(b-a)^2}{12}$
正态分布	μ $\sigma>0$	$f(x)=\dfrac{1}{\sqrt{2\pi}\sigma}\mathrm{e}^{-\frac{(x-\mu)^2}{2\sigma^2}}$	μ	σ^2
Γ 分布	$\alpha>0$ $\beta>0$	$f(x)=\begin{cases}\dfrac{1}{\beta^\alpha\Gamma(\alpha)}x^{\alpha-1}\mathrm{e}^{-x/\beta}, x>0\\ 0, \text{其他}\end{cases}$	$\alpha\beta$	$\alpha\beta^2$
指数分布	$\lambda>0$	$f(x)=\begin{cases}\lambda\mathrm{e}^{-\lambda x}, x>0\\ 0, \text{其他}\end{cases}$	$\dfrac{1}{\lambda}$	$\dfrac{1}{\lambda^2}$
χ^2 分布	$n\geqslant 1$	$f(x)=\begin{cases}\dfrac{1}{2^{n/2}\Gamma(n/2)}x^{n/2-1}\mathrm{e}^{-x/2}, x>0\\ 0, \text{其他}\end{cases}$	n	$2n$
威布尔分布	$\eta>0$ $\beta>0$	$f(x)=\begin{cases}\dfrac{\beta}{\eta}\left(\dfrac{x}{\eta}\right)^{\beta-1}\mathrm{e}^{-\left(\frac{x}{\eta}\right)^\beta}, x>0\\ 0, \text{其他}\end{cases}$	$\eta\Gamma\left(\dfrac{1}{\beta}+1\right)$	$\eta^2\left\{\Gamma\left(\dfrac{2}{\beta}+1\right)-\left[\Gamma\left(\dfrac{1}{\beta}+1\right)\right]^2\right\}$
瑞利分布	$\sigma>0$	$f(x)=\begin{cases}\dfrac{x}{\sigma^2}\mathrm{e}^{-x^2/(2\sigma^2)}, x>0\\ 0, \text{其他}\end{cases}$	$\sqrt{\dfrac{\pi}{2}}\sigma$	$\dfrac{4-\pi}{2}\sigma^2$

续附表 1

分　布	参　数	分布律或概率密度	数学期望	方　差
β 分布	$\alpha>0$ $\beta>0$	$f(x)=\begin{cases}\dfrac{\Gamma(\alpha+\beta)}{\Gamma(\alpha)+\Gamma(\beta)}x^{\alpha-1}(1-x)^{\beta-1},0<x<1\\0,\text{其他}\end{cases}$	$\dfrac{\alpha}{\alpha+\beta}$	$\dfrac{\alpha\beta}{(\alpha+\beta)^2(\alpha+\beta+1)}$
对数正态分布	μ $\sigma>0$	$f(x)=\begin{cases}\dfrac{1}{\sqrt{2\pi}\sigma x}e^{\frac{-(\ln x-\mu)^2}{2\sigma^2}},\ x>0\\0,\ \text{其他}\end{cases}$	$e^{\mu+\frac{\sigma^2}{2}}$	$e^{2\mu+\sigma^2}(e^{\sigma^2}-1)$
柯西分布	α $\lambda>0$	$f(x)=\dfrac{1}{\pi}\dfrac{1}{\lambda^2+(x-\alpha)^2}$	不存在	不存在
t 分布	$n\geqslant 1$	$f(x)=\dfrac{\Gamma\left(\frac{n+1}{2}\right)}{\sqrt{n\pi}\Gamma(n/2)}\left(1+\dfrac{x^2}{n}\right)^{-(n+1)/2}$	0 $n>1$	$\dfrac{n}{n-2},n>2$
F 分布	m,n	$f(x)=\begin{cases}\dfrac{\Gamma\left(\frac{m+n}{2}\right)}{\Gamma\left(\frac{m}{2}\right)\Gamma\left(\frac{n}{2}\right)}m^{\frac{m}{2}}n^{\frac{n}{2}}x^{\frac{m}{2}-1}\\(n+mx)^{-\frac{m+n}{2}},x>0\\0,\text{其他}\end{cases}$	$\dfrac{n}{n-2}$ $n>2$	$\dfrac{2n^2(m+n-2)}{m(n-2)^2(n-4)}$ $n>4$

附表 2　二项分布表

$$P(X \leqslant x) = \sum_{k=0}^{x} C_n^k p^k (1-p)^{n-k}$$

n	x	p=.001	.002	.003	.005	.01	.02	.03	.05	.10	.15	.20	.25	.30
2	0	.9980	.9960	.9940	.9900	.9801	.9604	.9409	.9025	.8100	.7225	.6400	.5625	.4900
	1	1.0000	1.0000	1.0000	1.0000	.9999	.9996	.9991	.9975	.9900	.9775	.9600	.9375	.9100
3	0	.9970	.9940	.9910	.9851	.9703	.9412	.9127	.8574	.7290	.6141	.5120	.4219	.3430
	1	1.0000	1.0000	1.0000	.9999	.9997	.9988	.9974	.9928	.9720	.9392	.8960	.8438	.7840
	2				1.0000	1.0000	1.0000	1.0000	.9999	.9990	.9966	.9920	.9844	.9730
4	0	.9960	.9920	.9881	.9801	.9606	.9224	.8853	.8145	.6561	.5220	.4096	.3164	.2401
	1	1.0000	1.0000	.9999	.9999	.9994	.9977	.9948	.9860	.9477	.8905	.8192	.7383	.6517
	2			1.0000	1.0000	1.0000	1.0000	.9999	.9995	.9963	.9880	.9728	.9492	.9163
	3							1.0000	1.0000	.9999	.9995	.9984	.9961	.9919
5	0	.9950	.9900	.9851	.9752	.9510	.9039	.8587	.7738	.5905	.4437	.3277	.2373	.1681
	1	1.0000	1.0000	.9999	.9998	.9990	.9962	.9915	.9774	.9185	.8352	.7373	.6328	.5282
	2			1.0000	1.0000	1.0000	.9999	.9997	.9988	.9914	.9734	.9421	.8965	.8369
	3						1.0000	1.0000	1.0000	.9995	.9978	.9933	.9844	.9692
	4									1.0000	.9999	.9997	.9990	.9976
6	0	.9940	.9881	.9821	.9704	.9415	.8858	.8330	.7351	.5314	.3771	.2621	.1780	.1176
	1	1.0000	.9999	.9999	.9996	.9985	.9943	.9875	.9672	.3857	.7765	.6553	.5339	.4202

续附表 2

n	x	p=.001	.002	.003	.005	.01	.02	.03	.05	.10	.15	.20	.25	.30
	2		1.0000	1.0000	1.0000	1.0000	.9998	.9995	.9978	.9842	.9527	.9011	.3306	.7443
	3						1.0000	1.0000	.9999	.9987	.9941	.9830	.9624	.9295
	4								1.0000	.9999	.9996	.9984	.9954	.9891
	5									1.0000	1.0000	.9999	.9998	.9993
7	0	.9930	.9861	.9792	.9655	.9321	.8681	.8080	.6983	.4783	.3206	.2097	.1335	.0824
	1	1.0000	.9999	.9998	.9995	.9980	.9921	.9829	.9556	.8503	.7166	.5767	.4449	.3294
	2		1.0000	1.0000	1.0000	1.0000	.9997	.9991	.9962	.9743	.9262	.8520	.7564	.6471
	3						1.0000	1.0000	.9998	.9973	.9879	.9667	.9294	.8740
	4								1.0000	.9998	.9988	.9953	.9871	.9712
	5									1.0000	.9999	.9996	.9987	.9962
	6										1.0000	1.0000	.9999	.9998
8	0	.9920	.9841	.9763	.9607	.9227	.8508	.7837	.6634	.4305	.2725	.1678	.1001	.0576
	1	1.0000	.9999	.9998	.9993	.9973	.9897	.9777	.9428	.8131	.6572	.5033	.3671	.2553
	2		1.0000	1.0000	1.0000	.9999	.9996	.9987	.9942	.9619	.8948	.7969	.6785	.5518
	3					1.0000	1.0000	.9999	.9996	.9950	.9786	.9437	.8862	.8059
	4							1.0000	1.0000	.9996	.9971	.9896	.9727	.9420
	5									1.0000	.9998	.9988	.9958	.9887
	6										1.0000	.9999	.9996	.9987

续附表 2

n	x	p: .001	.002	.003	.005	.01	.02	.03	.05	.10	.15	.20	.25	.30
	7											1.0000	1.0000	.9999
9	0	.9910	.9821	.9733	.9559	.9135	.8337	.7602	.6302	.3874	.2316	.1342	.0751	.0404
	1	1.0000	.9999	.9997	.9991	.9966	.9869	.9718	.9288	.7748	.5995	.4362	.3003	.1960
	2		1.0000	1.0000	1.0000	.9999	.9994	.9980	.9916	.9470	.8591	.7382	.6007	.4628
	3					1.0000	1.0000	.9999	.9994	.9917	.9661	.9144	.8343	.7297
	4							1.0000	1.0000	.9991	.9944	.9804	.9511	.9012
	5									.9999	.9994	.9969	.9900	.9747
	6									1.0000	1.0000	.9997	.9987	.9957
	7											1.0000	.9999	.9996
	8												1.0000	1.0000
10	0	.9900	.9802	.9704	.9511	.9044	.8171	.7374	.5987	.3487	.1969	.1074	.0563	.0282
	1	1.0000	.9998	.9996	.9989	.9957	.9838	.9655	.9139	.7361	.5443	.3758	.2440	.1493
	2		1.0000	1.0000	1.0000	.9999	.9991	.9972	.9885	.9298	.8202	.6778	.5256	.3828
	3					1.0000	1.0000	.9999	.9990	.9872	.9500	.8791	.7759	.6496
	4							1.0000	.9999	.9984	.9901	.9672	.9219	.8497
	5								1.0000	.9999	.9986	.9936	.9803	.9527
	6									1.0000	.9999	.9991	.9965	.9894
	7										1.0000	.9999	.9996	.9984

续附表 2

n	x	p .001	.002	.003	.005	.01	.02	.03	.05	.10	.15	.20	.25	.30
	8											1.0000	1.0000	.9999
	9													1.0000
11	0	.9891	.9782	.9675	.9464	.8953	.8007	.7153	.5688	.3138	.1673	.0859	.0422	.0198
	1	.9999	.9998	.9995	.9987	.9948	.9805	.9587	.8981	.6974	.4922	.3221	.1971	.1130
	2	1.0000	1.0000	1.0000	1.0000	.9998	.9988	.9963	.9848	.9104	.7788	6174	.4552	.3127
	3					1.0000	1.0000	.9998	.9984	.9815	.9306	.8389	.7133	.5696
	4							1.0000	.9999	.9972	.9841	.9496	.8854	.7897
	5								1.0000	.9997	.9973	.9883	.9657	.9218
	6									1.0000	.9997	.9980	.9924	.9784
	7										1.0000	.9998	.9988	.9957
	8											1.0000	.9999	.9994
	9												1.0000	1.0000
12	0	.9881	.9763	.9646	.9416	.8864	.7847	.6938	.5404	.2824	.1422	.0687	.0317	.0138
	1	.9999	.9997	.9994	.9984	.9938	.9769	.9514	.8816	.6590	.4435	.2749	.1584	.0850
	2	1.0000	1.0000	1.0000	1.0000	.9998	.9985	.9952	.9804	.8891	.7358	.5583	.3907	.2528
	3					1.0000	.9999	.9997	.9978	.9744	.9078	.7946	.6488	.4925
	4						1.0000	1.0000	.9998	.9957	.9761	.9274	.8424	.7237
	5								1.0000	.9995	.9954	.9806	.9456	.8822

续附表 2

n	x	p .001	.002	.003	.005	.01	.02	.03	.05	.10	.15	.20	.25	.30
	6									.9999	.9993	.9961	.9857	.9614
	7									1.0000	.9999	.9994	.9972	.9905
	8										1.0000	.9999	.9996	.9983
	9											1.0000	1.0000	.9998
	10													1.0000
13	0	.9871	.9743	.9617	.9369	.8775	.7690	.6730	.5133	.2542	.1209	.0550	.0238	.0097
	1	.9999	.9997	.9993	.9981	.9928	.9730	.9436	.8646	.6213	.3983	.2336	.1267	.0637
	2	1.0000	1.0000	1.0000	1.0000	.9997	.9980	.9938	.9755	.8661	.7296	.5017	.3326	.2025
	3					1.0000	.9999	.9995	.9969	.9658	.9033	.7473	.5843	.4206
	4						1.0000	1.0000	.9997	.9935	.9740	.9009	.7940	.6543
	5								1.0000	.9991	.9947	.9700	.9198	.8346
	6									.9999	.9987	.9930	.9757	.9376
	7									1.0000	.9998	.9988	.9944	.9818
	8										1.0000	.9998	.9990	.9960
	9											1.0000	.9999	.9993
	10												1.0000	.9999
	11													1.0000
14	0	.9861	.9724	.9588	.9322	.8687	.7536	.6528	.4877	.2288	.1028	.0440	.0178	.0068

续附表 2

n	x	p: .001	.002	.003	.005	.01	.02	.03	.05	.10	.15	.20	.25	.30
	1	.9999	.9996	.9992	.9978	.9916	.9690	.9355	.8470	.5846	.3567	.1979	.1010	.0475
	2	1.0000	1.0000	1.0000	1.0000	.9997	.9975	.9923	.9699	.8416	.6479	.4481	.2811	.1608
	3					1.0000	.9999	.9994	.9958	.9559	.8535	.6982	.5213	.3552
	4						1.0000	1.0000	.9996	.9908	.9533	.8702	.7415	.5842
	5								1.0000	.9985	.9885	.9561	.8883	.7805
	6									.9998	.9978	.9884	.9617	.9067
	7									1.0000	.9997	.9976	.9897	.9685
	8										1.0000	.9996	.9978	.9917
	9											1.0000	.9997	.9983
	10												1.0000	.9998
	11													1.0000
15	0	.9851	.9704	.9559	.9276	.8601	.7386	.6333	.4633	.2059	.0874	.0352	.0134	.0047
	1	.9999	.9996	.9991	.9975	.9904	.9647	.9270	.8290	.5490	.3186	.1671	.0802	.0353
	2	1.0000	1.0000	1.0000	.9999	.9996	.9970	.9906	9638	.8159	.6042	.3980	.2361	.1268
	3				1.0000	1.0000	.9998	.9992	.9945	.9444	.8227	.6482	.4613	.2969
	4						1.0000	.9999	.9994	.9873	.9383	.8358	.6865	.5155
	5							1.0000	.9999	.9978	.9832	.9389	.8516	.7216
	6								1.0000	.9997	.9964	.9819	.9434	.8689

续附表 2

n	x	p=.001	.002	.003	.005	.01	.02	.03	.05	.10	.15	.20	.25	.30
	7									1.0000	.9994	.9958	.9827	.9500
	8										.9999	.9992	.9958	.9848
	9										1.0000	.9999	.9992	.9963
	10											1.0000	.9999	.9993
	11												1.0000	.9999
	12													1.0000
16	0	.9841	.9685	.9513	.9229	.8515	.7238	.6143	.4401	.1853	.0743	.0281	.0100	.0033
	1	.9999	.9995	.9989	.9971	.9891	.9601	9182	.8108	.5147	.2839	.1407	.0635	.0261
	2	1.0000	1.0000	1.0000	.9999	.9995	.9963	.9887	.9571	.7892	.5614	.3518	.1971	.0994
	3				1.0000	1.0000	.9998	.9989	.9930	.9316	.7899	.5981	.4050	.2459
	4						1.0000	.9999	9991	.9830	.9209	.7982	.6302	.4499
	5							1.0000	.9999	.9967	.9765	.9183	.8103	.6598
	6								1.0000	.9995	.9944	.9733	.9204	.8247
	7									.9999	.9989	.9930	.9729	.9256
	8									1.0000	.9998	.9985	.9925	.9743
	9										1.0000	.9998	.9984	.9929
	10											1.0000	.9997	.9984
	11												1.0000	.9997

续附表 2

n	x	p .001	.002	.003	.005	.01	.02	.03	.05	.10	.15	.20	.25	.30
	12													1.0000
17	0	.9831	.9665	.9502	.9183	.8429	.7093	.5958	.4181	.1668	.0631	.0225	.0075	.0023
	1	.9999	.9995	.9988	.9968	.9877	.9554	.9091	.7922	.4818	.2525	.1182	.0501	.0193
	2	1.0000	1.0000	1.0000	.9999	.9994	.9956	.9866	.9497	.7618	.5198	.3096	.1637	.0774
	3				1.0000	1.0000	.9997	.9986	.9912	.9174	.7556	.5489	.3530	.2019
	4						1.0000	.9999	.9988	.9779	.9013	.7582	.5739	.3887
	5							1.0000	.9999	.9953	.9681	.8943	.7653	.5968
	6								1.000	.9992	.9917	.9623	.8929	.7752
	7									.9999	9983	.9891	.9598	.8954
	8									1.0000	.9997	.9974	.9876	.9597
	9										1.0000	.9995	.9969	.9873
	10											.9999	.9994	.9968
	11											1.0000	.9999	.9993
	12												1.0000	.9999
	13													1.0000
18	0	.9822	.9646	.9474	.9137	.8345	.6951	.5780	.3972	.1501	.0536	.0180	.0056	.0016
	1	.9998	.9994	.9987	.9964	.9862	.9505	.8997	.7735	.4503	.2241	.0991	.0395	.0142
	2	1.0000	1.0000	1.0000	.9999	.9993	.9948	.9843	.9419	.7338	.4797	.2713	.1353	.0600

续附表 2

n	x	p .001	.002	.003	.005	.01	.02	.03	.05	.10	.15	.20	.25	.30
	3				1.0000	1.0000	.9996	.9982	.9891	.9018	.7202	.5010	.3057	.1646
	4						1.0000	.9999	.9985	.9718	.8794	.7164	.5187	.3327
	5							1.0000	.9998	.9936	9581	.8671	.7175	.5344
	6								1.0000	.9988	.9882	.9487	.8610	.7217
	7									.9998	.9973	.9837	.9431	.8593
	8									1.0000	.9995	.9957	.9807	.9404
	9										.9999	.9991	.9946	.9790
	10										1.0000	.9998	.9988	.9939
	11											1.0000	.9998	.9986
	12												1.0000	.9997
	13													1.0000
19	0	.9812	9627	.9445	.9092	.8262	.6812	.5606	.3774	.1351	.0456	.0144	.0042	.0011
	1	.9998	.9993	.9985	.9960	.9847	.9454	.8900	.7547	.4203	.1985	.0829	.0310	.0104
	2	1.0000	1.0000	1.0000	.9999	.9991	.9939	.9817	.9335	.7054	.4413	.2369	.1113	.0462
	3				1.0000	1.0000	.9995	.9978	.9868	.8850	.6841	.4551	.2631	.1332
	4						1.0000	.9998	.9980	.9648	.8556	.6733	.4654	.2822
	5							1.0000	.9998	.9914	.9463	.8369	.6678	.4739
	6								1.0000	.9983	.9837	.9324	.8251	.6655

续附表 2

n	x	p .001	.002	.003	.005	.01	.02	.03	.05	.10	.15	.20	.25	.30
	7									.9997	.9959	.9767	.9225	.8180
	8									1.0000	.9992	.9933	.9713	.9161
	9										.9999	.9984	.9911	.9674
	10										1.0000	.9997	.9977	.9895
	11											1.0000	.9995	.9972
	12												.9999	.9994
	13												1.0000	.9999
	14													1.0000
20	0	.9802	.9608	.9417	.9046	.8179	.6676	.5438	.3585	.1216	.0388	.0115	.0032	.0008
	1	.9998	.9993	.9984	.9955	.9831	.9401	.8802	.7358	.3917	.1756	.0692	.0243	.0076
	2	1.0000	1.0000	1.0000	.9999	.9990	.9929	.9790	.9245	.6769	.4049	.2061	.0913	.0355
	3				1.0000	1.0000	.9994	.9973	.9841	.8670	.6477	.4114	.2252	.1071
	4						1.0000	.9997	.9974	.9568	.8298	.6296	.4148	.2375
	5							1.0000	.9997	.9887	.9327	.8042	.6172	.4164
	6								1.0000	.9976	.9781	.9133	.7858	.6080
	7									.9996	.9941	.9679	.8982	.7723
	8									.9999	.9987	.9900	.9591	.8867
	9									1.0000	.9998	.9974	.9861	.9520

续附表 2

n	x	p: .001	.002	.003	.005	.01	.02	.03	.05	.10	.15	.20	.25	.30
	10										1.0000	.9994	.9961	.9829
	11											.9999	.9991	9949
	12											1.0000	.9998	.9987
	13												1.0000	.9997
	14													1.0000
25	0	.9753	.9512	.9276	.8822	.7778	.6035	.4670	.2774	.0718	.0172	.0038	.0008	.0001
	1	.9997	.9988	.9974	.9931	.9742	.8114	.8280	.6424	.2712	.0931	.0274	.0070	.0016
	2	1.0000	1.0000	.9999	.9997	.9980	.0868	.9620	.8729	.5371	.2537	.0982	.0321	.0090
	3			1.0000	1.0000	.9999	.0986	.9938	.9659	.7636	.4711	.2340	.0962	.0332
	4					1.0000	.9999	.9992	.9928	.9020	.6821	.4207	.2137	.0905
	5						1.0000	.9999	.9988	.9666	.8385	.6167	.3783	.1935
	6							1.0000	.9998	.9905	.9305	.7800	.5611	.3407
	7								1.0000	.9977	.9745	.8909	.7265	.5118
	8									.9995	.9920	.9532	.8506	.6769
	9									.9999	.9979	.9827	.9287	.8106
	10									1.0000	.9995	.9944	.9703	.9022
	11										.9999	.9985	.9893	.9558
	12										1.0000	.9996	.9966	.9825

续附表 2

n	x	p: .001	.002	.003	.005	.01	.02	.03	.05	.10	.15	.20	.25	.30
	13											.9999	.9991	.9940
	14											1.0000	.9998	.9982
	15												1.0000	.9995
	16													.9999
	17													1.0000
30	0	.9704	.9417	.9138	.8604	.7397	.5455	.4010	.2146	.0424	.0076	.0012	.0002	.0000
	1	.9996	.9983	.9963	.9901	.9639	.8795	.7731	.5535	.1837	.0480	.0105	.0020	.0003
	2	1.0000	1.0000	.9999	.9995	.9967	.9783	.9399	.8122	.4114	.1514	.0442	.0106	.0021
	3			1.0000	1.0000	.9998	.9971	.9881	.9392	.6474	.3217	.1227	.0374	.0093
	4					1.0000	.9997	.9982	.9844	.8245	.5245	.2552	.0979	.0302
	5						1.0000	.9998	.9967	.9268	.7106	.4275	.2026	.0766
	6							1.0000	.9994	.9742	.8474	.6070	.3481	.1595
	7								.9999	.9922	.9302	.7608	.5143	.2814
	8								1.0000	.9980	.9722	.8713	.6736	.4315
	9									.9995	.9903	.9389	.8034	.5888
	10									.9999	.9971	.9744	.8943	.7304
	11									1.0000	.9992	.9905	.9493	.8407
	12										.9998	.9969	.9784	.9155

续附表 2

n	x	p												
		.001	.002	.003	.005	.01	.02	.03	.05	.10	.15	.20	.25	.30
	13										1.0000	.9991	.9918	.9599
	14											.9998	.9973	.9831
	15											.9999	.9992	.9936
	16											1.0000	.9998	.9979
	17												.9999	.9994
	18												1.0000	.9998
	19													1.0000

附表 3 泊松分布表

$$1-F(x-1)=\sum_{r=x}^{\infty}\frac{e^{-\lambda}\lambda^{r}}{r!}$$

x	$\lambda=0.2$	$\lambda=0.3$	$\lambda=0.4$	$\lambda=0.5$	$\lambda=0.6$
0	1.0000000	1.0000000	1.0000000	1.0000000	1.0000000
1	0.1812692	0.2591818	0.3296800	0.323469	0.451188
2	0.0175231	0.0369363	0.0615519	0.090204	0.121901
3	0.0011485	0.0035995	0.0079263	0.014388	0.023115
4	0.0000568	0.0002658	0.0007763	0.001752	0.003358
5	0.0000023	0.0000158	0.0000612	0.000172	0.000394
6	0.0000001	0.0000008	0.0000040	0.000014	0.000039
7			0.0000002	0.000001	0.000003

x	$\lambda=0.7$	$\lambda=0.8$	$\lambda=0.9$	$\lambda=1.0$	$\lambda=1.2$
0	1.0000000	1.0000000	1.0000000	1.0000000	1.0000000
1	0.503415	0.550671	0.593430	0.632121	0.698806
2	0.155805	0.191208	0.227518	0.264241	0.337373
3	0.034142	0.047423	0.062857	0.080301	0.120513
4	0.005753	0.009080	0.013459	0.018988	0.033769
5	0.000786	0.001411	0.002344	0.003660	0.007746
6	0.000090	0.000184	0.000343	0.000594	0.001500

续附表 3

7	0.000009	0.000021	0.000043	0.000083	0.000251
8	0.000001	0.000002	0.000005	0.000010	0.000037
9				0.000001	0.000005
10					0.000001
x	$\lambda=1.4$	$\lambda=1.6$	$\lambda=1.8$		
0	1.0000000	1.0000000	1.0000000		
1	0.753403	0.798103	0.834701		
2	0.408167	0.475069	0.537163		
3	0.166502	0.216642	0.269379		
4	0.053725	0.078813	0.108708		
5	0.014253	0.023682	0.036407		
6	0.003201	0.006040	0.010378		
7	0.000622	0.001336	0.002569		
8	0.000107	0.000260	0.000562		
9	0.000016	0.000045	0.000110		
10	0.000002	0.000007	0.000019		
11		0.000001	0.000003		

续附表 3

x	$\lambda = 2.5$	$\lambda = 3.0$	$\lambda = 3.5$	$\lambda = 4.0$	$\lambda = 4.5$	$\lambda = 5.0$
0	1.000000	1.000000	1.000000	1.000000	1.000000	1.000000
1	0.917915	0.950213	0.969803	0.981684	0.988891	0.993262
2	0.712703	0.800852	0.864112	0.908422	0.938901	0.959572
3	0.456187	0.576810	0.679153	0.761897	0.826422	0.875348
4	0.242424	0.352768	0.463367	0.566530	0.657704	0.734974
5	0.108822	0.184737	0.274555	0.371163	0.467896	0.559507
6	0.042021	0.083918	0.142386	0.214870	0.297070	0.384039
7	0.014187	0.33509	0.065288	0.110674	0.168949	0.237817
8	0.004247	0.011905	0.026739	0.051134	0.086586	0.133372
9	0.001140	0.003803	0.009874	0.021368	0.040257	0.068094
10	0.000277	0.001102	0.003315	0.008132	0.017093	0.031828
11	0.000062	0.000292	0.001019	0.002840	0.006669	0.013695
12	0.000013	0.000071	0.000289	0.000915	0.002404	0.005453
13	0.000002	0.000016	0.000076	0.000274	0.000805	0.002019
14		0.000003	0.000019	0.000076	0.000252	0.000698
15		0.000001	0.000004	0.000020	0.000074	0.000226
16			0.000001	0.000005	0.000020	0.000069
17				0.000001	0.000005	0.000020
18					0.000001	0.000005
19						0.000001

附表 4　标准正态分布表

$$\Phi(x)=\int_{-\infty}^{x}\frac{1}{\sqrt{2\pi}}e^{-u^2/2}du=P(X\leqslant x)$$

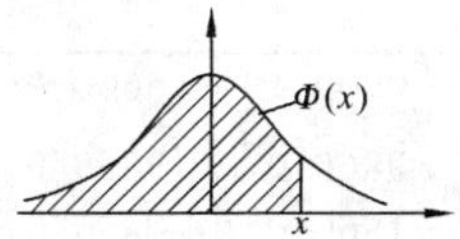

x	0	1	2	3	4	5	6	7	8	9
0.0	0.5000	0.5040	0.5080	0.5120	0.5160	0.5199	0.5239	0.5279	0.5319	0.5359
0.1	0.5398	0.5438	0.5478	0.5517	0.5557	0.5596	0.5636	0.5675	0.5714	0.5753
0.2	0.5793	0.5832	0.5871	0.5910	0.5948	0.5987	0.6026	0.6064	0.6103	0.6141
0.3	0.6179	0.6217	0.6255	0.6293	0.6331	0.6368	0.6406	0.6443	0.6480	0.6517
0.4	0.6554	0.6591	0.6628	0.6664	0.6700	0.6736	0.6772	0.6808	0.6844	0.6879
0.5	0.6915	0.6950	0.6985	0.7019	0.7054	0.7088	0.7123	0.7157	0.7190	0.7224
0.6	0.7257	0.7291	0.7324	0.7357	0.7389	0.7422	0.7454	0.7486	0.7517	0.7549
0.7	0.7580	0.7611	0.7642	0.7673	0.7703	0.7734	0.7764	0.7794	0.7823	0.7852
0.8	0.7881	0.7910	0.7939	0.7967	0.7995	0.8023	0.8051	0.8078	0.8106	0.8133
0.9	0.8159	0.8186	0.8212	0.8238	0.8264	0.8289	0.8315	0.8340	0.8365	0.8389
1.0	0.8413	0.8438	0.8461	0.8485	0.8508	0.8531	0.8554	0.8577	0.8599	0.8621
1.1	0.8643	0.8665	0.8686	0.8708	0.8729	0.8749	0.8770	0.8790	0.8810	0.8830
1.2	0.8849	0.8869	0.8888	0.8907	0.8925	0.8944	0.8962	0.8980	0.8997	0.9015

续附表 4

x	0	1	2	3	4	5	6	7	8	9
1.3	0.9032	0.9049	0.9066	0.9082	0.9099	0.9115	0.9131	0.9147	0.9162	0.9177
1.4	0.9192	0.9207	0.9222	0.9236	0.9251	0.9265	0.9278	0.9292	0.9306	0.9319
1.5	0.9332	0.9345	0.9357	0.9370	0.9382	0.9394	0.9406	0.9418	0.9430	0.9441
1.6	0.9452	0.9463	0.9474	0.9484	0.9495	0.9505	0.9515	0.9525	0.9535	0.9545
1.7	0.9554	0.9564	0.9573	0.9582	0.9591	0.9599	0.9608	0.9616	0.9625	0.9633
1.8	0.9641	0.9648	0.9656	0.9664	0.9671	0.9678	0.9686	0.9693	0.9700	0.9706
1.9	0.9713	0.9719	0.9726	0.9732	0.9738	0.9744	0.9750	0.9756	0.9762	0.9767
2.0	0.9772	0.9778	0.9783	0.9788	0.9793	0.9798	0.9803	0.9808	0.9812	0.9817
2.1	0.9821	0.9826	0.9830	0.9834	0.9838	0.9842	0.9846	0.9850	0.9854	0.9857
2.2	0.9861	0.9864	0.9868	0.9871	0.9874	0.9878	0.9881	0.9884	0.9887	0.9890
2.3	0.9893	0.9896	0.9898	0.9901	0.9904	0.9906	0.9909	0.9911	0.9913	0.9916
2.4	0.9918	0.9920	0.9922	0.9925	0.9927	0.9929	0.9931	0.9932	0.9934	0.9936
2.5	0.9938	0.9940	0.9941	0.9943	0.9945	0.9946	0.9948	0.9949	0.9951	0.9952
2.6	0.9953	0.9955	0.9956	0.9957	0.9959	0.9960	0.9961	0.9962	0.9963	0.9964
2.7	0.9965	0.9966	0.9967	0.9968	0.9969	0.9970	0.9971	0.9972	0.9973	0.9974
2.8	0.9974	0.9975	0.9976	0.9977	0.9977	0.9978	0.9979	0.9979	0.9980	0.9981
2.9	0.9981	0.9982	0.9982	0.9983	0.9984	0.9984	0.9985	0.9985	0.9986	0.9986
3.0	0.9987	0.9990	0.9993	0.9995	0.9997	0.9998	0.9998	0.9999	0.9999	1.0000

注:表中末行系函数值 $\Phi(3.0),\Phi(3.1),\cdots,\Phi(3.9)$.

附表 5　χ^2 分布表

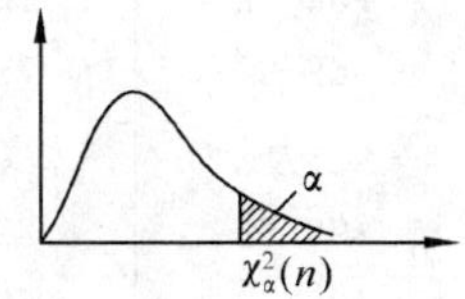

$$P(\chi^2(n) > \chi^2_\alpha(n)) = \alpha$$

n	$\alpha = 0.995$	0.99	0.975	0.95	0.90	0.75
1	—	—	0.001	0.004	0.016	0.102
2	0.010	0.020	0.051	0.103	0.211	0.575
3	0.072	0.115	0.216	0.352	0.584	1.213
4	0.207	0.297	0.484	0.711	1.064	1.923
5	0.412	0.554	0.831	1.145	1.610	2.675
6	0.676	0.872	1.237	1.635	2.204	3.455
7	0.989	1.239	1.690	2.167	2.833	4.255
8	1.344	1.646	2.180	2.733	3.490	5.071
9	1.735	2.088	2.700	3.325	4.168	5.899
10	2.156	2.558	3.247	3.940	4.865	6.737
11	2.603	3.053	3.816	4.575	5.578	7.584
12	3.074	3.571	4.404	5.226	6.304	8.438
13	3.565	4.107	5.009	5.829	7.042	9.299
14	4.075	2.660	5.629	6.571	7.790	10.165

续附表 5

n	$\alpha=0.995$	0.99	0.975	0.95	0.90	0.75
15	4.601	5.229	6.262	7.261	8.547	11.037
16	5.142	5.812	6.908	7.962	9.312	11.912
17	5.697	6.408	7.564	8.672	10.085	12.792
18	6.265	7.015	8.231	9.390	10.865	13.675
19	6.844	7.633	8.907	10.117	11.651	14.562
20	7.434	8.260	9.591	10.851	12.443	15.452
21	8.034	8.897	10.283	11.591	13.240	16.344
22	8.643	9.542	10.982	12.338	14.042	17.240
23	9.260	10.196	11.689	13.091	14.848	18.137
24	9.886	10.856	12.401	13.848	15.659	19.037
25	10.520	11.524	13.120	14.611	16.473	19.939
26	11.160	12.198	13.844	15.379	17.292	20.843
27	11.808	12.879	14.573	16.151	18.114	21.749
28	12.461	13.565	15.308	16.928	18.939	22.657
29	13.121	14.257	16.047	17.708	19.768	23.567
30	13.787	14.954	16.791	18.493	20.599	24.478
31	14.458	15.655	17.539	19.281	21.434	25.390
32	15.134	16.362	18.291	20.072	22.271	26.304

续附表5

n	$\alpha=0.995$	0.99	0.975	0.95	0.90	0.75
33	15.815	17.074	19.047	20.807	23.110	27.219
34	16.501	17.789	19.806	21.664	23.952	28.136
35	17.192	18.509	20.569	22.465	24.797	29.054
36	17.887	19.233	21.336	23.269	25.613	29.973
37	18.586	19.960	22.106	24.075	26.492	30.893
38	19.289	20.691	22.878	24.884	27.343	31.815
39	19.996	21.426	23.654	25.595	28.196	32.737
40	20.707	22.164	24.433	26.509	29.051	33.660
41	21.421	22.906	25.215	27.326	29.907	34.585
42	22.138	23.650	25.999	28.144	30.765	35.510
43	22.859	24.398	26.785	28.965	31.625	36.430
44	23.584	25.143	27.575	29.787	32.487	37.363
45	24.311	25.901	28.366	30.612	33.350	38.291
n	$\alpha=0.25$	0.10	0.05	0.025	0.01	0.005
1	1.323	2.706	3.841	5.024	6.635	7.879
2	2.773	4.605	5.991	7.378	9.210	10.597
3	4.108	6.251	7.815	9.348	11.345	12.838

续附表 5

n	$\alpha=0.25$	0.10	0.05	0.025	0.01	0.005
4	5.385	7.779	9.488	11.143	13.277	14.860
5	6.626	9.236	11.071	12.833	15.086	16.750
6	7.841	10.645	12.592	14.449	16.812	18.548
7	9.037	12.017	14.067	16.013	18.475	20.278
8	10.219	13.362	15.507	17.535	20.090	21.955
9	11.389	14.684	16.919	19.023	21.666	23.589
10	12.549	15.987	18.307	20.483	23.209	25.188
11	13.701	17.275	19.675	21.920	24.725	26.757
12	14.845	18.549	21.026	23.337	26.217	28.299
13	15.984	19.812	22.362	24.736	27.688	29.819
14	17.117	21.064	23.685	26.119	29.141	31.319
15	18.245	22.307	24.996	27.488	30.578	32.801
16	19.369	23.542	26.296	28.845	32.000	34.267
17	20.489	24.769	27.587	30.191	33.409	35.718
18	21.605	25.989	28.869	31.526	34.805	37.156
19	22.718	27.204	30.144	32.852	36.191	38.582
20	23.828	28.412	31.410	34.170	37.566	39.997
21	24.935	29.615	32.671	35.479	38.932	41.401

续附表 5

n	$\alpha = 0.25$	0.10	0.05	0.025	0.01	0.005
22	26.039	30.813	33.924	36.781	40.289	42.796
23	27.141	32.007	35.172	38.076	41.638	44.181
24	28.241	33.196	36.415	39.364	42.980	45.559
25	29.339	34.382	37.652	40.646	44.314	46.928
26	30.435	35.563	38.885	41.923	45.642	48.290
27	31.528	36.741	40.113	43.194	46.963	49.645
28	32.620	37.916	41.337	44.461	48.278	50.993
29	33.711	39.087	42.557	45.722	49.588	52.336
30	34.800	40.256	43.773	46.979	50.892	53.672
31	35.887	41.422	44.985	48.232	52.191	55.003
32	36.973	42.585	46.194	49.480	53.486	56.328
33	38.053	43.745	47.400	50.725	54.776	57.648
34	39.141	44.903	48.602	51.966	56.061	58.964
35	40.223	46.059	49.802	53.203	57.342	60.275
36	41.304	47.212	50.998	54.437	58.619	61.581
37	42.383	48.363	52.192	55.668	59.892	62.883
38	43.462	49.513	53.384	56.896	61.162	64.181
39	44.539	50.660	54.572	58.120	62.428	65.476

续附表 5

n	$\alpha=0.25$	0.10	0.05	0.025	0.01	0.005
40	45.616	51.805	55.758	59.342	63.691	66.766
41	46.692	52.949	53.942	60.561	64.950	68.053
42	47.766	54.090	58.124	61.777	66.206	69.336
43	48.840	55.230	59.304	62.990	67.459	70.606
44	49.913	56.369	60.481	64.201	68.710	71.893
45	50.985	57.505	61.656	65.410	69.957	73.166

附表 6　t 分布表

$P(t(n) > t_\alpha(n)) = \alpha$

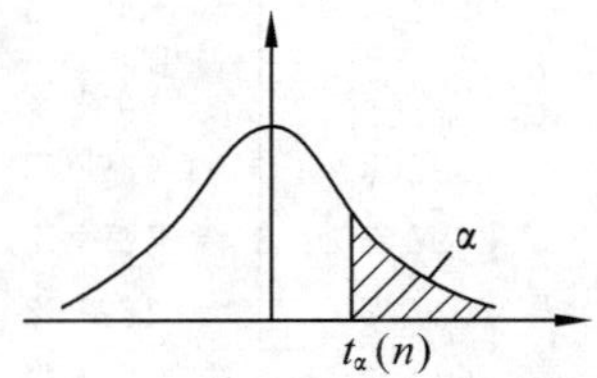

n	$\alpha=0.25$	0.10	0.05	0.025	0.01	0.005
1	1.0000	3.0777	6.3138	12.7062	31.8207	63.6574
2	0.8165	1.8856	2.9200	4.3027	6.9646	9.9248
3	0.7649	1.6377	2.3534	3.1824	4.5407	5.8409
4	0.7407	1.5332	2.1318	2.7764	3.7469	4.6041
5	0.7267	1.4759	2.0150	2.5706	3.3649	4.0322
6	0.7176	1.4398	1.9432	2.4469	3.1427	3.7074
7	0.7111	1.4149	1.8946	2.3646	2.9980	3.4995
8	0.7064	1.3968	1.8595	2.3060	2.8965	3.3554
9	0.7027	1.3830	1.8331	2.2622	2.8214	3.2498
10	0.6998	1.3722	1.8125	2.2281	2.7638	3.1693
11	0.6974	1.3634	1.7959	2.2010	2.7181	3.1058
12	0.6955	1.3562	1.7823	2.1788	2.6810	3.0545
13	0.6938	1.3502	1.7709	2.1604	2.6503	3.0123

续附表 6

n	$\alpha = 0.25$	0.10	0.05	0.025	0.01	0.005
14	0.6924	1.3450	1.7613	2.1448	2.6245	2.9768
15	0.6912	1.3406	1.7531	2.1315	2.6025	2.9467
16	0.6901	1.3368	1.7459	2.1199	2.5835	2.9208
17	0.6892	1.3334	1.7396	2.1098	2.5669	2.8982
18	0.6884	1.3304	1.7341	2.1009	2.5524	2.8784
19	0.6876	1.3277	1.7291	2.0930	2.5395	2.8609
20	0.6870	1.3253	1.7247	2.0860	2.5280	2.8453
21	0.6864	1.3232	1.7207	2.0796	2.5177	2.8314
22	0.6858	1.3212	1.7171	2.0739	2.5083	2.8188
23	0.6853	1.3195	1.7139	2.0687	2.4999	2.8073
24	0.6848	1.3178	1.7109	2.0639	2.4922	2.7969
25	0.6844	1.3163	1.7081	2.0595	2.4851	2.7874
26	0.6840	1.3150	1.7056	2.0555	2.4786	2.7787
27	0.6837	1.3137	1.7033	2.0518	2.4727	2.7707
28	0.6834	1.3125	1.7011	2.0484	2.4671	2.7633
29	0.6830	1.3114	1.6991	2.0452	2.4620	2.7564
30	0.6828	1.3104	1.6973	2.0423	2.4573	2.7500
31	0.6825	1.3095	1.6955	2.0395	2.4528	2.7440

续附表6

n	$\alpha = 0.25$	0.10	0.05	0.025	0.01	0.005
32	0.6822	1.3086	1.6939	2.0369	2.4487	2.7385
33	0.6820	1.3077	1.6924	2.0345	2.4448	2.7333
34	0.6818	1.3070	1.6909	2.0322	2.4411	2.7284
35	0.6816	0.3062	1.6896	2.0301	2.4377	2.7238
36	0.6814	1.3055	1.6883	2.0281	2.4345	2.7195
37	0.6812	1.3049	1.6871	2.0262	2.4314	2.7154
38	0.6810	1.3042	1.6860	2.0244	2.4286	2.7116
39	0.6808	1.3036	1.6849	2.0227	2.4258	2.7079
40	0.6807	1.3031	1.6839	2.0211	2.4233	2.7045
41	0.6805	1.3025	1.6829	2.0195	2.4208	2.7012
42	0.6804	1.3020	1.6820	2.0181	2.4185	2.6981
43	0.6802	1.3016	1.6811	2.0167	2.4163	2.6951
44	0.6801	1.3011	1.6802	2.0154	2.4141	2.6923
45	0.6800	1.3006	1.6794	2.0141	2.4121	2.6896

附表 7 F 分布表

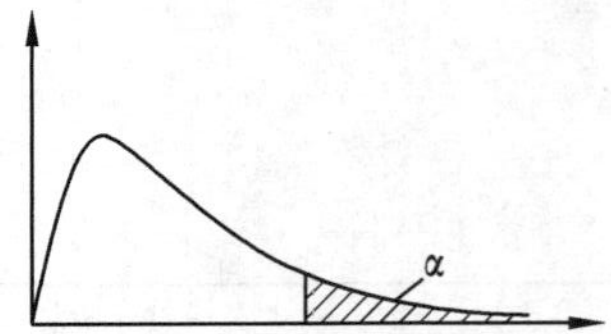

$$P(F(m,n) > F_\alpha(m,n)) = \alpha$$

$\alpha = 0.10$

n \ m	1	2	3	4	5	6	7	8	9	10	12	15	20	24	30	40	60	120	∞
1	39.86	49.50	53.59	55.83	57.24	58.20	58.91	59.44	59.86	60.19	60.71	61.22	61.74	62.00	62.26	62.53	62.79	63.06	63.33
2	8.53	9.00	9.16	9.24	9.29	9.33	9.35	9.37	9.38	9.39	9.41	9.42	9.44	9.45	9.46	9.47	9.47	9.48	9.49
3	5.54	5.46	5.39	5.34	5.31	5.28	5.27	5.25	5.24	5.23	5.22	5.20	5.18	5.18	5.17	5.16	5.15	5.14	5.13
4	4.54	4.32	4.19	4.11	4.05	4.01	3.98	3.95	3.94	3.92	3.90	3.87	3.84	3.83	3.82	3.80	3.79	3.78	3.76
5	4.06	3.78	3.62	3.52	3.45	3.40	3.37	3.34	3.32	3.30	3.27	3.24	3.21	3.19	3.17	3.16	3.14	3.12	3.10
6	3.78	3.46	3.29	3.18	3.11	3.05	3.01	2.98	2.96	2.94	2.90	2.87	2.84	2.82	2.80	2.78	2.76	2.74	2.72
7	3.59	3.26	3.07	2.96	2.88	2.83	2.78	2.75	2.72	2.70	2.67	2.63	2.59	2.58	2.56	2.54	2.51	2.49	2.47
8	3.46	3.11	2.92	2.81	2.73	2.67	2.62	2.59	2.56	2.54	2.50	2.46	2.42	2.40	2.38	2.36	2.34	2.32	2.29
9	3.36	3.01	2.81	2.69	2.61	2.55	2.51	2.47	2.44	2.42	2.38	2.34	2.30	2.28	2.25	2.23	2.21	2.18	2.16
10	3.29	2.92	2.73	2.61	2.52	2.46	2.41	2.38	2.35	2.32	2.28	2.24	2.20	2.18	2.16	2.13	2.11	2.08	2.06
11	3.23	2.86	2.66	2.54	2.45	2.39	2.34	2.30	2.27	2.25	2.21	2.17	2.12	2.10	2.08	2.05	2.03	2.06	1.97
12	3.18	2.81	2.61	2.48	2.39	2.33	2.28	2.24	2.21	2.19	2.15	2.10	2.06	2.04	2.01	1.99	1.96	1.93	1.90
13	3.14	2.76	2.56	2.43	2.35	2.28	2.23	2.20	2.16	2.14	2.10	2.05	2.01	1.98	1.96	1.93	1.90	1.88	1.85

续附表 7

$\alpha = 0.10$

n \ m	1	2	3	4	5	6	7	8	9	10	12	15	20	24	30	40	60	120	∞
14	3.10	2.73	2.52	2.39	2.31	2.24	2.19	2.15	2.12	2.10	2.05	2.01	1.96	1.94	1.91	1.89	1.86	1.83	1.80
15	3.07	2.70	2.49	2.36	2.27	2.21	2.16	2.12	2.09	2.06	2.02	1.97	1.92	1.90	1.87	1.85	1.82	1.79	1.76
16	3.05	2.67	2.46	2.33	2.24	2.18	2.13	2.09	2.06	2.03	1.99	1.94	1.89	1.87	1.84	1.81	1.78	1.75	1.72
17	3.03	2.64	2.44	2.31	2.22	2.15	2.10	2.06	2.03	2.00	1.96	1.91	1.86	1.84	1.81	1.78	1.75	1.72	1.69
18	3.01	2.62	2.42	2.29	2.20	2.13	2.08	2.04	2.00	1.98	1.93	1.89	1.84	1.81	1.78	1.75	1.72	1.69	1.66
19	2.99	2.61	2.40	2.27	2.18	2.11	2.06	2.02	1.98	1.96	1.91	1.86	1.81	1.79	1.76	1.73	1.70	1.67	1.63
20	2.97	2.59	2.38	2.25	2.16	2.09	2.04	2.00	1.96	1.94	1.89	1.84	1.79	1.77	1.74	1.71	1.68	1.64	1.61
21	2.96	2.57	2.36	2.23	2.14	2.08	2.02	1.98	1.95	1.92	1.87	1.83	2.78	1.75	1.72	1.69	1.66	1.62	1.59
22	2.95	2.56	2.35	2.22	2.13	2.06	2.01	1.97	1.93	1.90	1.86	1.81	1.76	1.73	1.70	1.67	1.64	1.60	1.57
23	2.94	2.55	2.34	2.21	2.11	2.05	1.99	1.95	1.92	1.89	1.84	1.80	1.74	1.72	1.69	1.66	1.62	1.59	1.55
24	2.93	2.54	2.33	2.19	2.10	2.04	1.98	1.94	1.91	1.88	1.83	1.78	1.73	1.70	1.67	1.64	1.61	1.57	1.53
25	2.92	2.53	2.32	2.18	2.09	2.02	1.97	1.93	1.89	1.87	1.82	1.77	1.72	1.69	1.66	1.63	1.59	1.56	1.52
26	2.91	2.52	2.31	2.17	2.08	2.01	1.96	1.92	1.88	1.86	1.81	1.76	1.71	1.68	1.65	1.61	1.58	1.54	1.50
27	2.90	2.51	2.30	2.17	2.07	2.00	1.95	1.91	1.87	1.85	1.80	1.75	1.70	1.67	1.64	1.60	1.57	1.53	1.49
28	2.89	2.50	2.29	2.16	2.06	2.00	1.94	1.90	1.87	1.84	1.79	1.74	1.69	1.66	1.63	1.59	1.56	1.52	1.48
29	2.89	2.50	2.28	2.15	2.06	1.99	1.93	1.89	1.86	1.83	1.78	1.73	1.68	1.65	1.62	1.58	1.55	1.51	1.47
30	2.88	2.49	2.28	2.14	2.05	1.98	1.93	1.88	1.85	1.82	1.77	1.72	1.67	1.64	1.61	1.57	1.54	1.50	1.46
40	2.84	2.44	2.23	2.09	2.00	1.93	1.87	1.83	1.79	1.76	1.71	1.66	1.61	1.57	1.54	1.51	1.47	1.42	1.38
60	2.79	2.39	2.18	2.04	1.95	1.87	1.82	1.77	1.74	1.71	1.66	1.60	1.54	1.51	1.48	1.44	1.40	1.35	1.29
120	2.75	2.35	2.13	1.99	1.90	1.82	1.77	1.72	1.68	1.65	1.60	1.55	1.48	1.45	1.41	1.37	1.32	1.26	1.19
∞	2.71	2.30	2.08	1.94	1.85	1.77	1.72	1.67	1.63	1.60	1.55	1.49	1.42	1.38	1.34	1.30	1.24	1.17	1.00

续附表 7

$\alpha = 0.05$

n \ m	1	2	3	4	5	6	7	8	9	10	12	15	20	24	30	40	60	120	∞
1	161.4	199.5	215.7	224.6	230.2	234.0	236.8	238.9	240.5	241.9	243.9	245.9	248.0	249.1	250.1	251.1	252.2	253.3	254.3
2	18.51	19.00	19.16	19.25	19.30	19.33	19.35	19.37	19.38	19.40	19.41	19.43	19.45	19.45	19.46	19.47	19.48	19.49	19.50
3	10.13	9.55	9.28	9.12	9.01	8.94	8.89	8.85	8.81	8.79	8.84	8.70	8.66	8.64	8.62	8.59	8.57	8.55	8.53
4	7.71	6.94	6.59	6.39	6.26	6.16	6.09	6.04	6.00	5.96	5.91	5.86	5.80	5.77	5.75	5.72	5.69	5.66	5.63
5	6.61	5.79	5.41	5.19	5.05	4.95	4.88	4.82	4.77	4.74	4.68	4.62	4.56	4.53	4.50	4.46	4.43	4.40	4.36
6	5.99	5.14	4.76	4.53	4.39	4.28	4.21	4.15	4.10	4.06	4.00	3.94	3.87	3.84	3.81	3.77	3.74	3.70	3.67
7	5.59	4.74	4.35	4.12	3.97	3.87	3.79	3.73	3.68	3.64	3.57	3.51	3.44	3.41	3.38	3.34	3.30	3.27	3.23
8	5.32	4.46	4.07	3.84	3.69	3.58	3.50	3.44	3.39	3.35	3.28	3.22	3.15	3.12	3.08	3.04	3.01	2.97	2.93
9	5.12	4.26	3.86	3.63	3.48	3.37	3.29	3.23	3.18	3.14	3.07	3.01	2.94	2.90	2.86	2.80	2.79	2.75	2.71
10	4.96	4.10	3.71	3.48	3.33	3.22	3.14	3.07	3.02	2.98	2.91	2.85	2.77	2.74	2.70	2.66	2.62	2.58	2.54
11	4.84	3.98	3.59	3.36	3.20	3.09	3.01	2.95	2.90	2.85	2.79	2.72	2.65	2.61	2.57	2.53	2.49	2.45	2.40
12	4.75	3.89	3.49	3.26	3.11	3.00	2.91	2.85	2.80	2.75	2.69	2.62	2.54	2.51	2.47	2.43	2.38	2.34	2.30
13	4.67	3.81	3.41	3.18	3.03	2.92	2.83	2.77	2.71	2.67	2.60	2.53	2.46	2.42	2.38	2.34	2.30	2.25	2.21
14	4.60	3.74	3.34	3.11	2.96	2.85	2.76	2.70	2.65	2.60	2.53	2.46	2.39	2.35	2.31	2.27	2.22	2.18	2.13
15	4.54	3.68	3.29	3.06	2.90	2.79	2.71	2.64	2.59	2.54	2.48	2.40	2.33	2.29	2.25	2.20	2.16	2.11	2.07
16	4.49	3.63	3.24	3.01	2.85	2.74	2.66	2.59	2.54	2.49	2.42	2.35	2.28	2.24	2.19	2.15	2.11	2.06	2.01
17	4.45	3.59	3.20	2.96	2.81	2.70	2.61	2.55	2.49	2.45	2.38	2.31	2.23	2.19	2.15	2.10	2.06	2.01	1.96
18	4.41	3.55	3.16	2.93	2.77	2.66	2.58	2.51	2.46	2.41	2.34	2.27	2.19	2.15	2.11	2.06	2.02	1.97	1.93
19	4.38	3.52	3.13	2.90	2.74	2.63	2.54	2.48	2.42	2.38	2.31	2.23	2.16	2.11	2.07	2.03	1.98	1.93	1.88

续附表 7

$\alpha = 0.05$

n \ m	1	2	3	4	5	6	7	8	9	10	12	15	20	24	30	40	60	120	∞
20	4.35	3.49	3.10	2.87	2.71	2.60	2.51	2.45	2.39	2.35	2.28	2.20	2.12	2.08	2.04	1.99	1.95	1.90	1.84
21	4.32	3.47	3.07	2.84	2.68	2.57	2.49	2.42	2.37	2.32	2.25	2.18	2.10	2.05	2.01	1.96	1.92	1.87	1.81
22	4.30	3.44	3.05	2.82	2.66	2.55	2.46	2.40	2.34	2.30	2.23	2.15	2.07	2.03	1.98	1.94	1.89	1.84	1.78
23	4.28	3.42	3.03	2.80	2.64	2.53	2.44	2.37	2.32	2.27	2.20	2.13	2.05	2.01	1.96	1.91	1.86	1.81	1.76
24	4.26	3.40	3.01	2.78	2.62	2.51	2.42	2.36	2.30	2.25	2.18	2.11	2.03	1.98	1.94	1.89	1.84	1.79	1.73
25	4.24	3.39	2.99	2.76	2.60	2.49	2.40	2.34	2.28	2.24	2.16	2.09	2.01	1.96	1.92	1.87	1.82	1.77	1.71
26	4.23	3.37	2.98	2.74	2.59	2.47	2.39	2.32	2.27	2.22	2.15	2.07	1.99	1.95	1.90	1.85	1.80	1.75	1.69
27	4.21	3.35	2.96	2.73	2.57	2.46	2.37	2.31	2.25	2.20	2.13	2.06	1.97	1.93	1.88	1.84	1.79	1.73	1.67
28	4.20	3.34	2.95	2.71	2.56	2.45	2.36	2.29	2.24	2.19	2.12	2.04	1.96	1.91	1.87	1.82	1.77	1.71	1.65
29	4.18	3.33	2.93	2.70	2.55	2.43	2.35	2.28	2.22	2.18	2.10	2.03	1.94	1.90	1.85	1.81	1.75	1.70	1.64
30	4.17	3.32	2.92	2.69	2.53	2.42	2.33	2.27	2.21	2.16	2.09	2.01	1.93	1.89	1.84	1.79	1.74	1.68	1.62
40	4.08	3.23	2.84	2.61	2.45	2.34	2.25	2.18	2.12	2.08	2.00	1.92	1.84	1.79	1.74	1.69	1.64	1.58	1.51
60	4.00	3.15	2.76	2.53	2.37	2.25	2.17	2.10	2.04	1.99	1.92	1.84	1.75	1.70	1.65	1.59	1.53	1.47	1.39
120	3.92	3.07	2.68	2.45	2.29	2.17	2.09	2.02	1.96	1.91	1.83	1.75	1.66	1.61	1.55	1.50	1.43	1.35	1.25
∞	3.84	3.00	2.60	2.37	2.21	2.10	2.01	1.94	1.88	1.83	1.75	1.67	1.57	1.52	1.46	1.39	1.32	1.22	1.00

续附表 7

$\alpha = 0.025$

n \ m	1	2	3	4	5	6	7	8	9	10	12	15	20	24	30	40	60	120	∞
1	647.8	799.5	864.2	899.6	921.8	937.1	943.2	956.7	963.3	368.6	976.7	984.9	933.1	997.2	1001	1006	1010	1014	1018
2	38.51	39.00	39.17	39.25	39.30	39.33	39.36	39.37	39.39	39.40	39.41	39.43	39.45	39.46	39.46	39.47	39.48	39.49	39.50
3	17.44	16.04	15.44	15.10	14.88	14.73	14.62	14.54	14.47	14.42	14.34	14.25	14.17	14.12	14.08	14.04	13.99	13.95	13.90
4	12.22	10.65	9.98	9.60	9.36	9.20	9.07	8.98	8.90	8.84	8.75	8.66	8.56	8.51	8.46	8.41	8.36	8.31	8.26
5	10.01	8.43	7.76	7.39	7.15	6.98	6.85	6.76	6.68	6.62	6.52	6.43	6.33	6.28	6.23	6.18	6.12	6.07	6.02
6	8.81	7.26	6.60	6.23	5.99	5.82	5.70	5.60	5.52	5.46	5.37	5.27	5.17	5.12	5.07	5.01	4.96	4.90	4.85
7	8.07	6.54	5.89	5.52	5.29	5.12	4.99	4.90	4.82	4.76	4.67	4.57	4.47	4.42	4.36	4.31	4.25	4.20	4.14
8	7.57	6.06	5.42	5.05	4.82	4.65	4.53	4.43	4.36	4.30	4.20	4.10	4.00	3.95	3.89	3.84	3.78	3.73	3.67
9	7.21	5.71	5.08	4.72	4.48	4.23	4.20	4.10	4.03	3.96	3.87	3.77	3.67	3.61	3.56	3.51	3.45	3.39	3.33
10	6.94	5.46	4.83	4.47	4.24	4.07	3.95	3.85	3.78	3.72	3.62	3.52	3.42	3.37	3.31	3.26	3.20	3.14	3.08
11	6.72	5.26	4.63	4.28	4.04	3.88	3.76	3.66	3.59	3.53	3.43	3.33	3.23	3.17	3.12	3.06	3.00	2.94	2.88
12	6.55	5.10	4.47	4.12	3.89	3.73	3.61	3.51	3.44	3.37	3.28	3.18	3.07	3.02	2.96	2.91	2.85	2.79	2.72
13	6.41	4.97	4.35	4.00	3.77	3.60	3.48	3.39	3.31	3.25	3.15	3.05	2.95	2.89	2.84	2.78	2.72	2.66	2.60
14	6.30	4.86	4.24	3.89	3.66	3.50	3.38	3.29	3.21	3.15	3.05	2.95	2.84	2.79	2.73	2.67	2.61	2.55	2.49
15	6.20	4.77	4.15	3.80	3.58	3.41	3.29	3.20	2.12	2.06	2.96	2.86	2.76	2.70	2.64	2.59	2.52	2.46	2.40
16	6.12	4.69	4.08	3.73	3.50	3.34	3.22	3.12	3.05	2.99	2.89	2.79	2.68	2.63	2.57	2.51	2.45	2.38	2.32
17	6.04	4.62	4.01	3.66	3.44	3.28	3.16	3.06	2.98	2.92	2.82	2.72	2.62	2.56	2.50	2.44	2.38	2.32	2.25
18	5.98	4.56	3.95	3.61	3.38	3.22	3.10	3.01	2.93	2.87	2.77	2.67	2.56	2.50	2.44	2.38	2.32	2.26	2.19

续附表 7

$\alpha = 0.025$

n \ m	1	2	3	4	5	6	7	8	9	10	12	15	20	24	30	40	60	120	∞
19	5.92	4.51	3.90	3.56	3.33	3.17	3.05	2.96	2.88	2.82	2.72	2.62	2.51	2.45	2.39	2.38	2.27	2.20	2.13
20	5.87	4.46	3.86	3.51	3.29	3.13	3.01	2.91	2.84	2.77	2.68	2.57	2.46	2.41	2.35	2.29	2.22	2.16	2.09
21	5.83	4.42	3.82	3.48	3.25	3.09	2.97	2.87	2.80	2.73	2.64	2.58	2.42	2.37	2.31	2.25	2.18	2.11	2.04
22	5.79	4.38	3.78	3.44	3.22	3.05	2.93	2.84	2.76	2.70	2.60	2.50	2.39	2.33	2.27	2.21	2.14	2.08	2.00
23	5.75	4.35	3.75	3.41	3.18	3.02	2.90	2.81	2.73	2.67	2.57	2.47	2.36	2.30	2.24	2.18	2.11	2.04	1.97
24	5.72	4.32	3.72	3.38	3.15	2.99	2.87	2.78	2.70	2.64	2.54	2.44	2.33	2.27	2.21	2.15	2.08	2.07	1.94
25	5.69	4.20	3.69	3.35	3.13	2.97	2.85	2.75	2.68	2.61	2.51	2.41	2.30	2.24	2.18	2.12	2.05	1.98	1.91
26	5.66	4.27	3.67	3.33	3.10	2.94	2.82	2.73	2.65	2.59	2.49	2.39	2.28	2.22	2.16	2.09	2.03	1.95	1.88
27	5.63	4.24	3.65	3.31	3.08	2.92	2.80	2.71	2.63	2.57	2.47	2.36	2.25	2.19	2.13	2.07	2.00	1.93	1.85
28	5.61	4.22	3.63	3.29	3.06	2.90	2.78	2.69	2.61	2.55	2.45	2.34	2.23	2.17	2.11	2.05	1.98	1.91	1.83
29	5.59	4.20	3.61	3.27	3.04	2.88	2.76	2.67	2.59	2.53	2.43	2.32	2.21	2.15	2.09	2.03	1.96	1.89	1.81
30	5.57	4.18	3.59	3.25	3.03	2.87	2.75	2.65	2.57	2.51	2.41	2.31	3.20	2.14	2.07	2.01	1.94	1.87	1.79
40	5.42	4.05	3.46	3.13	2.90	2.74	2.62	2.53	2.45	2.39	2.29	2.18	2.07	2.01	1.94	1.88	1.80	1.72	1.64
60	5.29	3.93	3.34	3.01	2.79	2.63	2.51	2.41	2.33	2.27	2.17	2.06	1.94	1.88	1.82	1.74	1.67	1.58	1.48
120	5.15	3.08	3.23	2.89	2.67	2.52	2.39	2.30	2.22	2.16	2.05	1.94	1.82	1.76	1.69	1.61	1.58	1.43	1.31
∞	5.02	3.60	3.12	2.79	2.57	2.41	2.29	2.19	2.11	2.05	1.94	1.83	1.71	1.64	1.57	1.48	1.39	1.27	1.00

续附表 7

$\alpha = 0.001$

m \ n	1	2	3	4	5	6	7	8	9	10	12	15	20	24	30	40	60	120	∞
1	4052	4999.5	5403	5625	5764	5859	5928	5982	6022	6056	6106	6157	6209	6235	6261	6287	6313	6339	6366
2	98.50	99.00	99.17	99.25	99.30	99.33	99.36	99.37	99.39	99.40	99.42	99.43	99.45	99.46	99.47	99.47	99.48	99.49	99.50
3	24.12	30.82	29.46	28.71	28.24	27.91	27.67	27.49	27.35	27.23	27.05	26.87	26.69	26.60	26.50	26.41	26.32	26.22	26.13
4	21.20	18.00	16.69	15.98	15.52	15.21	14.98	14.80	14.66	14.55	14.37	14.20	14.02	13.93	13.84	13.75	13.65	13.50	13.40
5	16.26	13.27	12.06	11.39	10.97	10.67	10.46	10.29	10.16	10.05	9.89	9.72	9.55	9.47	9.38	9.29	9.20	9.11	9.02
6	13.75	10.92	9.78	9.15	8.75	8.47	8.26	8.10	7.98	7.87	7.72	7.56	7.40	7.31	7.23	7.14	7.06	6.97	6.88
7	12.25	9.55	8.45	7.85	7.46	7.19	6.99	6.84	6.72	6.62	6.47	6.31	6.16	6.07	5.99	5.91	5.82	5.74	5.65
8	11.26	8.65	7.59	7.01	6.63	6.37	6.18	6.03	5.91	5.81	5.67	5.52	5.36	5.28	5.20	5.12	5.03	4.95	4.86
9	10.56	8.02	6.99	6.42	6.06	5.80	5.61	5.47	5.35	5.26	5.11	4.96	4.81	4.73	4.65	4.57	4.48	4.40	4.31
10	10.04	7.56	6.55	5.99	5.64	5.39	5.20	5.06	4.94	4.85	4.71	4.56	4.41	4.33	4.25	4.17	4.08	4.00	3.91
11	9.65	7.21	6.22	5.67	5.32	5.07	4.89	4.74	4.63	4.54	4.40	4.25	4.10	4.02	3.94	3.86	3.78	3.69	3.60
12	9.33	6.93	5.95	5.41	5.06	4.82	4.64	4.50	4.39	4.30	4.16	4.01	3.86	3.78	3.70	3.62	3.54	3.45	3.36
13	9.07	6.70	5.74	5.21	4.86	4.62	4.44	4.30	4.19	4.10	3.96	3.82	3.66	3.59	3.51	3.43	3.34	3.25	3.17
14	8.86	6.51	5.56	5.04	4.69	4.46	4.28	4.14	4.03	3.94	3.80	3.66	3.51	3.43	3.35	3.27	3.18	3.09	3.00
15	8.68	6.36	5.42	4.89	4.56	4.32	4.14	4.00	3.89	3.80	3.67	3.52	3.37	3.29	3.21	3.13	3.05	2.96	2.87
16	8.53	6.23	5.29	4.77	4.44	4.20	4.03	3.89	3.78	3.69	3.35	3.41	3.26	3.18	3.10	3.02	2.93	2.84	2.75
17	8.40	6.11	5.18	4.67	4.34	4.10	3.93	3.79	3.68	3.59	3.46	3.31	3.16	3.08	3.00	2.92	2.83	2.75	2.65
18	8.29	6.01	5.09	4.58	4.25	4.01	3.84	3.71	3.60	3.51	3.37	3.23	3.08	3.00	2.92	2.84	2.75	2.66	2.57
19	8.18	5.93	5.01	4.50	4.17	3.94	3.77	3.63	3.52	3.43	3.30	3.15	3.00	2.92	2.84	2.76	2.67	2.58	2.49

续附表 7

$\alpha = 0.001$

n \ m	1	2	3	4	5	6	7	8	9	10	12	15	20	24	30	40	60	120	∞
20	8.10	5.85	4.94	4.43	4.10	3.87	3.70	3.56	3.46	3.37	3.23	3.09	2.94	2.86	2.78	2.69	2.61	2.52	2.42
21	8.02	5.78	4.87	4.37	4.04	3.81	3.64	3.51	3.40	3.31	3.17	3.03	2.88	2.80	2.72	2.64	2.55	2.46	2.36
22	7.95	5.72	4.82	4.31	3.99	3.76	3.59	3.45	3.55	3.26	3.12	2.98	2.83	2.75	2.67	2.58	2.50	2.40	2.31
23	7.88	5.66	4.76	4.26	3.94	3.71	3.54	3.41	3.30	3.21	3.07	2.93	2.78	2.71	2.62	2.54	2.45	2.35	2.26
24	7.82	5.61	4.72	4.22	3.90	3.67	3.50	3.36	3.26	3.17	3.03	2.89	2.47	2.66	2.58	2.49	2.40	2.31	2.21
25	7.77	5.57	4.68	4.18	3.85	3.63	3.46	3.32	3.22	3.13	2.99	2.85	2.70	2.62	2.54	2.45	2.36	2.27	2.17
26	7.72	5.53	4.64	4.14	3.82	3.59	3.42	3.29	3.18	3.09	2.96	2.81	2.66	2.58	2.50	2.42	2.33	2.23	2.13
27	7.68	5.49	4.60	4.11	3.78	3.56	3.39	3.26	3.15	3.06	2.93	2.78	2.63	2.55	2.47	2.38	2.29	2.20	2.10
28	7.64	5.45	4.57	4.07	3.75	3.53	3.36	3.23	3.12	3.03	2.90	2.75	2.60	2.52	2.44	2.35	2.26	2.17	2.06
29	7.60	5.42	4.54	4.04	3.73	3.50	3.33	3.20	3.09	3.00	2.87	2.73	2.57	2.49	2.41	2.33	2.23	2.14	2.03
30	7.56	5.39	4.51	4.02	3.70	3.47	3.30	3.17	3.07	2.98	2.84	2.70	2.55	2.47	2.39	2.30	2.21	2.11	2.01
40	7.31	5.18	4.31	3.83	3.51	3.29	3.12	2.99	2.89	2.80	2.66	2.52	2.37	2.29	2.20	2.11	2.02	1.92	1.80
60	7.08	4.98	4.13	3.65	3.34	3.12	2.95	2.82	2.72	2.63	2.50	2.35	2.20	2.12	2.03	1.94	1.84	1.73	1.60
120	6.85	4.79	3.95	3.48	3.17	2.96	2.79	2.66	2.56	2.47	2.34	2.19	2.03	1.95	1.86	1.76	1.66	1.53	1.38
∞	6.63	4.61	3.78	3.32	3.02	2.80	2.64	2.51	2.41	2.32	2.18	2.04	1.88	1.79	1.70	1.59	1.47	1.32	1.00

续附表 7

$\alpha = 0.005$

n \ m	1	2	3	4	5	6	7	8	9	10	12	15	20	24	30	40	60	120	∞
1	16211	20000	21615	22500	23056	23437	23715	23925	24091	24224	24426	24630	24836	24940	25044	25148	25253	25359	25465
2	198.5	199.0	199.2	199.2	199.3	199.3	199.4	199.4	199.4	199.4	199.4	199.4	199.4	199.5	199.5	199.5	199.5	199.5	199.5
3	55.55	49.80	47.47	46.19	45.39	44.84	44.43	44.13	43.88	43.69	43.39	43.08	42.78	42.62	42.47	42.31	42.15	41.99	41.83
4	31.33	26.28	24.26	23.15	22.46	21.97	21.62	21.35	21.14	20.97	20.70	20.44	20.17	20.03	19.89	19.75	19.61	19.47	19.32
5	22.78	18.31	16.53	15.56	14.94	14.51	14.20	13.96	13.77	13.62	13.38	13.15	12.90	12.78	12.66	12.53	12.40	12.27	12.14
6	18.63	14.54	12.92	12.03	11.46	11.07	10.79	10.57	10.39	10.25	10.03	9.81	9.59	9.47	9.36	9.24	9.12	9.00	8.88
7	16.24	12.40	10.88	10.05	9.52	9.16	8.89	8.68	8.51	8.38	8.18	7.97	7.75	7.65	7.53	7.42	7.31	7.19	7.08
8	14.69	11.04	9.60	8.81	8.30	7.95	7.69	7.50	7.34	7.21	7.01	6.81	6.61	6.50	6.40	6.29	6.18	6.06	5.95
9	13.61	10.11	8.72	7.96	7.47	7.13	6.88	6.69	6.54	6.42	6.23	6.03	5.83	5.73	5.62	5.52	5.41	5.30	5.19
10	12.83	9.43	8.08	7.34	6.87	6.54	6.30	6.12	5.97	5.85	5.66	5.47	5.27	5.17	5.07	4.97	4.86	4.75	4.64
11	12.23	8.91	7.60	6.88	6.42	6.10	5.86	5.68	5.54	5.42	5.24	5.05	4.86	4.76	4.65	4.55	4.44	4.34	4.23
12	11.75	8.51	7.23	6.52	6.07	5.76	5.52	5.35	5.20	5.09	4.91	4.72	4.53	4.43	4.33	4.23	4.12	4.01	3.90
13	11.37	8.19	6.93	6.23	5.79	5.48	5.25	5.08	4.94	4.82	4.64	4.46	4.27	4.17	4.07	3.97	3.87	3.76	3.65
14	11.06	7.92	6.68	6.00	5.56	5.26	5.03	4.86	4.72	4.60	4.43	4.25	4.06	3.96	3.86	3.76	3.66	3.55	3.44
15	10.80	7.70	6.48	5.80	5.37	5.07	4.85	4.67	4.54	4.42	4.25	4.07	3.88	3.79	3.69	3.58	3.48	3.37	3.26
16	10.58	7.51	6.30	5.64	5.21	4.91	4.69	4.52	4.38	4.27	4.10	3.92	3.73	3.64	3.54	3.44	3.33	3.22	3.11
17	10.38	7.35	6.16	5.50	5.07	4.78	4.56	4.39	4.25	4.14	3.97	3.79	3.61	3.51	3.41	3.31	3.21	3.10	2.98
18	10.22	7.21	6.03	5.37	4.96	4.66	4.44	4.28	4.14	4.03	3.86	3.68	3.50	3.40	3.30	3.20	3.10	2.99	2.87

续附表 7

$\alpha = 0.005$

n \ m	1	2	3	4	5	6	7	8	9	10	12	15	20	24	30	40	60	120	∞
19	10.07	7.09	5.92	5.27	4.85	4.56	4.34	4.18	4.04	3.93	3.76	3.59	3.40	3.31	3.21	3.11	3.00	2.89	2.78
20	9.94	6.99	5.82	5.17	4.76	4.47	4.26	4.09	3.96	3.85	3.68	3.50	3.32	3.22	3.12	3.02	2.92	2.81	2.69
21	9.83	6.89	5.73	5.09	4.68	4.39	4.18	4.01	3.88	3.77	3.60	3.43	3.24	3.15	3.05	2.95	2.84	2.73	2.61
22	9.73	6.81	5.65	5.02	4.61	4.32	4.11	3.94	3.81	3.70	3.54	3.35	3.18	3.08	2.98	2.88	2.77	2.66	2.55
23	9.63	6.73	5.58	4.95	4.54	4.26	4.05	3.88	3.75	3.64	3.47	3.30	3.12	3.02	2.92	2.82	2.71	2.60	2.48
24	9.55	6.66	5.52	4.89	4.49	4.20	3.99	3.83	3.69	3.59	3.42	3.25	3.06	2.97	2.87	2.77	2.66	2.55	2.43
25	9.48	6.60	5.46	4.84	4.43	4.15	3.94	3.78	3.64	3.54	3.37	3.20	3.01	2.92	2.82	2.72	2.61	2.50	2.38
26	9.41	6.54	5.41	4.79	4.38	4.10	3.89	3.73	3.60	3.49	3.38	3.15	2.97	2.87	2.77	2.67	2.56	2.45	2.33
27	9.34	6.49	5.36	4.74	4.34	4.06	3.85	3.69	3.56	3.45	3.28	3.11	2.93	2.83	2.73	2.63	2.52	2.41	2.29
28	9.28	6.44	5.32	4.70	4.30	4.02	3.81	3.65	3.52	3.41	3.25	3.07	2.89	2.79	2.69	2.59	2.48	2.37	2.25
29	9.23	6.40	5.28	4.66	4.26	3.98	3.77	3.61	3.48	3.38	3.21	3.04	2.86	2.76	2.66	2.56	2.45	2.33	2.21
30	9.18	6.35	5.24	4.62	4.23	3.95	3.74	3.58	3.45	3.34	3.18	3.01	2.82	2.73	2.63	2.52	2.42	2.30	2.18
40	8.83	6.07	4.98	4.37	3.99	3.71	3.51	3.35	3.22	3.12	2.95	2.78	2.60	2.50	2.40	2.30	2.18	2.06	1.93
60	8.49	5.79	4.73	4.14	3.76	3.49	3.29	3.13	3.01	2.90	2.74	2.57	2.39	2.29	2.19	2.08	1.96	1.82	1.69
120	8.18	5.54	4.50	3.92	3.55	3.28	3.09	2.93	2.81	2.71	2.54	2.37	2.19	2.09	1.98	1.87	1.75	1.61	1.41
∞	7.88	5.30	4.28	3.72	3.35	3.09	2.90	2.74	2.62	2.52	2.36	2.19	2.00	1.90	1.79	1.67	1.53	1.36	1.00

续附表 7

$\alpha = 0.005$

n \ m	1	2	3	4	5	6	7	8	9	10	12	15	20	24	30	40	60	120	∞
1	4053+	5000+	5404+	5625+	5764+	5859+	5929+	5981+	6023+	6056+	6107+	6158+	6209+	6235+	6261+	6287+	6313+	6340+	6366+
2	998.5	999.0	999.2	999.2	999.3	999.3	999.4	999.4	999.4	999.4	999.4	999.4	999.4	999.5	999.5	999.5	999.5	999.5	999.5
3	167.0	148.5	141.1	137.1	134.6	132.8	131.6	130.6	129.9	129.2	128.3	127.4	126.4	125.9	125.4	125.0	124.5	124.0	123.5
4	74.14	61.25	53.18	53.44	51.71	50.33	49.66	49.00	48.47	48.05	47.41	46.76	46.10	45.77	45.43	45.09	44.75	44.40	44.05
5	47.18	37.12	33.20	31.09	29.75	28.84	28.16	27.64	27.24	26.92	26.42	25.91	25.39	25.14	24.87	24.60	24.33	24.06	23.79
6	35.51	27.00	23.70	21.92	20.81	20.03	19.46	19.03	18.69	18.41	17.99	17.56	17.12	16.89	16.67	16.44	16.21	15.99	15.75
7	29.25	21.69	18.77	17.19	16.21	15.52	15.02	14.63	14.33	14.08	13.71	13.32	12.93	12.73	12.53	12.33	12.12	11.91	11.70
8	25.42	18.49	15.83	14.39	13.49	12.86	12.40	12.04	11.77	11.54	11.19	10.84	10.18	10.30	10.11	9.92	9.73	9.53	9.33
9	22.86	16.39	13.90	12.56	11.71	11.13	10.70	10.37	10.11	9.89	9.57	9.24	8.90	8.72	8.55	8.37	8.19	8.00	7.81
10	21.04	14.91	12.55	11.28	10.48	9.92	9.52	9.20	8.96	8.75	8.45	8.13	7.80	7.64	7.47	7.30	1.12	6.94	6.67
11	19.69	13.81	11.56	10.35	9.58	9.05	8.66	8.35	8.12	7.92	7.63	7.32	7.01	6.85	6.68	6.52	6.35	6.17	6.00
12	18.64	12.97	10.80	9.63	8.89	8.38	8.00	7.71	7.48	7.29	7.00	6.71	6.40	6.25	6.09	5.93	5.76	5.59	5.42
13	17.81	12.31	10.21	9.07	8.35	7.86	7.49	7.21	6.98	6.80	6.52	6.23	5.93	5.78	5.63	5.47	5.30	5.14	4.97
14	17.14	11.78	9.73	8.62	7.92	7.43	7.08	6.80	6.58	6.40	6.13	5.85	5.56	5.41	5.25	5.10	4.94	4.77	4.60
15	16.59	11.34	9.34	8.25	7.57	7.09	6.74	6.47	6.26	6.08	5.81	5.54	5.25	5.10	4.95	4.80	4.64	4.47	4.31
16	16.12	10.97	9.00	7.94	7.27	6.81	6.46	6.19	5.98	5.81	5.55	5.27	4.99	4.85	4.70	4.54	4.39	4.23	4.06
17	15.72	10.66	8.73	7.68	7.02	7.56	6.22	5.96	5.75	5.58	5.32	5.05	4.78	4.63	4.48	4.33	4.18	4.02	3.85
18	15.38	10.39	8.49	7.46	6.81	6.35	6.02	5.76	5.56	5.39	5.13	4.87	4.59	4.45	4.30	4.15	4.00	3.84	3.67

续附表 7

$\alpha = 0.005$

n \ m	1	2	3	4	5	6	7	8	9	10	12	15	20	24	30	40	60	120	∞
19	15.08	10.16	8.28	7.26	6.62	6.18	5.85	5.59	5.39	5.22	4.97	4.70	4.43	4.29	4.14	3.99	3.84	3.68	3.51
20	14.82	9.95	8.10	7.10	6.46	6.02	6.69	5.44	5.24	5.08	4.82	4.56	4.29	4.15	4.00	3.86	3.70	3.54	3.38
21	14.59	9.77	7.94	6.95	6.32	5.88	5.56	5.31	5.11	4.95	4.70	4.44	4.17	4.03	3.88	3.74	3.58	3.42	3.26
22	14.38	9.61	7.80	6.81	6.19	5.76	5.44	5.19	4.99	4.83	4.58	4.33	4.06	3.92	3.78	3.63	3.48	3.32	3.15
23	14.19	9.47	7.67	6.69	6.08	5.65	5.33	5.09	4.89	4.73	4.48	4.23	3.96	3.82	3.68	3.53	3.38	3.22	3.05
24	14.03	9.34	7.55	6.59	5.98	5.55	5.23	4.99	4.80	4.64	4.39	4.14	3.87	3.74	3.59	3.45	3.29	3.14	2.97
25	13.88	9.22	7.45	6.49	5.88	5.46	5.15	4.91	4.71	4.56	4.31	4.06	3.79	3.66	3.52	3.37	3.22	3.06	2.89
26	13.74	9.12	7.36	6.41	5.80	5.38	5.07	4.83	4.64	4.84	4.24	3.99	3.72	3.59	3.44	3.30	3.15	2.99	2.82
27	13.61	9.02	7.27	6.33	5.73	5.31	5.00	4.76	4.57	4.41	4.17	3.92	3.66	3.52	3.38	3.23	3.08	2.92	2.75
28	13.50	8.93	7.19	6.25	5.66	5.24	4.93	4.69	4.50	4.35	4.11	3.86	3.60	3.46	3.32	3.18	3.02	2.86	2.69
29	13.39	8.85	7.12	6.19	5.59	5.18	4.87	4.64	4.45	4.29	4.05	3.80	3.54	3.41	3.27	3.12	2.97	2.81	2.54
30	13.29	8.77	7.05	6.12	5.53	5.12	4.82	4.58	4.39	4.24	4.00	3.75	3.49	3.36	3.22	3.07	2.92	2.76	2.59
40	12.61	8.25	6.60	5.70	5.13	4.73	4.44	4.21	4.02	3.87	3.64	3.40	3.15	3.01	2.87	2.73	2.57	2.41	2.23
60	11.97	7.76	6.17	5.31	4.76	4.37	4.09	3.87	3.69	3.54	3.31	3.08	2.83	2.69	2.55	2.41	2.25	2.08	1.89
120	11.38	7.32	5.79	4.95	4.42	4.04	3.77	3.55	3.38	3.24	3.02	2.78	2.53	2.40	2.26	2.11	1.95	1.76	1.54
∞	10.83	6.91	5.42	4.62	4.10	3.74	3.47	3.27	3.10	2.96	2.74	2.51	2.27	2.13	1.99	1.84	1.66	1.45	1.00

+表示要将所列数乘以 100.

参考答案

习题 1

1. (1) $\Omega=\{2,3,4,5,6,7,8,9,10,11,12\}$　$A=\{2,4,6,8,10,12\}$, $B=\{3,6,9,12\}$

   (2) $\Omega=\{(a,b_1),(a,b_2),(a,b_3),(a,b_4),(a,b_5),(b_1,b_2),(b_1,b_3),(b_1,b_4),(b_1,b_5),(b_2,b_3),(b_2,b_4),(b_2,b_5),(b_3,b_4),(b_3,b_5),(b_4,b_5)\}$

   $A=\{(b_1,b_2),(b_1,b_3),(b_1,b_4),(b_1,b_5),(b_2,b_3),(b_2,b_4),(b_2,b_5),(b_3,b_4),(b_3,b_5),(b_4,b_5)\}$

   $B=\{(a,b_1),(a,b_2),(a,b_3),(a,b_4),(a,b_5)\}$

   (3) $\Omega=\{1,2,3,\cdots\}$　$A=\{5\}$, $B=\{6,7,8,\cdots\}$

   (4) $\Omega=\{(x,y)\mid 0<x<1,0<y<1\}$

2. (1) $A\cup B$　(2) AB　(3) $\overline{A}\overline{B}$ 或 $\overline{A\cup B}$

   (4) $\overline{A}\cup\overline{B}$ 或 $\overline{A}\overline{B}\cup A\overline{B}\cup\overline{A}B$ 或 $\overline{AB}$

3. $\overline{A\cup B}=\{x\mid 0\leqslant x<\frac{1}{4}\}\cup\{x\mid\frac{3}{2}\leqslant x<2\}$;

   $AB=\{x\mid\frac{1}{2}<x<1\}$; $\overline{A}\cup B=\Omega$

4. (C)　5. (D)　6. (C)　7. (B)　8. (B)　9. (C)　10. (D)

11. (B)　12. 0.8; 0.3; 0.1; 0

13. (1) $P(A)=\frac{1}{6}$　(2) $P(B)=\frac{1}{2}$　(3) $P(C)=\frac{2}{3}$

(4) $P(D)=\frac{5}{6}$

14. (1) 0.6 (2) 0.4 (3) 0.2 15. $\frac{41}{81}$

16. (1) $\frac{1}{12}$ (2) $\frac{1}{20}$ (3) $\frac{1}{6}$ (4) $\frac{3}{10}$ (5) $\frac{7}{10}$

17. (1) $\frac{3}{8}$ (2) $\frac{9}{16}$ (3) $\frac{1}{16}$ 18. $\frac{1}{4}(1+\ln 4)$

19. $\dfrac{\frac{1}{2}(24-1)^2+\frac{1}{2}(24-2)^2}{24^2}=\frac{1013}{1152}$

20. (1) 0.2; 0.5 (2) $\frac{2}{3}$ (3) 0.8 (4) 0.6

21. $\frac{1}{3}$ 22. $\frac{2}{3}$

23. (1) 0.012 (2) 0.138 (3) 0.862 (4) 0.988 (5) 0.126
(6) 0.8286

24. (1) $\frac{3}{10}$ (2) $\frac{3}{5}$

25. 三人抽到难签的概率相等,同为$\frac{4}{10}$,与先后次序无关.

26. 不独立,因为 $P(ABC)\neq P(A)P(B)P(C)$.

27. (1) 0.41496 (2) 0.1310 (3) 0.58504

28. (D) 29. (D) 30. (B) 31. (D) 32. (C)

33. (1) $\frac{1}{4}$ (2) $\frac{1}{3}$ 34. $\frac{102}{225}\approx 0.4533$

35. $\alpha=0.98$; $\beta=0.82$ 36. $\frac{17}{35}$

37. 至少要并联 4 个开关.

习题 2

1. $1-F(a)$; $F(1)-F(-1)$; $\dfrac{F(b)-F(a)}{F(b)}$

2. $1-2e^{-1}$　3. (D)　4. (D)　5. $a=\frac{5}{16}$, $b=\frac{7}{16}$

6. (1) $a=\frac{1}{2}, b=\frac{1}{\pi}$　(2) $\frac{1}{2}$　7. (B)　8. (C)

9.

X	0	1	2
p_k	$\frac{7}{15}$	$\frac{7}{15}$	$\frac{1}{15}$

;

$$F(x)=\begin{cases}0, x<0\\ \frac{7}{15}, 0\leqslant x<1\\ \frac{4}{15}, 1\leqslant x<2\\ 1, x\geqslant 2\end{cases}$$

10.

X	0	1	2
p_k	q_1q_2	$p_1q_2+q_1p_2$	p_1p_2

其中 $q_1=1-p_1, q_2=1-p_2$.

11. (1) $P(X=k)=\left(\frac{3}{13}\right)^{k-1}\cdot\frac{10}{13}, k=1,2,3,\cdots$

(2)

X	1	2	3	4
p_k	$\frac{10}{13}$	$\frac{3}{13}\cdot\frac{10}{12}$	$\frac{3}{13}\cdot\frac{2}{12}\cdot\frac{10}{11}$	$\frac{3}{13}\cdot\frac{2}{12}\cdot\frac{1}{11}$

(3)

X	1	2	3	4
p_k	$\frac{10}{13}$	$\frac{3}{13}\cdot\frac{11}{13}$	$\frac{3}{13}\cdot\frac{2}{13}\cdot\frac{12}{13}$	$\frac{3}{13}\cdot\frac{2}{13}\cdot\frac{1}{13}$

12.

X	0	$\frac{1}{2}$	1
p_k	$\frac{1}{10}$	$\frac{2}{5}$	$\frac{1}{2}$

13. (1) 2.048　(2) 0.9421　(3) 0.2627　(4) 0.0579　(5) 1

14. 0.8753　15. (1) 0.029771　(2) 0.002840

16. (C)　17. (D)　18. [1,3]

19. (1) $\frac{1}{2}$　(2) $\frac{1}{2}\left(1-\frac{1}{e}\right)$　(3) $F(x)=\begin{cases}\frac{1}{2}e^{x}, x<0\\ 1-\frac{1}{2}e^{-x}, x\geqslant 0\end{cases}$

20. (1) $\frac{1}{2}$　(2) $f(x)=\begin{cases}\frac{3}{2}x^{2}, & |x|<1\\ 0, & |x|\geqslant 1\end{cases}$　(3) $\frac{1}{8}$

21. (1) 100　(2) $\frac{1}{3}$　(3) $\frac{19}{27}$　22. (1) $\frac{1}{3}$　(2) $\frac{1}{3}$　23. $\frac{1}{2}$

24. $C_{10}^{2}e^{-3}(1-e^{-\frac{3}{2}})^{8}$　25. $\frac{1}{2}\ln 2$　26. 0.308；0.7745；0.0668

27. $a\approx 5.15$　28. 此人能被录取.　29. (D)

30. (1) $a=\frac{1}{15}$

(2)

Y	-1	0	3	8
p_k	$\frac{1}{5}$	$\frac{7}{30}$	$\frac{1}{5}$	$\frac{11}{30}$

31. (1) $F_Y(y)=\begin{cases}0, y<0\\ \frac{1}{6}, 0\leqslant y<\frac{1}{4}\\ \frac{2}{3}, \frac{1}{4}\leqslant y<\frac{3}{4}\\ 1, y\geqslant\frac{3}{4}\end{cases}$　(2) $\frac{2}{3}$

32. (B)　33. (B)　34. (1) $f_Y(y)=\begin{cases}\frac{1}{y\sqrt{2\pi}}e^{-\frac{(\ln y)^2}{2}}, y>0\\ 0, y\leqslant 0\end{cases}$

(2) $f_Y(y)=\begin{cases}\dfrac{2}{\sqrt{2\pi}}\mathrm{e}^{-\frac{y^2}{2}},y>0\\0,y\leqslant 0\end{cases}$

35. (1) $f_Y(y)=\begin{cases}\dfrac{1}{y},1<y<\mathrm{e}\\0,\text{其他}\end{cases}$ (2) $f_Y(y)=\begin{cases}\dfrac{1}{2},-2\leqslant y\leqslant 0\\0,\text{其他}\end{cases}$

36. $f_Y(y)=\begin{cases}0,y<0\\y,0\leqslant y<1\\1,y\geqslant 1\end{cases}$ $f_Y(y)=\begin{cases}1,0<y<1\\0,\text{其他}\end{cases}$

习题 3

1. (1) $F(b,b)-F(a,b)$

(2) $1-F(a,+\infty)-F(+\infty,b)+F(a,b)$

2. (C)

3.

X_1 \ X_2	0	1
0	$\frac{2}{15}$	$\frac{4}{15}$
1	$\frac{4}{15}$	$\frac{5}{15}$

X_1 \ X_2	0	1
0	$\frac{4}{25}$	$\frac{6}{25}$
1	$\frac{6}{25}$	$\frac{9}{25}$

4.

Y \ X	0	1	2	3	$p_{\cdot j}$
1	0	$\frac{3}{8}$	$\frac{3}{8}$	0	$\frac{6}{8}$
3	$\frac{1}{8}$	0	0	$\frac{1}{8}$	$\frac{2}{8}$
$p_{i\cdot}$	$\frac{1}{8}$	$\frac{3}{8}$	$\frac{3}{8}$	$\frac{1}{8}$	

5.（1）

Y \ X	-1	0	1
0	0.25	0	0.25
1	0	0.5	0

（2）0.75

6.

Y \ X	0	1
0	$\frac{5}{8}$	$\frac{1}{8}$
1	$\frac{1}{8}$	$\frac{1}{8}$

7.（D）

8.（1）$A=\frac{3}{2}$

（2）$F(x,y)=\begin{cases}0, x<0 \text{ 或 } y<0 \\ \frac{1}{4}x^2y^3, 0\leqslant x\leqslant 2, 0<y\leqslant 1 \\ \frac{1}{4}x^2, 0\leqslant x\leqslant 2, y>1 \\ y^3, x>2, 0\leqslant y\leqslant 1 \\ 1, x\geqslant 2, y>1\end{cases}$

（3）$f_X(x)=\begin{cases}\frac{x}{2}, 0\leqslant x\leqslant 2 \\ 0, \text{其他}\end{cases}$　　$f_Y(y)=\begin{cases}3y^2, 0\leqslant y\leqslant 1 \\ 0, \text{其他}\end{cases}$

（4）$P(|X|\leqslant 1, |Y|\leqslant 1)=\frac{1}{4}$

9. $\frac{1}{2}$

10. $f(x,y)=\begin{cases}\frac{1}{2b\sqrt{2\pi}\sigma}e^{-\frac{(x-\mu)^2}{2\sigma^2}}, -\infty<x<+\infty, |y|<b \\ 0, \text{其他}\end{cases}$

当 $|y|<b$ 时

$$f_{X|Y}(x\mid y)=\frac{1}{\sqrt{2\pi}\sigma}e^{-\frac{(x-\mu)^2}{2\sigma^2}},-\infty<x<+\infty$$

$$f_{Y|X}(y\mid x)=\begin{cases}\frac{1}{2b},|y|<b\\0,其他\end{cases}$$

11. (1) $f(x,y)=\begin{cases}\frac{1}{2}e^{-\frac{y}{2}},0\leqslant x\leqslant 1,y>0\\0,其他\end{cases}$

(2) 0.1445

12. (1) $f(x,y)=\begin{cases}\frac{1}{4},(x,y)\in G\\0,其他\end{cases}$

(2) $f_X(x)=\begin{cases}\frac{x}{2},0<x<2\\0,其他\end{cases}$

$$f_Y(y)=\begin{cases}\frac{1}{4}(2-|y|),-2<y<2\\0,其他\end{cases}$$

(3) 不独立.

(4) $f_{X|Y}(x\mid 1)=\begin{cases}1,1<x<2\\0,其他\end{cases}$

$$f_{X|Y}(x\mid y)=\begin{cases}\frac{1}{2-|y|},|y|<x<2\\0,其他\end{cases}$$

13. (1) X 与 Y 不独立　(2) $F_Z(z)=\begin{cases}0,z\leqslant 0\\1-\frac{1+3z}{(1+z)^3},z>0\end{cases}$

$f_Z(z)=\begin{cases}0,z\leqslant 0\\\frac{6z}{(1+z)^4},z>0\end{cases}$　(3) $\frac{1}{2}$

14. $f(x,y)=\begin{cases}(xe^{x})^{-1},0<y<x<+\infty\\0,\text{其他}\end{cases}$

15. (1) $f_X(x)=\begin{cases}\dfrac{2}{\pi r^2}\sqrt{r^2-x^2},\ |x|<r\\0,\ |x|\geqslant r\end{cases}$

$f_Y(y)=\begin{cases}\dfrac{2}{\pi r^2}\sqrt{r^2-y^2},\ |y|<r\\0,\ |y|\geqslant r\end{cases}$

(2) $f_{X|Y}(x\mid y)=\begin{cases}\dfrac{1}{2\sqrt{r^2-y^2}},\ |x|<\sqrt{r^2-y^2}\\0,\ |x|\geqslant\sqrt{r^2-y^2}\end{cases}$

$f_{Y|X}(y\mid x)=\begin{cases}\dfrac{1}{2\sqrt{r^2-x^2}},\ |y|<\sqrt{r^2-x^2}\\0,\ |y|\geqslant\sqrt{r^2-x^2}\end{cases}$

(3) 不独立.　　16. (D)

17. (1)

X	0	1	2
p_k	0.35	0.25	0.4

Y	0	10	20
p_k	0.35	0.30	0.35

(2) $\dfrac{5}{7}$

18. (1)

X	1	2	3
p_k	0.25	0.50	0.25

Y	2	4
p_k	0.40	0.60

(2)

X	1	2	3
$P(X=i\mid Y=2)$	0.25	0.50	0.25
$P(X=i\mid Y=4)$	0.25	0.50	0.25

Y	2	4
$P(Y=j\mid X=1)$	0.4	0.6
$P(Y=j\mid X=2)$	0.4	0.6
$P(Y=j\mid X=3)$	0.4	0.6

(3) X 与 Y 相互独立.

19. (1) 0.01　　(2) 0.4816　　(3) 0.4073

20. (1) $P(Y=m\mid X=n)=C_n^m p^m(1-p)^{n-m}, 0\leqslant m\leqslant n$

(2) $P(X=n,Y=m)=C_n^m p^m(1-p)^{n-m}\dfrac{\lambda^n}{n!}e^{-\lambda}$,

$0\leqslant m\leqslant n, n=0,1,2,\cdots$

21.

X \ Y	y_1	y_2	y_3	$P(X=x_i)$
x_1	$\frac{1}{8}$	$\frac{3}{8}$	$\frac{1}{4}$	$\frac{3}{4}$
x_2	$\frac{1}{24}$	$\frac{1}{8}$	$\frac{1}{12}$	$\frac{1}{4}$
$P(Y=y_j)$	$\frac{1}{6}$	$\frac{1}{2}$	$\frac{1}{3}$	1

24. (1)

$X+Y$	-2	0	1	3	4
p_k	$\frac{5}{20}$	$\frac{2}{20}$	$\frac{9}{20}$	$\frac{3}{20}$	$\frac{1}{20}$

(2)

$X-Y$	-3	-2	1	1	3
p_k	$\frac{6}{20}$	$\frac{2}{20}$	$\frac{6}{20}$	$\frac{3}{20}$	$\frac{3}{20}$

25. (1)

X	0	1	2	3
$P(X=x_i)$	0.20	0.30	0.30	0.20

Y	0	1	2
$P(Y=y_i)$	0.40	0.20	0.40,

X 与 Y 相互独立.

(2)

Z	0	1	2	3
p_k	0.08	0.22	0.50	0.20

;

(3)

W	0	1	2
p_k	0.52	0.28	0.20,

26.

X	-1	0	1
p_k	0.1344	0.7312	0.1344

27. $f_Z(z)=\begin{cases}0, z\leqslant 0\\ 1-\mathrm{e}^{-z}, 0<z<1\\ \mathrm{e}^{-z}(\mathrm{e}-1), z\geqslant 1\end{cases}$

28. $f_Z(z)=\begin{cases}0, z\leqslant 0\\ \dfrac{\lambda_1\lambda_2}{\lambda_2-\lambda_1}(e^{-\lambda_1 z}-e^{-\lambda_2 z}), z>0\end{cases}$

29. $F_Z(z)=\begin{cases}0, z\leqslant 0\\ 1-\dfrac{1}{4}(2-z)^2, 0<z<2\\ 1, z\geqslant 2\end{cases}$

$f_Z(z)=\begin{cases}\dfrac{1}{2}(2-z), 0<z<2\\ 0, \text{其他}\end{cases}$

30. (1) $F_Z(z)=\begin{cases}0, z\leqslant 0\\ \dfrac{1}{2}(z-1+e^{-z}), 0<z<2\\ 1+\dfrac{1}{2}(1-e^2)e^{-z}, z\geqslant 2\end{cases}$

$f_Z(z)=\begin{cases}0, z\leqslant 0\\ \dfrac{1}{2}(1-e^{-z}), 0<z<2\\ \dfrac{1}{2}(e^2-1)e^{-z}, z\geqslant 2\end{cases}$

(2) $\dfrac{1}{2}(e^2-1)e^{-3}$

31. $F_Z(z)=\begin{cases}0, z\leqslant 0\\ \dfrac{z}{2}, 0<z<1\\ 1-\dfrac{1}{2z}, z\geqslant 1\end{cases}$

$f_Z(z)=\begin{cases}0, z\leqslant 0\\ \dfrac{1}{2}, 0<z<1\\ \dfrac{1}{2z^2}, z\geqslant 1\end{cases}$

32. $f_Z(z)=\begin{cases}0,z\leqslant 0\\ \dfrac{z}{\sigma^2}\mathrm{e}^{-\frac{z^2}{2\sigma^2}},z>0\end{cases}$　　33. (D)

34.

$V \backslash U$	0	1
0	$1-e^{-\frac{1}{2}}$	$e^{-\frac{1}{2}}-e^{-1}$
1	0	e^{-1}

35. $F_Z(z)=\begin{cases}0,z\leqslant 0\\ \dfrac{1}{4},0<z<1\\ \dfrac{1}{4}+\dfrac{3}{4}(z-1),1\leqslant z<2\\ 1,z\geqslant 2\end{cases}$

习题 4

1. $\frac{8}{3},\frac{20}{9},5$　2. $\frac{13}{36}$　3. (C)　4. $\frac{65}{27}$　5. 30.8(分), 591.36

6. (1) $\frac{11}{8}$　(2)1.366　7. $\frac{1}{p},\frac{1-p}{p^2}$　8. $\frac{n+1}{2}$　10. 2; $\frac{4}{3}$

11. $\frac{3}{4};\frac{37}{64}$　12. 3500(吨),8250(万元)　13. $a\left(p+\frac{1}{10}\right)$

14. 5.216(万元)　15. $\frac{1}{\lambda}\ln\frac{b-a}{c}$　16. $a=12,b=-12,c=3$

17. (1)

$X \backslash Y$	0	1	2
0	$\frac{1}{9}$	$\frac{2}{9}$	$\frac{1}{9}$
1	$\frac{2}{9}$	$\frac{2}{9}$	0
2	$\frac{1}{9}$	0	0

(2) 不独立. (3) $E(U)=\frac{10}{9}, E(V)=\frac{2}{9}$

18. 0.7, 0.6, 0.21, 0.24, −0.02, −0.09, $\begin{pmatrix} 0.21 & -0.02 \\ -0.02 & 0.24 \end{pmatrix}$

19. (1)

$U \backslash V$	0	1
0	$\frac{1}{4}$	0
1	$\frac{1}{4}$	$\frac{1}{2}$

(2) $P_{UV}=\frac{\sqrt{3}}{3}$

20. $\frac{7}{6}, \frac{7}{6}, -\frac{1}{36}, -\frac{1}{11}, D(X+Y)=\frac{5}{9}, D(X-Y)=\frac{2}{3}$

21. (1) X 与 Y 不独立, X 与 Y 相关. (2) $\frac{5}{36}$

22. 11 23. $\frac{1}{2}$ 24. (D) 25. (D) 26. (B) 27. (D)

31. $-1, \frac{\sqrt{6}}{4}$ 32. −1 33. (1) $\frac{1}{3}$, 3 (2) 0

34. (1) $f_X(x)=\frac{1}{\sqrt{2\pi}}e^{-\frac{x^2}{2}}, f_Y(y)=\frac{1}{\sqrt{2\pi}}e^{-\frac{y^2}{2}}$

(2) 0 (3) 不独立.

35. $\frac{1}{9}$　36. $\leqslant \frac{1}{12}$

习题 5

1. $\geqslant \frac{8}{9}$　2. (1) $\geqslant 0.75$　(2) 有 10 名以上考生就可达到要求.

3. (D)　4. (C)　5. (C)　7. (A)

8. (1) $\geqslant 0.4213$　(2) 0.8114　9. 至少要设置 16 条外线.

10. 0.44　11. (1) 0.1802　(2) 最多允许 443 个数相加.

12. 0.081　13. 0.2193　14. 至少测试 45 个孩子.　15. 234000

16. $\mu = a_2, \sigma^2 = \frac{1}{n}(a_4 - a_2^2)$

习题 6

1. (C)　2. (B)　3. 0.2636　4. (B)　5. $\chi^2(n), n$

6. $F(n,1)$　7. $a = 5, b = -1$　8. (C), 9. (B)　10. (A)

12. $a = \frac{1}{4}, b = \frac{1}{8}, c = \frac{1}{12}, d = \frac{1}{16}, k - 4$

13. (1) 3.571, 26.217　(2) $C = \chi^2_{0.05}(10) = 18.307$

14. $a \approx 26.105$

15. (1) $-2.6810, 2.6810$

(2) $C = t_{0.95}^{(10)}(1) = -t_{0.05}^{(10)}(10) = -1.8125$

16. (1) 0.025　(2) 0.005

17. (1) $\frac{1}{4.71} \approx 0.212, 4.30$　(2) $C = F_{0.05}(10,10) = 2.98$

18. 0.01　19. 42　20. 0.6714　21. $\sigma^2, \frac{2\sigma^4}{n-1}$

习题 7

1. 矩估计值为$\frac{9}{20}$,极大似然估计值为$\frac{9}{20}$.

2. 矩估计量为$\frac{1}{\overline{X}}$,极大似然估计量为$\frac{1}{\overline{X}}$.

3. $\hat{\sigma}=\frac{1}{n}\sum_{i=1}^{n}|x_i|$

4. 矩估计量为$\frac{2\overline{X}-1}{1-\overline{X}}$,极大似然估计量为$-1-\frac{n}{\sum_{i=1}^{n}\ln X_i}$.

5. $\hat{\theta}=\min_{1\leqslant i\leqslant n}\{X_i\}$ 6. $\hat{\mu}=\min_{1\leqslant i\leqslant n}\{X_i\}$,$\hat{\theta}=\frac{1}{n}\sum_{i=1}^{n}X_i-\min_{1\leqslant i\leqslant n}\{X_i\}$

7. 矩估计量 $2\overline{X}-1$,极大似然估计量$\max_{1\leqslant i\leqslant n}\{X_i\}$.

8. (1) $\frac{\overline{X}}{m}$ (2) $\frac{\overline{X}}{m}$ (3) 是.

9. 矩估计、极大似然估计都是 $\overline{X}$.

10. (1) $\hat{\theta}=\frac{\sum_{i=1}^{n}X_i^2}{2n}$ (2) 是.

11. $\hat{\mu}=\frac{1}{n}\sum_{i=1}^{n}\ln X_i=\overline{\ln X}$ $\hat{\sigma}^2=\frac{1}{n}\sum_{i=1}^{n}(\ln X_i-\overline{\ln X})^2$

12. (C) 13. (B) 15. $C=\frac{1}{2(n-1)}$

16. $a=\frac{n_1}{n_1+n_2}$,$b=\frac{n_2}{n_1+n_2}$,$D(Y)_{\min}=\frac{\sigma^2}{n_1+n_2}$

17. (C) 18. (A) 19. $n=4$ 20. 0.90

21. (1) (2.121,2.129) (2) (2.117,2.133)

22. (1) (998.58,1001.92) (2) (3.48,19.98)

23. (7.4,21.1) 24. (−6.04,−5.96) 25. (−1.38,0.56)

26. (0.222,3.601) 27. n 至少要取$\left[\frac{384.16}{l^2}\right]+1$.

28. 6.351 29. 107.5

习题 8

1. 参数假设检验,非参数假设检验

2. (D) 3. (B) 4. (C)

5. (1) 正常.(2) 不正常.

6. 是. 7. 无显著差异.

8. 当 $\alpha = 0.05$ 时,拒绝假设;当 $\alpha = 0.01$ 时,接受假设.

9. (1) 没有. (2) 是.

10. 均值 μ 符合标准,但方差过大,包装机工作不正常.

11. 不符合标准. 12. (D)

13. (1) $F_{(n)}(x) = \begin{cases} 0, x \leqslant 0 \\ \left(\dfrac{x}{\theta}\right)^n, 0 < x < \theta \\ 1, x \geqslant \theta \end{cases}$

$f_{(n)}(x) = \begin{cases} \dfrac{nx^{n-1}}{\theta^n}, 0 < x < \theta \\ 0, \text{其他} \end{cases}$ (2) $(0.75)^n$

14. 有. 15. 没有. 16. 没有. 17. 可以. 18. 没有.

19. (1) 是.(2) 否. 20. (1) 否. (2) 是. 21. 是.

22. 没有. 23. 能认为. 24. 可以认为. 25. 拒绝原假设.

习题 9

1. 无显著差异. 2. 有显著差异. 3. 有显著差异.

4. (1) 散点图略. (2) $\hat{y} = 13.9584 + 12.5503x$

(3) 线性假设显著. (4) (11.8232, 13.2774)

(5) (19.67, 20.80)

5. (1) $\hat{y} = 28.534 + 130.6022x$ (2) $\hat{\sigma}^2 = 1.793$

(3) 线性假设显著. (4) (46.327, 52.533)

参考文献

[1] 魏宗舒等. 概率论与数理统计教程. 北京:高等教育出版社,1983

[2] 茆诗松,周纪芗. 概率论与数理统计(第二版). 北京:中国统计出版社,2000

[3] 刘光祖. 概率论与应用数理统计. 高等教育出版社,2000

[4] 复旦大学数学系. 概率论(第一、二册). 北京:高等教育出版社,1979

[5] 陈希孺. 概率论与数理统计. 合肥:中国科学技术大学出版社,1992

[6] 王梓坤. 概率论基础及其应用. 北京:科学出版社,1976

[7] 华中理工大学数学系. 概率论与数理统计,北京:高等教育出版社,2001

[8] 盛骤等. 概率论与数理统计(第三版). 北京:高等教育出版社,2001

[9] 同济大学概率统计教研组. 概率统计. 上海:同济大学出版社,2000

[10] 缪铨生等. 概率与数理统计. 上海:华东师范大学出版社,1997

图书在版编目(CIP)数据

概率论与数理统计/马军英编著. —2版. —济南:山东大学出版社,2008.1 (2019.8 重印)

ISBN 978-7-5607-2858-2

Ⅰ. 概…

Ⅱ. 马…

Ⅲ. ①概率论—高等学校—教材②数理统计—高等学校—教材

Ⅳ. O21

中国版本图书馆 CIP 数据核字(2004)第 086370 号

山东大学出版社出版发行

(山东省济南市山大南路 20 号　邮政编码:250100)

山 东 省 新 华 书 店 经 销

泰安金彩印务有限公司印刷

850 毫米×1168 毫米　1/32　12 印张　312 千字

2008 年 1 月第 2 版　2019 年 8 月第 12 次印刷

定价:19.00 元